2017 年度甘肃省教育厅甘肃省高等学校科研项目（2017A-083）
2018 年甘肃省河西走廊特色资源利用重点实验室面上项目（XZ1804）
2018 年度甘肃省“十三五”教育科学规划高校与职业院校一般课题（GS〔2018〕GHBBK157）
2019 年河西学院第九批大学生科研创新扶持项目（121）

芸芥遗传育种学

范惠玲 编著

兰州大学出版社
LANZHOU UNIVERSITY PRESS

图书在版编目（CIP）数据

芸芥遗传育种学 / 范惠玲编著. -- 兰州 : 兰州大学出版社, 2019.6

ISBN 978-7-311-05620-9

Ⅰ. ①芸… Ⅱ. ①范… Ⅲ. ①十字花科－蔬菜－遗传育种 Ⅳ. ①S630.32

中国版本图书馆CIP数据核字(2019)第127722号

策划编辑 陈红升
责任编辑 张 萍
封面设计 王 挺

书　　名 芸芥遗传育种学
作　　者 范惠玲 编著
出版发行 兰州大学出版社 (地址:兰州市天水南路222号 730000)
电　　话 0931-8912613(总编办公室) 0931-8617156(营销中心)
　　　　 0931-8914298(读者服务部)
网　　址 http://press.lzu.edu.cn
电子信箱 press@lzu.edu.cn
印　　刷 北京虎彩文化传播有限公司
开　　本 787 mm×1092 mm 1/16
印　　张 12
字　　数 261千
版　　次 2019年6月第1版
印　　次 2019年6月第1次印刷
书　　号 ISBN 978-7-311-05620-9
定　　价 28.00元

前 言

芸芥（*Eruca sativa* Mill.，2*n*=20）为十字花科芝麻菜属作物二倍体种，具有优异的抗旱、耐瘠、抗病等抗逆性能，是十字花科植物重要的育种基因资源。芸芥分布十分广泛，在亚洲、美洲、欧洲及非洲均有栽培，主产区主要集中在中国、印度和南欧地区。除中国和印度作为油料作物栽培外，其他地区还将其作为蔬菜栽培，其种子具有药用价值。

由于芸芥长期在干旱、严寒、土壤贫瘠的逆境生态条件下栽培和生存，形成了丰富的生态类型和遗传多样性。迄今为止，国内外学者在十字花科植物育种中开发利用芸芥的抗逆性基因资源方面，已进行了广泛研究，并取得了重要进展：甘肃农业大学孙万仓教授在1998—2006年先后研究并报道了中国芸芥的分布、类型划分、远缘杂交亲和性、不同种和亚种的遗传多样性、自交不亲和性的化学克服方法等；湖南农业大学钟军教授报道了18份芸芥种质资源的遗传多样性；湖南农业大学官春云院士报道了芸芥对菌核病的抗性研究结果；范惠玲等在2005—2018年间，先后研究并报道了芸芥自交亲和性遗传变异、芸芥分子生物学基础研究、芸芥及其近缘种耐盐性研究、芸芥雄性不育和组织培养方面的研究。这些结果对研究利用这一宝贵的资源具有十分重要的借鉴意义。

范惠玲、白生文广泛借鉴芸芥及其近缘种研究方面已有的研究成果，编写了《芸芥遗传育种学》。本书共10章，从芸芥的起源、分布、类型等基础知识，芸芥及其近缘植物远缘杂交，细胞学和分子生物学、芸芥及近缘种组织培养研究，到芸芥遗传育种研究的几个热点问题（自交亲和性、耐盐性、耐重金属特性）进行了清晰的介绍。另外，在介绍笔者有关芸芥的研究成果时，在个别章节也介绍了其他研究者们的成果。

本书对从事农、林、畜牧、生态、环境等学科的科研人员具有一定的参考价值，同时，对油料作物爱好者全面深入了解芸芥的特性及开发其应用潜力可提供一定帮助。

写作过程是艰辛并快乐的，此过程参考了大量的文献，特别是发表于有关中文核心期刊和权威期刊上的原创性研究论文。在此对这些作者的出色工作致以诚挚的敬意和谢意，同时，由于参考文献较多，书末仅列出了一些主要文献，特此致歉。本书还得到了2017年度甘肃省教育厅甘肃省高等学校科研项目（2017A-083）、2018年甘肃省河西走廊特色资源利用重点实验室面上项目（XZ1804）、2018年度甘肃省“十三五”教育科学规划高校与职业院校一般课题（GS〔2018〕GHBBK157）和2019年河西学院第九批大学生科研创新扶持项目（121）的资助，在此一并表示衷心感谢。

由于作者的学识、水平、能力还有很多不足，书稿中肯定有不少未尽人意甚至错误的地方。在这里我们敬请同行不吝赐教，批评指正。

范惠玲

2019年1月

目 录

第一章　芸芥的分布和起源

第一节　概述

一、芸芥名称的由来

芸芥是一个农艺学名称，泛指十字花科芝麻菜属的所有植物，是一种油料、蔬菜兼用作物。学名*Eruca sativa* Mill.。Eruca一词来源于拉丁语的eruca，由ure或urere衍生而来。Urere与英文的burn同义，意思是叶片具有辛辣味。Eruca一词的另一来源可能是希腊语reugomaio。

芸芥有许多俗名，在国外被称为rocket、rocket salad、roquette、arugula、taramira等。在我国芸芥亦有许多异名，如河北、内蒙古、山西和陕北称臭芥，新疆称扎洪，云南称芸芥或臭芥芝麻油菜，甘肃定西称文艾，宁夏、青海等地称芸芥；其中以芸芥名称最为普遍。

二、芸芥的用途

芸芥主要作为油料作物栽培，幼苗可作为蔬菜，也可作为绿肥；在有些国家，芸芥还作为香料作物栽培。以色列把芸芥作为园艺作物种植，其种子可做药，用以治疗眼部感染和肾病（Yaniv et al，1998）。榨油后的油粕可做肥料或加工后当作牲畜饲料。芸芥油为不干性油，碘价较高（89～108），可以食用，也是制皂及油漆的重要原料，在工业上具有重要用途（罗鹏等，1988）。此外，在甘肃成县、临洮县和会宁县等地，芸芥的嫩叶被用来腌制咸菜或制作浆水。籽粒除做种及榨油外，还可做调味料。

在高海拔、高纬度地区，芸芥是干旱、高寒、土壤瘠薄、自然灾害频发条件下可供选择的少数油料作物之一，特别是在干旱年份，芸芥的优势更显得突出。虽然芸芥有产量相对较低、含油率低、品质差、食味不佳等诸多缺陷，但由于其具有良好的抗旱性能等，是较好的抗旱节水作物，在油料生产中仍然占有十分重要的地位。如甘肃省会宁县、内蒙古太仆寺镇、河北省坝上地区张北县及宁夏原州区等地至今仍在大面积栽培芸芥，而且随着干旱灾害发生愈来愈频繁，在这些地区栽培芸芥显得更加重要。在内陆荒漠低海拔芸芥产区，农业生产完全依赖灌溉，无灌溉就无农业，种植油用向日葵和亚麻等油料作物整个生育期通常需灌水4次左右，而芸芥灌水2次左右即可保证获得较高产量。因此，从抗旱、轮作栽培的角度看，发展芸芥生产仍是一种有价值的选择。

第二节　芸芥的起源

一、地中海地区是芸芥的起源中心

芸芥是一种古老的油料作物，在干旱半干旱地区广为种植，栽培历史十分悠久。Singh（1958）提出，南欧和北非是芸芥的原产地；Mizushima（1968）在北非、南欧和地中海地区发现了芸芥的野生种，Gómez-Campo （1999）认为，地中海和亚洲是芸芥的起源和驯化中心，并在环地中海地区发现和收集到了芸芥各个种的野生型。现已证明，在地中海西部的西班牙、摩洛哥、阿尔及利亚等地芸芥分布广泛，既有栽培种，又有野生种，是芸芥的起源中心，该地区的材料遗传多态性最为丰富。

Yaniv和Schafferman （1998）等的研究指出，在巴勒斯坦古老文献中和公元1世纪的文献中均对芸芥有详尽描述和记载。这些研究一致表明，芸芥起源于地中海地区，并由此向世界各地扩散。

美国和澳大利亚的芸芥于1854年左右由定居于美国和澳大利亚的欧洲移民引入（Bianco，1995），芸芥引入印度的时间也较晚，但何时引入尚不清楚。

二、中国是芸芥的次生演化中心

芸芥何时引入我国，尚未见报道，但根据芸芥在我国分布范围之广、生态类型比较多样的事实判断，芸芥在我国的分布已经有很悠久的历史。

孙万仓（2006）的研究表明，sativa亚种是一个遗传变异活跃的种群。芸芥的几个亚种中，只有sativa亚种被传播到世界各地并被广泛栽培，其余种为野生种。我国的芸芥属于sativa亚种，但由于长期在一个较为封闭的生态环境下生长栽培，加之其与国外种质交换的概率很小，形成了一个有别于其他芸芥的类群。我国是芸芥的一个次生演化中心。

第三节　芸芥的分布①

一、芸芥在世界的分布区域

芸芥分布范围广，在英国、法国、德国、意大利、希腊、西班牙、南非、摩洛哥、埃及、以色列、土耳其、伊朗、阿富汗、巴基斯坦、印度、俄罗斯、日本以及美国和澳大利亚均有分布。

①编引自杨玉萍，2001，甘肃农业科技期刊。

二、芸芥在我国的分布区域

我国芸芥分布范围亦比较广，在云南、四川、新疆、青海、甘肃、宁夏、陕西、内蒙古、河北、山西、北京、辽宁、吉林和黑龙江等地均有分布，但多分布于西北黄土丘陵沟壑区。

据杨玉萍等（2001）对我国芸芥产区的考察和调查分析，表明我国有一个从新疆到东北西缘狭长的芸芥分布带，形成了高海拔、高纬度芸芥产区和内陆荒漠低海拔芸芥产区：

（一）高海拔高纬度芸芥产区

我国芸芥产区大部分属于高海拔、高纬度地区，包括甘肃的陇中、陇东，宁夏南部、中部，陕北，青海，内蒙古，山西，河北，新疆北部等地区，海拔一般为1800～2300 m，纬度为北纬41°左右，气候高寒、干旱，年平均气温低，有效积温少，冬季漫长而严寒，日照时间长，太阳辐射强。光合生产率高，降水量为300～450 mm，年蒸发量为年降水量的3倍以上，构成冷凉干燥的气候环境，种植的作物以小麦、马铃薯、燕麦、豌豆、亚麻为主，生产粗放，单产水平低。该区的芸芥主要和胡麻混播，但也有相当大的单种面积，区内芸芥总播种面积约占我国芸芥播种总面积的90%。

（二）内陆荒漠低海拔芸芥产区

该区为甘肃省武威市以西的芸芥产区，包括甘肃的河西走廊和新疆南部等地区，属干旱荒漠气候。该区的年降水量由东向西从200 mm递减至40 mm左右，年平均气温5～9.3 ℃，≥10℃的积温1500～3700 ℃，日照时数2600～3300 h，年平均太阳辐射总量586.15～661.51 kJ/cm^2，是我国日照最长、太阳辐射最强的地区之一。地势平坦，耕地集中连片。该区的芸芥主要和胡麻混播，单种面积很小。随着生产条件的改善，芸芥播种面积已大大减少，大部分地区已不再种植芸芥。

（三）我国芸芥主要产区的自然条件

一是干旱。我国芸芥分布区的年降水量为100～400 mm。如甘肃省定西市的年降水量为403.1 mm，年极端降水量仅为245.7 mm（1982年），而且降水分布不均，7—9月的降水量为215.6 mm，占全年降水量的53.49%，降水的有效利用率低，蒸发量大，年均蒸发量为1475.3 mm。

二是土壤瘠薄。芸芥种植区大多地广人稀，土壤瘠薄，土壤肥力差。以甘肃省定西市为例，一般芸芥田速效磷含量在5 mg/kg以下，全氮含量为0.2～0.5 g/kg，土壤有机质含量在10.0 g /kg以下。

第二章　芸芥的类型及特征

第一节　芸芥的类型及特征

一、有关芸芥的种和亚种的由来

Schulz（1919）将芸芥划分为5个种：（1）芸芥 *E. sativa* Mill.；（2）羽叶芸芥 *E. pinnatifida* Pomel；（3）泡果芸芥 *E. vesicaria* Lange；（4）毛果芸芥 *E. setulosa* Cosson；（5）短喙芸芥 *E. loncholoma* Pomel。

Gómez-Campo（1999）根据芸芥植物学形态特征，将原产北非的 *E. setulosa* Cosson与 *E. loncholoma* Pomel归入芸薹属的亚属 *Brassica* 中，即 *B. setulosa* Cossonl与 *B. loncholoma* Pome，提出芸芥为仅有 *E. vescaria* L.一个种的单种属，包括3个亚种：（1）*E. vescaria*（L.）subsp. *Pinnatifida* 亚种；（2）*E. vesicaria*（L.）subsp. *Vescaria* 亚种；（3）芸芥 *E. vescaria*（L.）subsp. *Sativa* 亚种。

二、芸芥不同亚种的植物学形态特征

刘雅丽（2008）的研究表明，芸芥三个亚种的形态特征存在较大差异。各个亚种的叶片长度、宽度，叶色，薹茎色泽，叶、薹茎、角果上刺毛的有无及稀疏程度等性状都有所不同，详见表2-1、表2-2。

E. vesicaria（L.）subsp. *Sativa* 亚种，9411子叶心形，为完整叶，薹茎上刺毛极少，花呈乳黄色，花瓣球拍状，其上脉纹绿色，角果圆柱状，上有柔毛，果梗0.4 cm，种子小。其他材料均为羽状裂叶，薹茎为绿色，密被或少有白色刺毛，花瓣乳黄或白色。花蕾上无刺毛。角果光滑。不同材料间果梗长度有较大差异，如3750为0.5 cm，9424为0.2 cm，其余材料0.3～0.4 cm。种子有大、小之分。

E. vesicaria（L.）subsp. *Vesicaria* 亚种，子叶心形，基部叶和薹茎叶均为羽状裂叶，薹茎为紫绿或绿色，且密被白色刺毛，花为乳黄色，球拍状，分离，上有绿色脉纹，花冠大，萼片为倒披针形，花蕾上密被刺毛，角果为圆柱形，平生，有毛，果梗长0.2 cm，种子有大、小之分。

E. vesicaria（L.）subsp. *Pinatifida* 亚种，子叶心形，基部叶和薹茎叶均为羽状裂叶，薹茎为绿色，基部密被刺毛而上部较少，花为乳白色，球拍状，分离，上有绿色脉纹，

花冠较大，萼片为倒披针形，角果为圆柱形，平生，无毛，果梗长0.2 cm，种子极小，且易脱落。

表2-1　芸芥的植物学形态特征和农艺性状特征及评分

序号	性状	特征划分及评分
形态性状		
1	子叶形状	1:肾形;2:心形;3:杈形
2	幼茎色泽	1:绿色;2:微紫;3:紫色
3	心叶色泽	1:黄绿;2:绿色;3:紫色
4	叶的类型	1:完整叶;2:裂叶;3:花叶
5	叶尖形状	1:圆;2:中等;3:尖
6	叶基形状	1:楔形;2:其他
7	叶色	1:浅绿;2:黄绿;3:深绿;4:紫红
8	叶缘形状	0:全缘;1:锯齿
9	叶裂刻	1:锯齿;2:波纹
10	裂片数	—
11	叶片长度	—
12	叶片宽度	—
13	叶柄长度	—
14	叶面柔毛	0:无;1:少;2:多
15	叶脉色	1:白色;2:绿色;3:紫色
16	侧裂叶对数	—
17	叶着生状态	0:不抱茎;1:半抱茎;2:全抱茎
18	薹茎柔毛	0:无;1:少;2:多
19	薹茎色泽	1: 绿色;2:微紫;3:紫色
20	花瓣色	1:白色;2: 乳白;3:黄色;4:橘黄
21	花冠大小	1:小;2:中;3:大
22	花瓣形状	1:圆形;2:椭圆;3:球拍;4:窄长
23	花瓣着生状态	1:覆瓦;2:侧叠;3:分离
24	花瓣长度	—
25	花瓣脉纹色	1:绿色;2:紫色;3:紫褐
26	花瓣数目	片
27	花梗长度	—
28	萼片形状	1:倒披针形
29	萼片长度	—
30	萼片色泽	1:绿色;2:紫绿;3:紫红
31	花蕾刺毛	0:无;1:少;2:多

续表

序号	性状	特征划分及评分
32	角果形状	1:圆柱;2:四棱柱
33	角果色泽	1:黄色;2:黄绿;3:微紫
34	角果着生状态	1:平生;2:斜生;3:直生;4:垂生
35	角果长度	—
36	角果柔毛	0:无;1:少;2:多
37	果梗长度	—
38	果喙长度	—
39	种子颜色	1:黄色;2:褐色;3:黑色
40	种子形状	1:圆形;2:扁圆形;3:不规则形
农艺性状		
41	株高	—
42	分枝部位	—
43	一次分枝数	—
44	二次分枝数	—
45	总分枝数	—
46	主花序有效长度	—
47	主花序结角数	—
48	结角密度	—
49	全株有效结角数	—
50	每果粒数	—
51	千粒重	—
52	单株产量	—

表2-2　芸芥不同亚种植物学形态特征比较(刘雅丽,2008)

亚种名	种质名称	叶			茎秆	花瓣			角果			种子大小
		子叶	基生叶	茎生叶	柔毛数量	形状	色泽	脉纹颜色	形状	柔毛	果梗长(cm)	
E.vesicaria (L.) subsp. *Vesicaria*	9326	心	羽状裂叶	羽状裂叶	极密	球拍	乳黄	绿	圆柱	有	0.2	大
	9427	心	羽状裂叶	羽状裂叶	极密	球拍	乳黄	绿	圆柱	有	0.2	小
E.vesicaria (L.) subsp. *Pinatifida*	1813	心	羽状裂叶	羽状裂叶	少	球拍	乳白	绿	圆柱	无	0.2	极小

续表

亚种名	种质名称	叶			茎秆	花瓣			角果			种子大小
		子叶	基生叶	茎生叶	柔毛数量	形状	色泽	脉纹颜色	形状	柔毛	果梗长(cm)	
E.vescaria（L.）subsps. *Sativa*	9370	心	羽状裂叶	羽状裂叶	多	球拍	乳白	紫	圆柱	无	0.3	大
	9371	心	羽状裂叶	羽状裂叶	多	球拍	乳黄	绿	圆柱	无	0.4	大
	9503	心	羽状裂叶	羽状裂叶	少	球拍	乳白	紫褐	圆柱	无	0.3	大
	9423	心	羽状裂叶	羽状裂叶	少	球拍	乳白	紫	圆柱	无	0.3	小
	9411	心	完整叶	完整叶	极少	球拍	乳黄	绿	圆柱	有	0.4	小
	3750	心	羽状裂叶	羽状裂叶	多	球拍	乳黄	紫绿	圆柱	无	0.5	大
	9502	心	羽状裂叶	羽状裂叶	多	球拍	乳白	紫绿	圆柱	无	0.3	小
	9424	心	羽状裂叶	羽状裂叶	少	球拍	乳白	紫绿	圆柱	无	0.2	小
	9420	心	羽状裂叶	羽状裂叶	少	球拍	乳黄	紫绿	圆柱	无	0.3	大

三、芸芥亚种群体内的变异

芸芥同一产地同一亚种间存在一定差异（表2-3、表2-4）。如*E.vesicaria*（L.）subsp. *Vesicaria*亚种内，名为9326的芸芥，其基部叶尖锐，叶片长11 cm，侧裂叶3对，叶缘波形，薹茎、花蕾、角果都有少量刺毛，萼片为紫绿色，种子较大。9427叶片长16.5 cm，侧裂叶7对，薹茎刺毛稀少，花蕾、角果密被刺毛，种子小。9427叶的表面、边缘均密被刺毛，而9326却不明显；9427的薹茎呈紫绿色，而9326为绿色；9427果梗长度明显大于9326，且9427较9326易落粒。

表2-3　24份芸芥材料的名称、产地及其所属亚种类型

序号	材料名称	亚种名	产地	栽培种/野生种
1	9424	*E.vescaria*（L.）subsp. *Sativa*	西班牙	野生种
2	9420	*E.vescaria*（L.）subsp. *Sativa*	西班牙	野生种
3	9503	*E.vescaria*（L.）subsp. *Sativa*	西班牙	野生种
4	9326	*E.vesicaria*（L.）subsp. *Vesicaria*	西班牙	野生种

续表

序号	材料名称	亚种名	产地	栽培种/野生种
5	9370	*E.vescaria*（L.）subsp. *Sativa*	土耳其	栽培种
6	9371	*E.vescaria*（L.）subsp. *Sativa*	印度	栽培种
7	9427	*E.vesicaria*（L.）subsp. *Vesicaria*	西班牙	野生种
8	9423	*E.vescaria*（L.）subsp. *Sativa*	西班牙	野生种
9	9411	*E.vescaria*（L.）subsp. *Sativa*	巴基斯坦	栽培种
10	9502	*E.vescaria*（L.）subsp. *Sativa*	西班牙	野生种
11	3750	*E.vescaria*（L.）subsp. *Sativa*	伊朗	栽培种
12	1813	*E.vesicaria*（L.）subsp. *Pinatifida*	阿尔及利亚	野生种
13	东郊芸芥	*E.vescaria*（L.）subsp. *Sativa*	宁夏东郊	栽培种
14	定西芸芥	*E.vescaria*（L.）subsp. *Sativa*	甘肃定西	栽培种
15	和田芸芥	*E.vescaria*（L.）subsp. *Sativa*	新疆和田	栽培种
16	靖远芸芥	*E.vescaria*（L.）subsp. *Sativa*	甘肃靖远	栽培种
17	四川芸芥	*E.vescaria*（L.）subsp. *Sativa*	四川	栽培种
18	静宁芸芥	*E.vescaria*（L.）subsp. *Sativa*	甘肃静宁	栽培种
19	镇原芸芥	*E.vescaria*（L.）subsp. *Sativa*	甘肃镇远	栽培种
20	环县芸芥	*E.vescaria*（L.）subsp. *Sativa*	甘肃环县	栽培种
21	天水芸芥	*E.vescaria*（L.）subsp. *Sativa*	甘肃天水	栽培种
22	会宁王庙芸芥	*E.vescaria*（L.）subsp. *Sativa*	甘肃会宁	栽培种
23	青城芸芥	*E.vescaria*（L.）subsp. *Sativa*	甘肃青城	栽培种
24	9341	*E.vesicaria*（L.）subsp. *Vesicaria*	西班牙	野生种

表 2-4　芸芥亚种群体内不同种质的性状变异（刘雅丽，2008）

序号	种质	叶			茎秆	花瓣			角果			
		子叶	基生叶	茎生叶	柔毛数量	形状	色泽	脉纹颜色	形状	柔毛	果梗长（cm）	种子大小
1	9424	心	羽状裂叶	羽状裂叶	少	球拍	乳白	紫绿	圆柱	无	0.2	小
2	9420	心	羽状裂叶	羽状裂叶	少	球拍	乳黄	紫绿	圆柱	无	0.3	大
3	9503	心	羽状裂叶	羽状裂叶	少	球拍	乳白	紫褐	圆柱	无	0.3	大
4	9326	心	羽状裂叶	羽状裂叶	极密	球拍	乳黄	绿	圆柱	有	0.2	大
5	9370	心	羽状裂叶	羽状裂叶	多	球拍	乳白	紫	圆柱	无	0.3	大
6	9371	心	羽状裂叶	羽状裂叶	多	球拍	乳黄	绿	圆柱	无	0.4	大
7	9427	心	羽状裂叶	羽状裂叶	极密	球拍	乳黄	绿	圆柱	有	0.2	小

续表

序号	种质	叶			茎秆	花瓣			角果			
		子叶	基生叶	茎生叶	柔毛数量	形状	色泽	脉纹颜色	形状	柔毛	果梗长（cm）	种子大小
8	9423	心	羽状裂叶	羽状裂叶	少	球拍	乳白	紫	圆柱	无	0.3	小
9	9411	心	羽状裂叶	羽状裂叶	极少	球拍	乳黄	绿	圆柱	有	0.4	小
10	9502	心	羽状裂叶	羽状裂叶	多	球拍	乳白	紫绿	圆柱	无	0.3	小
11	3750	心	羽状裂叶	羽状裂叶	多	球拍	乳黄	紫绿	圆柱	无	0.5	大
12	1813	心	羽状裂叶	羽状裂叶	少	球拍	乳白	绿	圆柱	无	0.2	极小
13	东郊芸芥	心	羽状裂叶	羽状裂叶	多	球拍	黄	紫绿	圆柱	有	0.4	大
14	定西芸芥	心	羽状裂叶	羽状裂叶	多	球拍	黄	紫绿	圆柱	无	0.4	大
15	和田芸芥	心	完整叶	完整叶	少	球拍	黄	绿	圆柱	无	0.4	大
16	靖远芸芥	心	羽状裂叶	羽状裂叶	多	球拍	黄	紫绿	圆柱	有	0.4	大
17	四川芸芥	心	羽状裂叶	羽状裂叶	多	球拍	黄	紫绿	圆柱	无	0.4	大
18	静宁芸芥	心	羽状裂叶	羽状裂叶	多	球拍	黄	紫绿	圆柱	有	0.4	大
19	镇原芸芥	心	羽状裂叶	羽状裂叶	多	球拍	黄	紫绿	圆柱	有	0.4	大
20	环县芸芥	心	羽状裂叶	羽状裂叶	多	球拍	黄	紫绿	圆柱	有	0.4	大
21	天水芸芥	心	羽状裂叶	羽状裂叶	多	球拍	黄	紫绿	圆柱	有	0.4	大
22	会宁王庙芸芥	心	羽状裂叶	羽状裂叶	多	球拍	黄	紫绿	圆柱	有	0.4	大
23	青城芸芥	心	羽状裂叶	羽状裂叶	多	球拍	黄	紫绿	圆柱	无	0.4	大
24	9341	心	羽状裂叶	羽状裂叶	多	球拍	乳黄	绿	圆柱	有	0.2	小

E.vescaria（L.）subsp. *Sativa* 亚种，9424的幼叶叶柄呈紫色而其他均为绿色，且其叶表面、边缘均密被刺毛，叶尖形状圆钝。9423、3750、9502、9424和9420五个材料的茎秆柔毛较多（其中9424最密），其余材料均少。9371、9411、3750和9420花为乳黄色，而其他几个材料为乳白色。9411的生育期为80 d左右，9503为100 d。9411和9370两个材料较同亚种的其他材料易落粒。

由表2-4可知，同一亚种，因产地不同也存在一定的差异，如*E. vescaria* subsp. *Sativa* 亚种中，产于土耳其的9370萼片为紫红色，而其他均为绿色；巴基斯坦的9411薹茎及花蕾上只有极少的刺毛，且生育期比其他地区的材料短，为90 d；印度的9371和土耳其的9370两种材料的叶片都较长，达到18 cm，而其他材料叶片一般长13～15 cm；薹茎上的刺毛多少也因地区的影响而有差异，产于西班牙的材料一般情况下茎秆上刺毛较多。

E. vescaria（L.）subsp. Sativa 亚种中，9371、9370、9411、3750、东郊、定西、靖远、四川、静宁、镇远、环县、天水、会宁、青城、和田为栽培种，而9503、9423、9502、9424、9420均为野生种。栽培种和野生种也存在较为明显的差异。一般情况下，

栽培种比野生种的叶片长（为13～18 cm），且薹茎上的刺毛较少；栽培种花多为乳黄色，野生种花多为乳白色；栽培种花梗长度较一致（0.3 cm左右），茎秆、花蕾刺毛较少，种子较大，千粒重一般为2 g以上，而野生种茎秆、花蕾及角果刺毛较多，千粒重大多都小于1 g；野生种比栽培种易落粒。

和田芸芥形态特征独特，与所研究的其他材料完全不同。和田芸芥形态特征独特，与所研究的其他23份材料完全不同（表2-4）。其基生叶与茎生叶均为完整叶，叶色淡，叶缘为波状，披针形，基生叶叶长约9.0 cm，宽4.5 cm左右，叶脉脉序羽状，茎生叶略小，不抱茎，叶长7.0 cm左右，叶宽4.0 cm左右；茎直立，茎秆无柔毛或被极少柔毛；花蕾顶端被少量刺毛；花为乳黄色，花瓣上有绿色脉纹，花瓣上部开展，下部具长爪；角果表面光滑，无毛，长约2.9 cm，宽约0.5 cm，平生，四棱状，先端具扁平的剑形喙，果梗粗，略长，长约5 mm。种子卵形，褐黄色，千粒重3 g左右。在新疆还有此类芸芥分布，如且末芸芥（蜡叶标本现存于原中国科学院兰州沙漠研究所），植物学形态特征与和田芸芥相似，二者原产地也相近（同属于南疆地区）。

四、芸芥不同亚种的生育期差异

属于*E. vescaria*（L.）subsp. *Sativa*亚种的芸芥材料9370和9420的生育期短；9427属于*E. vesicaria*（L.）subsp. *Vesicaria*亚种，生育期最长，为126 d；属于*E. vesicaria*（L.）subsp. *Pinatifida*亚种的材料1813的生育期居中，为120 d。9370和9420虽然同属于*E. vescaria*（L.）subsp. *Sativa*亚种，但9370是栽培种，9420是野生种，它们的生育期分别为112 d和117 d（详见表2-5）。可见，同一亚种的栽培种比野生种生育期短。

表2-5　芸芥的生长期（刘雅丽，2008）

材料	生长期（月/日）							
	播种期	出苗期	现蕾期	抽薹期	初花期	终花期	成熟期	生育期（d）
9370	3/20	4/1	5/6	5/13	5/23	6/20	7/20	112
9420	3/20	4/1	5/6	5/13	5/23	6/25	7/25	117
9427	3/20	4/1	5/12	5/19	5/29	7/1	8/3	126
1813	3/20	4/1	5/9	5/16	5/26	6/28	7/28	120

五、芸芥不同亚种的农艺性状差异

不同亚种的农艺性状存在较大差异。*E. vescaria*（L.）subsp. *Sativa*亚种：株高为22～60.4 cm，平均42.19 cm，平均分枝部位4.5 cm，总分枝数最多达23个，平均结角数74个，平均角果长2 cm，平均千粒重1.65 g。

E. vesicaria（L.）subsp. *Vesicaria*亚种：株高为34 cm左右，平均分枝部位1.15 cm，平均总分枝数14个，结角数最多达162个，平均102个，角果长1.2 cm左右，千粒重为0.60 g左右。

E. vesicaria（L.）subsp. *Pinatifida* 亚种：株高达109 cm，在三个亚种中属最高，分枝部位2 cm左右，总分枝数26个，结角数多达340个，角果长1.21 cm，千粒重仅0.25 g，种子极小，且易落粒。详见表2-6。

表2-6　芸芥不同亚种的农艺性状（刘雅丽，2008）

性状名	E. *vesicaria*（L.）subsp. *Sativa*			E. *vesicaria*（L.）subsp. *Vesicaria*			E. *vesicaria*（L.）subsp. *Pinatifida*		
	最大值	最小值	平均值	最大值	最小值	平均值	最大值	最小值	平均值
株高（cm）	60.40	22.00	42.19	35.60	34.00	33.20	109	109	109
分枝部位（cm）	12.63	0.60	4.50	1.67	0.48	1.15	2	2	2
一次分枝数（个）	9	3	5	5	5	5	8	8	8
二次分枝数（个）	17	0	5	9	9	9	18	18	18
总分枝数（个）	23	3	10	14	14	14	26	26	26
主花序有效长度（cm）	34.80	10.00	21.65	25.80	16.33	20.71	100	100	100
主花序结角数（个）	23	2	13	18	13	15	68	68	68
结角密度（个/cm）	0.75	0.2	0.61	0.71	0.71	0.71	0.68	0.68	0.68
全株有效结角数（个）	256	14	74	162	61	102	340	340	340
角粒数（个）	32	10	20	30	22	25	31	31	31
角果长度（cm）	2.81	1.20	2.00	1.23	1.20	1.21	1.20	1.20	1.20
千粒重（g）	2.98	0.40	1.65	0.62	0.57	0.60	0.25	0.25	0.25
单株产量（g）	1.20	0.12	0.67	0.77	0.71	0.74	0.53	0.53	0.53

六、芸芥栽培种和野生种间农艺性状差异

E. vescaria（L.）subsp. *Sativa* 亚种内，9503、9423、9502、9424、9420为野生种，而其余材料均为栽培种。栽培种和野生种之间存在较明显的差异。由表2-7可知，栽培种的植株较高大，其平均株高、平均分枝部位等都高于野生种，且种子千粒重大，达到1.9 g左右，而9503、9423、9502、9424、9420的种子极小，千粒重分别为0.81、0.85、0.81、0.41和0.50 g，均小于1 g；栽培种比野生种的角果明显粗且长，为2.18 cm左右，而其他几个野生种材料的为1.2、1.4、1.8、1.2和1.3 cm，平均角果长度比栽培种小0.6 cm左右。栽培种的全株有效结角数明显低于野生种，栽培种平均结角数为47个，而野生种达到156个，差异明显。

表 2-7　芸芥栽培种与野生种的农艺性状差异(刘雅丽,2008)

E. *vesicaria* (L.) subsp. *Sativa*	种质	株高(cm)	分枝部位(cm)	一次分枝数(个)	二次分枝数(个)	总分枝数(个)	主花序有效		结角密度	全株有效结角数(个)	角粒数(个)	角果长度(cm)	千粒重(g)	单株生产力(g)
							长度(cm)	结角数(个)						
栽培种	9370	60.40	3.40	7	6	13	34.80	23	0.69	142	28	2.00	1.30	0.75
	9371	32.25	2.25	5	3	8	10.00	6	0.59	29	13	1.60	2.83	0.57
	9411	36.30	1.74	5	4	9	23.28	12	0.52	60	15	2.20	2.46	0.38
	3750	47.00	2.33	5	4	9	19.67	11	0.64	43	20	2.10	2.03	0.57
	东郊芸芥	43.50	12.63	3	1	4	23.00	13	0.57	27	18	2.30	2.81	0.78
	定西芸芥	34.00	2.00	3	6	9	19.50	12	0.62	70	20	1.50	0.70	0.76
	和田芸芥	40.75	7.25	4	2	6	18.75	14	0.75	29	16	2.00	2.98	0.78
	靖远芸芥	37.00	3.67	5	4	9	16.67	11	0.66	39	22	2.81	1.62	0.97
	四川芸芥	53.75	5.75	5	1	6	29.25	18	0.62	47	21	2.00	1.28	1.06
	静宁芸芥	36.00	3.20	4	5	9	17.54	11	0.61	65	21	2.45	1.60	0.82
	镇原芸芥	44.00	9.00	4	1	5	19.33	14	0.74	33	19	2.11	1.63	0.44
	环县芸芥	41.00	12.38	3	2	5	17.88	12	0.69	29	20	2.28	1.31	0.54
	天水芸芥	38.00	3.50	4	4	8	17.23	11	0.64	45	21	2.54	1.60	0.85
	会宁芸芥	58.40	10.40	3	1	4	31.40	18	0.59	39	19	2.47	2.46	1.20
	青城芸芥	40.00	4.50	6	0	6	15.67	10	0.64	14	17	2.13	1.86	0.82
	平均	42.82	5.60	4	3	7	20.93	13	0.64	47	19	2.18	1.90	0.75

续表

E. *vesicaria* (L.) subsp. *Sativa*	种质	株高(cm)	分枝部位(cm)	一次分枝数(个)	二次分枝数(个)	总分枝数(个)	主花序有效		结角密度	全株有效结角数(个)	角粒数(个)	角果长度(cm)	千粒重(g)	单株生产力(g)
							长度(cm)	结角数(个)						
野生种	9424	22.00	2.00	3	0	3	10.00	2	0.20	17	10	1.20	0.41	0.15
	9420	30.00	0.60	8	11	19	17.20	12	0.63	135	23	1.30	0.50	0.25
	9503	51.00	1.30	7	10	17	30.80	18	0.58	176	20	1.20	0.81	0.12
	9423	41.40	1.08	9	14	23	27.00	19	0.75	256	20	1.40	0.84	0.52
	9502	57.00	1.00	6	17	23	34.00	15	0.44	194	32	1.80	0.81	0.15
	平均	40.28	1.20	9	10	19	23.76	13	0.52	156	21	1.38	0.67	0.44

七、芸芥三个亚种的主要品质特征

芸芥三个亚种的品质性状存在差异，主要表现如下：

E. vescaria（L.）subsp. *Sativa* 亚种：硫苷含量和含油量最高，平均值分别达到22.64和28.26，而其他两个亚种较小。

E. vesicaria（L.）subsp. *Vesicaria* 亚种：平均硫苷含量仅有7.79，平均含油量值为26.2；但其芥酸和蛋白质含量较高，平均值分别为31.77和42.47。

E. vesicaria（L.）subsp. *Pinatifida* 亚种：芥酸、硫苷、含油量、蛋白质含量平均值分别为23.14、15.57、21.31、40.21。

芸芥不同品质性状的差异显著性也不相同。芥酸、含油量、蛋白质三个品质性状在不同亚种间的差异较大，达到显著水平。而硫苷含量在三个亚种间有明显的差异。由表2-5可知，三个亚种的硫苷含量平均值分别为22.64、7.79、15.57，不同亚种间达到极显著水平。

表 2-8　芸芥不同种质的品质差异(刘雅丽,2008)

亚种	种质	芥酸含量(%)	硫苷含量(%)	5%显著水平	1%显著水平	含油量(%)	蛋白质(%)
E. vesicaria (L.) subsp. *Sativa*	9424(野生种)	33.56	24.31	defg	BCDE	21.82	47.72
	9420(野生种)	29.84	25.41	defg	BCDE	19.59	46.78
	9503(野生种)	34.06	27.44	bcdef	ABCDE	22.98	50.19
	9370(栽培种)	34.06	9.30	hi	FG	31.29	38.02
	9371(栽培种)	30.06	9.19	hi	FG	32.00	39.49
	9423(野生种)	33.08	21.90	defg	BCDEF	25.54	41.55
	9411(栽培种)	33.84	21.06	defg	BCDEF	31.41	41.87
	9502(野生种)	35.29	5.25	i	G	30.03	40.15
	3750(栽培种)	35.55	26.11	abcde	ABCDE	29.05	41.51
	东郊芸芥(栽培种)	26.61	33.05	ab	AB	28.81	40.48
	定西芸芥(栽培种)	25.16	21.64	cdefg	ABCDE	27.91	42.73
	和田芸芥(栽培种)	28.77	13.37	fghi	DEFG	29.73	40.60
	靖远芸芥(栽培种)	26.61	33.60	a	A	27.41	42.20
	四川芸芥(栽培种)	28.34	24.26	abcd	ABCD	29.15	44.31
	静宁芸芥(栽培种)	26.68	28.29	abcd	ABC	30.71	38.88
	镇远芸芥(栽培种)	26.33	29.40	abc	AB	29.85	42.14
	环县芸芥(栽培种)	29.55	26.07	abcd	ABC	28.02	42.37
	天水芸芥(栽培种)	25.65	22.23	abcde	ABCDE	29.63	40.58
	会宁王庙芸芥(栽培种)	25.5	26.41	abcd	ABC	30.58	38.79
	青城芸芥(栽培种)	26.43	24.55	abcd	ABC	29.78	40.54
	平均值	29.75	22.64			28.26	42.05
E. vesicaria (L.) subsp. *Vesicaria*	9326(野生种)	31.53	7.43	i	G	26.18	42.72
	9427(野生种)	31.76	7.85	hi	G	26.34	42.45
	9341(野生种)	32.03	8.10	ghi	EFG	26.08	42.24
	平均值	31.77	7.79			26.20	42.47
E. vesicaria (L.) subsp. *Pinatifida*	1813(野生种)	23.14	15.57	efgh	CDEFG	21.31	40.21
	平均值	23.14	15.57			21.31	40.21

就硫苷含量而言，芸芥同一亚种的不同材料间存在一定差异。如，芸芥野生种和栽培种之间存在显著差异；9424、9420、9423都为来自西班牙的野生种，属于*E. vescaria*（L.）subsp. *Sativa*亚种，这三个材料之间差异显著；另外，3750、东郊芸芥、靖远芸芥、四川芸芥、静宁芸芥、镇远芸芥、环县芸芥、天水芸芥、会宁王庙芸芥、青城芸芥，都属于我国的栽培种，它们之间达到显著水平，这些结果表明，同一亚种内不同材料间硫苷含量差异明显。

第二节　中国芸芥的种类和特征①

一、中国芸芥的主要类型

《中国植物志》（第33卷）及其他省区地方植物志都载有芸芥分类的文献，结果均表明我国芸芥只有一个种（*E. sativa* Mill.）和一个变种［*E. sativa* var. *eriocarpa*（Boiss.）post］。二者植株形态相似，叶为羽状裂叶，叶片4对左右，花瓣有紫色脉纹，株高80～90 cm，长角果。区别仅在于正种角果上无刺毛，而变种角果被白色反曲的绵毛或乳突状腺毛。但现有资源材料的植物学形态特征突破了上述关于我国芸芥的种与变种的界定和定义，根据它们的形态特征，我国芸芥可划分为全（完整）叶类型（Ⅰ）和羽状裂叶类型（羽叶类型）（Ⅱ）两种类型，二者在叶上的区别在于前者为完整叶，而后者为羽状裂叶，而且花、角果都有较大差异。详见表2-9。

表2-9　全叶芸芥与羽叶芸芥主要形态特征（孙万仓，2006）

类型	代表品种	子叶	基生叶	茎生叶	花色	花冠大小（cm）	花瓣脉纹	角果形状	角果柔毛	株高（cm）
Ⅰ	和田芸芥	近肾	完整叶	完整叶	乳黄	1.8	黄绿	四棱	无毛光滑	70～80
Ⅱ	会宁芸芥	心脏	羽状裂叶	羽状裂叶	黄	1.8	紫	圆柱	无毛	80～90
Ⅱ	神池芸芥	心脏	羽状裂叶	羽状裂叶	黄	1.8	紫	圆柱	有毛	80～90
Ⅱ	四川芸芥	心脏	羽状裂叶	羽状裂叶	褐黄	1.5	紫	圆柱	无毛	60～70

（一）全叶芸芥

这类芸芥以和田芸芥为代表品种，基生叶与茎生叶均为完整叶，叶色淡，叶缘为波状，披针形，基生叶叶长9.0 cm，宽4.5 cm左右，叶脉脉序羽状，茎生叶略小，不抱茎，叶长7.0 cm左右，叶宽4.0 cm左右；茎直立，茎秆无柔毛或被极少柔毛；花蕾顶端被少量刺毛。花为乳黄色，花瓣上有绿色脉纹，花瓣上部开展，下部具长爪；角果表面光滑，无毛，长约2.9 cm，宽约0.5 cm，平生，四棱状，先端具扁平的剑形喙，果梗粗，略长，长约5 mm。（图2-1）种子卵形，褐黄色，千粒重3 g左右。花期5—6月，果期

①编引自孙万仓等，2006，中国芸芥形态特征特性及类型研究，作物学报。

7—8月。

在新疆还有此类芸芥分布，如且末芸芥（蜡叶标本现存于中国科学院兰州沙漠研究所），植物学形态特征与和田芸芥相似，二者原产地也相近（同属于南疆地区）。

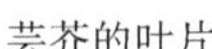

芸芥的叶片

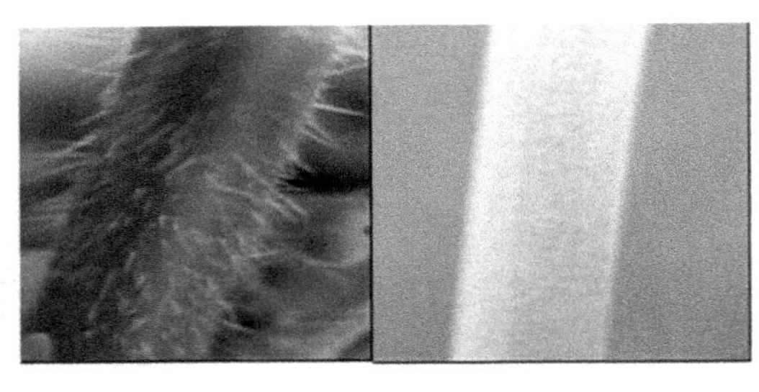

会宁芸芥（左）与和田芸芥（右）的茎

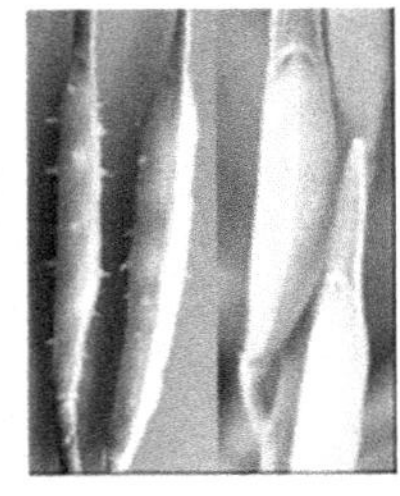

芸芥的角果

会宁芸芥（左）与和田芸芥（右）的花蕾

和田芸芥（左）与会宁芸芥（右）的花

图2-1　全叶芸芥的部分特征（孙万仓，2006）

（二）羽叶芸芥

我国芸芥大多数属于这种类型，包括前人所分的正种与变种等，其共同特征是：株高60～90 cm，茎秆密被倒生刺毛，基叶为羽状裂叶，顶裂片先端钝圆，侧裂片呈矩形。茎生叶也为羽状裂叶，无柄，叶长10 cm左右，叶宽3 cm左右。花蕾顶端着生蜘蛛丝状刺毛，花萼筒状，萼片直立，不分离，长约1 cm，倒披针形；花黄色或深黄色。花瓣上部开展，下部具长爪，长约2 cm，具有紫色脉纹或褐色脉纹。角果长3 cm左右，宽约0.5 cm，圆柱形，先端具扁平剑形的长喙。种子卵形，黄褐色，千粒重2.7～3.2 g。兰州春播花期5—6月，果期6—7月。

羽叶芸芥可分为3个亚类型：

（1）角果无毛类型，即正种，*E. sativa* Mill.。最显著的特征是角果无毛。主要有尚都芸芥、沽源芸芥、康保芸芥、尚义芸芥、张北芸芥、广河芸芥、芦芽山芸芥、海子背芸芥、朔州芸芥、镇原芸芥、岷县芸芥、渭源芸芥、临洮芸芥、静宁芸芥、靖远芸芥、定西芸芥、会宁芸芥等17个品种。

（2）角果有毛类型，即*E. sativa* Mill.的变种*E. sativa* var. *criocarpa*（Bioss.）Post.，角果被白色反曲的绵毛或乳突状腺毛。主要有府谷芸芥、西凉芸芥、阿拉善芸芥、武川芸芥、兴和芸芥、太仆寺芸芥、神池芸芥、三营芸芥、东郊芸芥、庆阳芸芥、华池芸芥、和政芸芥、广河芸芥、永靖芸芥、天水芸芥、陇西芸芥、榆中芸芥、马厂芸芥等18个品种。《秦岭植物志》记载该变种标本采自甘肃天水附近，在陕西西安、甘肃武都和文县等地有栽培种或逸生种，在甘肃也叫野菜籽。上述观察结果显示，芸芥品种分布情况与

《秦岭植物志》的描述吻合。

（3）四川芸芥，是羽叶芸芥中一种特殊类型。最显著的特征是羽状裂叶的侧裂片、顶裂片均为倒卵形，整个叶片似花叶状，植株较矮小，株高60～70 cm，花冠较小，花褐黄色，角果无毛（图2-2），应属于正种范畴，但与正种在形态上有比较大的差异。张兆清等（1990）将四川芸芥称为变种，显然不够准确，但是否为其他种或亚（变）种，有待于进一步研究。

大同芸芥、兴和芸芥、环县芸芥和狮子沟芸芥等包含大量变异个体，叶、角果均有很大变化（图2-2）。既有角果有毛的单株，也有角果无毛的单株；既有叶片为完整叶的单株，也有叶片为羽状裂叶的单株，其形态特征与其他芸芥有较大差异，至今难以归类。

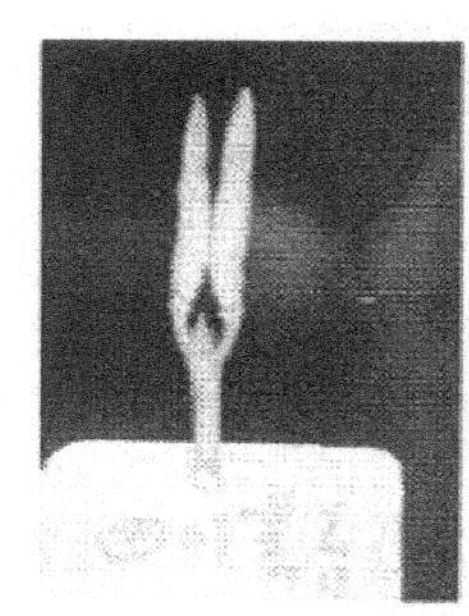

四川芸芥植株　　四川芸芥角果　　狮子沟芸芥植株　　狮子沟芸芥角果

图2-2　羽叶芸芥的部分特征(孙万仓,2006)

二、中国芸芥的植物学特征

我国芸芥分布区域广，生态类型多，形态特征差异明显，而且这种差异在某种程度上与地域有关，即在不同的生态类型区，芸芥具有不同的形态特征。如新疆、四川的芸芥与其他地区的芸芥就有很大的差异。除新疆和田芸芥和四川芸芥外，就大多数芸芥材料来讲，形态特征基本相近。

基本特征：株高80～100 cm；分枝多，一次分枝达10～20个；茎秆坚硬，直立，通常上部分枝被大量白色刺毛；叶轮生，下部叶有柄，羽状深裂、浅裂或全缘，长4～7 cm，宽2～3 cm，顶生裂片圆形或短卵形，有细齿，侧裂叶可达6对以上，卵形或三角状卵形，全缘，上部叶无柄，有1～3对裂片，顶生裂片卵形，侧生裂片矩圆形，叶片较厚，被少量刺毛，子叶较小，心脏形；总状花序，生于枝顶；花下部细长，筒状，上部广阔展散，花冠大，直径1～1.5 cm，花瓣鲜黄而有紫褐色脉纹，长梯形，干枯后成白色，花瓣离生，花瓣基部狭长，呈球拍形；花药呈戟形，向内开裂，开花时雌蕊较雄蕊短，内具蜜腺，为干旱山区丰富的蜜源植物，可配合荞麦花期以延长采蜜期；花蕾细长，达1 cm左右，顶部密被白色刺毛；角果呈圆柱形，平生，长3～4 cm，角果着生刺毛，果皮厚，不裂角；果喙剑形，短而宽扁，长1 cm左右；果柄长2～4 mm，向上弯曲；果实直立，贴近花轴；结角部位较高，主花序着角密。种子扁卵圆形，较小，千粒重2.5 g左右，粒色灰、橙、绿或暗红，灰粒饱满，千粒重高，暗红粒瘦秕，橙粒介于两者之间；

植株、叶片、种子及油脂均具有辛辣味，全株嫩时可做菜；根系发达，比地上部长得快，直根系，入土深达0.5 m左右。

三、中国芸芥的其他形态特征

孙万仓等曾在所研究的42份芸芥材料中，发现2份材料特征突出，有别于其他材料，即和田芸芥、四川芸芥。和田芸芥的基生叶与茎生叶均为完整叶，叶缘为波状或锯齿状，披针形，花瓣上有绿色或黄绿色脉纹，角果表面光滑，无毛，四棱状。四川芸芥为羽状裂叶，但它的侧裂片和顶裂片为倒阔卵形，叶近似花叶状。花瓣上布紫色或褐色脉纹，角果呈圆柱形。这2份材料明显不同于其他芸芥材料。

我国芸芥有许多为杂合体，既同一地区的品种或同一品种内存在大量变异个体，如狮子沟芸芥、环县芸芥、大同芸芥以及兴和芸芥等，角果有毛类型与角果无毛类型共存，完整叶与羽状裂叶兼有。

四、中国芸芥的品质特性①

（一）含油率

我国芸芥含油率变化很大，变幅为22.35%～40.41%，其中含油率在35%以上的材料占4.08%，30%～35%的材料占38.77%，25%～30%的材料占51.02%，20%～25%的材料占6.12%。所测试的49份材料中，以神池芸芥和张北芸芥含油率最高，分别为40.41%和35.84%。

含油率的差异也反映出芸芥品种对高温、高湿反应的差异。芸芥喜冷凉、较干燥的环境，土壤含水量不宜过高。在兰州播种芸芥时，正值夏季，高温，降雨较多，加之灌溉补充，田间持水量过高，易造成倒伏，种子青秕，以致种子含油率有所下降。

含油率的差异由品种的遗传型控制，同样饱满的种子，含油率也有差异；来源于同一类地区的品种，品种之间也有很大差异。如会宁王庙芸芥、三方屋芸芥与新坪芸芥，产地相距不过10千米之遥，含油率分别为28.79%、30.65%与32.19%。

（二）脂肪酸的组成

品质分析结果表明，我国芸芥的脂肪酸成分主要是芥酸和油酸，二者含量的总和占脂肪酸含量的62%左右，芥酸含量一般为27.98%～34.54%，油酸含量为22.78%～29.49%，一般芥酸含量均在30%以上。芥酸含量在30%以下的材料仅占8.16%，其中静宁芸芥（24.64%），康乐芸芥（23.98%）的芥酸含量最低，华池芸芥（34.54%），永靖芸芥（34.42%）的芥酸含量最高。

主要脂肪酸为亚油酸和亚麻酸，亚油酸含量为12.76%～17.65%，亚麻酸含量为9.98%～15.40%，其他脂肪酸还有棕榈酸（含量为4%左右）、花生烯酸（含量为8%左右）等。

（三）硫苷含量

我国芸芥硫苷含量变异很大，变幅为33.62～58.80 μmol/g。硫苷含量在50 μmol/g以

①编引自孙万仓，中国芸芥的分布、类型划分及油菜—芸芥杂交亲和性研究，湖南农业大学博士论文。

上的材料占6.12%，即临洮芸芥（58.80 μmol/g）、榆中芸芥（52.20 μmol/g）、陇西芸芥（50.41 μmol/g），硫苷含量在40 μmol/g以下的材料占10.2%，它们是广河芸芥、庆阳芸芥、渭源芸芥、华池芸芥与环县芸芥。大部分材料的芸芥硫苷含量在40～50 μmol/g之间。

第三节　中国芸芥的遗传多样性①

芸芥在我国分布虽然十分广泛，但主要分布在北方干旱地区，尤其以长城沿线的甘肃、宁夏、内蒙古、河北、山西等地最为集中，在北方干旱地区的油料作物生产中占有重要地位，并且由于生态条件的多样性，导致芸芥遗传资源的多样性十分丰富。掌握和了解芸芥的遗传多样性、类型及其相互关系，对研究和利用这一宝贵的遗传资源具有十分重要的意义。孙万仓等（2006）采用RAPD分析方法，对来源于我国不同省区不同生态条件的比较典型的20个芸芥材料进行了研究，在分子水平上探讨了我国芸芥遗传多态性及其类型，也为芸芥的分类及利用提供了有价值的科学依据。

一、不同地区来源芸芥DNA的多态性

以12个有效引物对20份芸芥材料（表2-10）总DNA进行扩增，并对它们的扩增产物进行了统计分析。12个引物共扩增出131条DNA带，其中105条带表现出多态性（表2-11），占总带数的80.15%。不同引物扩增出的DNA带数差异较大（图2-3）。12个引物扩增DNA带数在7～15条之间，平均每个引物扩增出10.9条带，扩增产生的各样本的DNA条带的分子量主要集中于500～800 bp之间。从扩增结果看，芸芥具有比较大的遗传多样性，不同来源地区的材料均出现了各自的特征带，这些带的重复性很好，完全可以作为特征带将其与其他芸芥区分开来。

以上结果表明，我国芸芥表现出极其丰富的变异类型，而这种变异类型的存在与芸芥的自交不亲和性及其长期在不同的自然生态条件下栽培有关。

表2-10　植物材料及其来源

序号	名称	序号	名称	序号	名称	序号	名称
1	四川芸芥	6	环县芸芥	11	张北芸芥	16	三营芸芥
2	兴和芸芥	7	马厂芸芥	12	尚义芸芥	17	康保芸芥
3	和田芸芥	8	神池芸芥	13	东郊芸芥	18	西凉芸芥
4	狮子沟芸芥	9	朔州芸芥	14	昭苏芸芥	19	府谷芸芥
5	大同芸芥	10	海子背芸芥	15	柴门芸芥	20	武川芸芥

①编引自孙万仓等，2006，利用RAPD分子标记技术研究芸芥的遗传多样性，中国农业科学。

表2-11　12条引物对20份芸芥扩增的多态性片段结果(孙万仓等,2006)

引物	扩增带数	多态性带数	多态性带(%)	引物	扩增带数	多态性带数	多态性带数%
OPU-09	9	8	88.89	OPX-01	15	10	66.67
OPU-14	10	8	80.00	OPX-02	11	10	90.91
OPU-20	12	11	91.67	OPX-07	9	8	88.89
OPU-07	12	10	83.33	OPA-11	15	12	80.00
OPI-01	7	4	57.14	OPA-08	9	7	77.78
OPI-18	12	9	75.00	OPI-20	10	8	80.00
总扩增条带	131						
多态性带数	105						

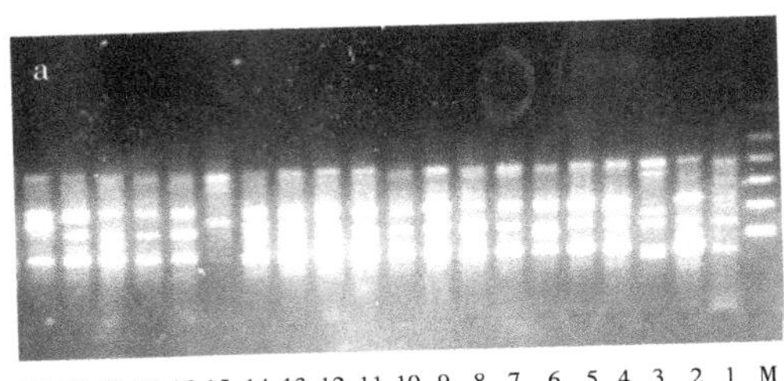

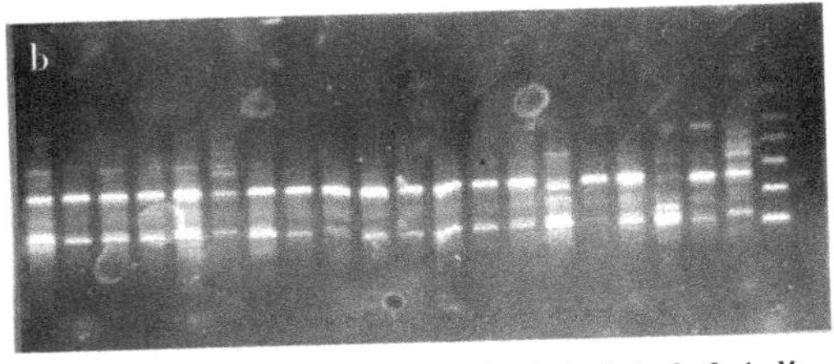

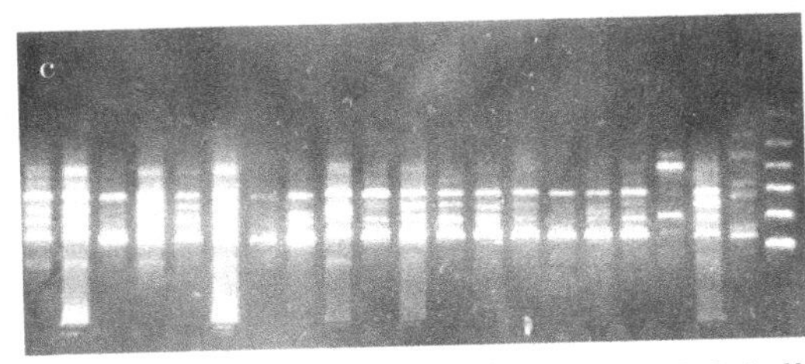

图2-3　20份芸芥三种引物的扩增产物(孙万仓等,2006)

注：a，b，c分别为引物OPI-18、OPU-14、OPA-11的扩增产物，M为DNA分子量标记。

二、芸芥不同材料聚类分析结果

据12个引物对20份芸芥材料的RAPD资料，计算出遗传距离矩阵。采用UPGMA法进行聚类分析。来自山西的神池芸芥（8）与朔州芸芥（9）的遗传距离最小，在距离为0.168处，20份材料可聚为4组，其中和田芸芥和四川芸芥各自独立成为一组，其余材料分别聚为2组。各组所包含的材料有：

Ⅰ：大同芸芥、环县芸芥、兴和芸芥、狮子沟芸芥。

Ⅱ：四川芸芥。

Ⅲ：神池芸芥、朔州芸芥、马厂芸芥、张北芸芥、尚义芸芥、海子背芸芥、康保芸芥、柴门芸芥、三营芸芥、东郊芸芥、府谷芸芥、武川芸芥、西凉芸芥、昭苏芸芥。

Ⅳ：和田芸芥。

从聚类结果看，分布地域相近的材料首先聚在一起，如第Ⅲ组中神池芸芥和朔州芸芥、张北芸芥和尚义芸芥，它们的分布地域很近，总是首先聚在一起；另外，来自河北坝上和山西雁北（以大同芸芥为代表）的材料聚在一起；内蒙古中部的材料（如武川芸芥）、宁夏中南部的材料（如东郊芸芥、三营芸芥）、陕北的材料（府谷芸芥）和甘肃的材料（柴门芸芥）也聚在一起；柴门芸芥和三营芸芥分别来自甘肃会宁和宁夏固原，在地域上属于邻县，也聚在了一起。组内的成员品种与地域分布具有较大相关性。

三、芸芥组内品种间植物学形态特征有较大相似性，组间却存在较大差异

聚类结果反映，芸芥组内品种间植物学形态特征存在较大相似性，组间植物学形态特征存在较大差异。在所研究的材料中，和田芸芥、四川芸芥的植物学形态特征比较特殊，叶片、花、果实和株型有较大差异，而且它们的植物学形态特征与其他芸芥存在较大差异，在本研究中各自独立成为一组。在第Ⅰ组中，大同芸芥（山西）、环县芸芥（甘肃）、兴和芸芥（内蒙古）、狮子沟芸芥（河北坝上） 4个材料，分别来自4个省区，它们在植物学形态上存在较大相似性，故聚在了一起。第Ⅲ组材料中，虽然个别材料仍具有一定差异，但绝大部分材料在植物学形态特征、生长习性等方面相似。

四、分子水平上的聚类结果与植物学形态水平上的划分结果有较大的相关性

基于RAPD标记的聚类分析结果，将我国的芸芥划分成四个组，其中大同芸芥、环县芸芥、兴和芸芥、狮子沟芸芥为一组，四川芸芥和和田芸芥各自独立成为一组。其余14个材料为一组。这种以分子水平为基础的类型划分与孙万仓（2000年）依据对现有芸芥资源的植物学形态研究提出的我国芸芥有3～4种类型、2个以上的种或变种的研究结果相一致。

组内品种间植物学形态特征相似而组间植物学形态特征具有较大差异，且分布地域相近的材料一般具有相似的形态特征，故形态特征相似或分布地域相近的材料首先聚在一起，但这种相关性并不是绝对的。如第Ⅲ组的材料中，虽然绝大部分材料在植物学形态特征、生长习性等方面相似，但个别材料仍具有一定差异。这种现象与所用引物有关，也可能与某些DNA序列的非表达有关。因为RAPD扩增是随机的，所扩增的不同材料的DNA片段及其分子量大小可能十分相似或相近，但其中包含的有些DNA序列可能是非表达序列（基因），所以有些材料尽管扩增出的DNA条带相似甚至相同，但在植物学形态上仍然表现出差异。另一方面，地理上较远的材料一般居于不同的组别，但来自青

海乐都的马厂芸芥与来自山西的神池芸芥、朔州芸芥、海子背芸芥，河北坝上的张北芸芥、尚义芸芥在地域上相距较远，却聚在一起，可能与二者之间的亲缘关系有关。有关芥菜型油菜、白菜型油菜的RAPD聚类分析，也同样表明同一生态区域内的品种或地方种总是首先聚为一组，如安贤惠等的研究（1999）指出，芥菜型油菜类型的划分与地理分布有关，也与亲缘关系有关。如甘肃的芥菜型油菜与陕西的芥菜型油菜亲缘关系上较近，而新疆的芥菜型油菜与加拿大的芥菜型油菜也有较近的亲缘关系（加拿大芥菜型油菜有新疆芥菜型油菜的血缘）。朱莉等（1998）对我国白菜型油菜RAPD分析指出，品种的地理分布和生态型也影响其遗传多样性。

第三章 芸芥的耐盐性

第一节 不同生态型芸芥有机物质对盐胁迫的响应①

芸芥由于长期在干旱、严寒、土壤贫瘠的生态条件下生存和栽培，形成了丰富的生态类型和遗传多样性。与其他油料作物相比，芸芥还有一个重要特性——耐盐性。

有机渗透剂，如脯氨酸、甘氨酸甜菜碱、糖醇、多胺和晚期胚胎发生富集蛋白（LEA）家族成员蛋白，在维持植物细胞渗透势、防止盐害效应上起着重要作用。在已有的许多报道中，脯氨酸、可溶性糖、游离氨基酸等有机渗透调节剂在耐盐性中的作用已清楚。可溶性糖被认为是盐胁迫环境下许多淡土植物的主要渗透调节剂。Cram（1976）的研究发现，生长在自然环境中的淡土植物，几乎一半的渗透势是靠糖类物质来维持。处于盐胁迫和干旱等逆境下的植物，其氮源主要是由脯氨酸来提供，脯氨酸在渗透调节过程中起着重要的作用。但是，也有研究发现，大豆属和豇豆属植物的耐盐性和脯氨酸含量间存在负相关关系。类似地，在不同的Na/Ca摩尔比率下，Ashraf等（1992）在4种芸薹属植物中也没有发现游离氨基酸、可溶性糖和脯氨酸与耐盐性之间有任何正相关关系。

范惠玲等（2017）以芸芥两种生态型（包括耐盐生态型和不耐盐生态型）为研究对象，分析了可溶性糖、脯氨酸、游离氨基酸和可溶性蛋白等有机渗透调节剂在耐盐性中的不同作用。

一、两种生态型芸芥在不同盐胁迫下相对含水量、渗透势和可溶性蛋白含量

在不同盐浓度处理下，两种生态型芸芥相对含水量、叶片可溶性蛋白和渗透势不存在差异（表3-1）。随着盐浓度的增加，两种生态型芸芥叶片渗透势呈直线下降的趋势。在不同NaCl浓度处理下，两种生态型芸芥间叶片可溶性蛋白含量几乎保持不变。

①编引自范惠玲等，2017，盐胁迫下芸芥响应有机物质的初步研究，中国农学通报。

表3-1　两种生态型芸芥相对含水量、叶片渗透势和可溶性蛋白含量

NaCl浓度(mmol/L)	叶片渗透势(-MPa)		相对含水量(%)		可溶性蛋白(mg/g)	
	不耐盐	耐盐	不耐盐	耐盐	不耐盐	耐盐
0	0.87±0.01aA	0.73±0.003 aA	81.4±0.007 aA	82.8±0.002 aA	2.28±0.011 aA	2.45±0.003 aA
50	1.09±0.001 aA	0.86±0.001 aA	85.3±0.005 aA	86.9±0.001 aA	2.43±0.004 aA	2.51±0.001 aA
100	1.17±0.002 aA	1.02±0.019 aA	86.7±0.007 aA	85.9±0.004 aA	2.88±0.001 aA	2.67±0.002 aA
150	1.22±0.003 aA	1.13±0.004 aA	84.8±0.002 aA	85.7±0.005 aA	2.92±0.003 aA	2.81±0.002 aA
200	1.37±0.001 aA	1.35±0.008 aA	81.5±0.012 aA	79.5±0.002 aA	2.85±0.002 aA	3.03±0.004 aA
300	1.96±0.01 aA	1.80±0.009 aA	96.3±0.002 aA	94.6±0.01 aA	2.14±0.005 aA	2.11±0.001 aA

注：小写字母表示0.05显著水平，大写字母表示0.01显著水平。可溶性蛋白含量以鲜质量计。

二、两种生态型芸芥在不同盐胁迫下干质量、脯氨酸、可溶性糖和游离氨基酸含量

用含有不同浓度NaCl的1/2 Hoagland营养液培养后，芸芥耐盐植株的干质量明显大于不耐盐植株的干质量（图3-1A）。同不耐盐生态型芸芥比较，在100～200 mmol/L NaCl溶液胁迫下，耐盐生态型芸芥的叶片中明显积累了更多的脯氨酸（图3-1B）。但是在高盐胁迫（300 mmol/L NaCl）下，两种生态型芸芥间的叶片脯氨酸含量的差异非常小。随着盐浓度的增加，耐盐生态型芸芥叶片可溶性糖含量明显升高（图3-1C）。在0～100 mmol/L NaCl溶液胁迫下，不耐盐群体叶片可溶性糖含量逐渐增加，当盐浓度大于100 mmol/L时，可溶性糖含量又大幅下降。因此，在高浓度盐胁迫（300 mmol/L NaCl）下，耐盐生态型芸芥较不耐盐生态型芸芥具有较高的可溶性糖含量。在较高盐浓度下（200～300 mmol/L NaCl），耐盐生态型芸芥较不耐盐生态型芸芥具有较高的叶片游离氨基酸含量（图3-1D）。

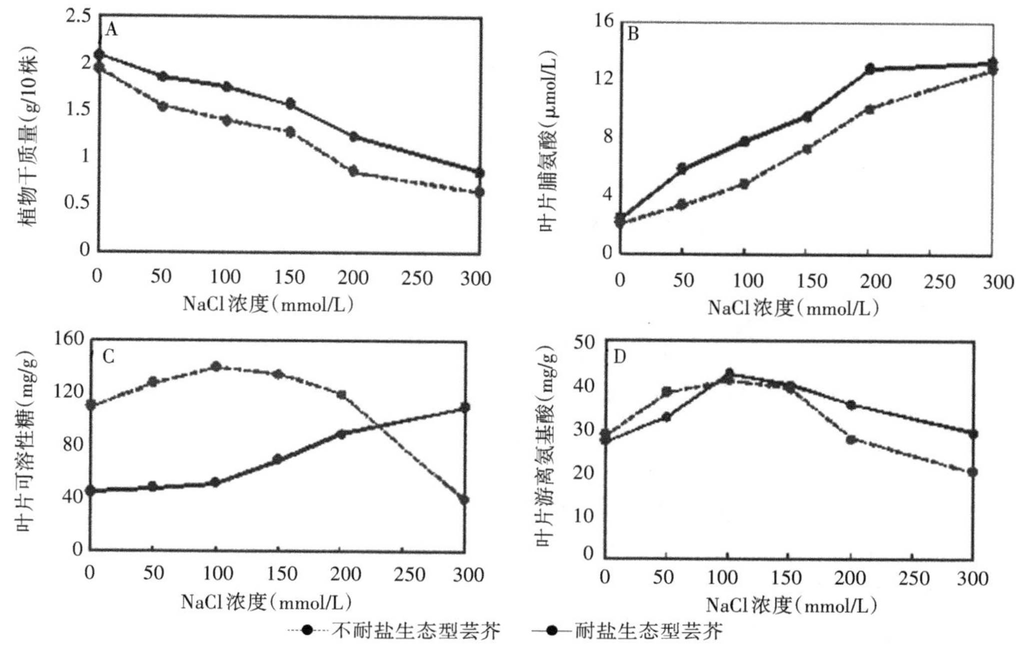

图3-1　两种生态型芸芥干质量、叶片脯氨酸、可溶性糖和游离氨基酸含量变化

三、讨论

高盐会引起渗透胁迫，植物需要维持渗透平衡。盐生植物可以利用无机离子和有机渗透调节剂调节渗透平衡。现已证明，耐盐植物常常具有比不耐盐植物更强的渗透调节能力。因此，两种生态型芸芥间渗透势缺少明显的差异是难以理解的。由于在工作中没有测定表示水分关系的其他参数，如叶片水势、膨胀势等，所以不能绘制出较清楚的渗透势变化图。

叶片渗透势和有机渗透调节剂之间的变化趋势不存在对应性。在任何一个盐浓度下，叶片渗透势在两种生态型芸芥间的差异很小。随着盐浓度的升高，未测定的一些其他有机或无机物质的含量可能会下降，而这些物质往往在维持耐盐生态型和不耐盐生态型具有相差不大的渗透势时起着一定的作用，这可能是叶片渗透势和有机渗透调节剂含量变化不存在一致性的原因。Ashraf等（1992）的研究结果发现，在不同Na/Ca摩尔比率的胁迫下，4种芸薹属植物叶片渗透势与不同有机渗透调节剂之间没有任何正相关关系。

研究发现，盐胁迫下，耐盐生态型较不耐盐生态型芸芥含有较高的脯氨酸含量，而在高盐（>250 mmol/L）胁迫下，前者较后者还含有较高的可溶性糖和游离氨基酸含量，说明当盐浓度较低时，芸芥响应盐胁迫的有机物质并不是可溶性糖和游离氨基酸。Miyama等（2008）的研究证明，红树（*B. Gymnorhiza*）之所以具有较高耐盐性，不是由于可溶性糖的生物合成，而是因为较强的吸收无机离子作为渗透调节剂的能力。

早期Langdale等（1973）和Helal等（1975）的研究结果都认为，随着盐浓度的增加，蛋白质的合成量也会增加。LEA蛋白主要由亲水性氨基酸组成，因此具有较高的水合能力，可能通过结合水分子或替代水分子保护细胞免受胁迫的伤害。Dalal等的研究证明，盐胁迫下，LEA蛋白大量积累，在拟南芥中超表达LEA基因后，植株抗盐性增强。对耐盐生态型芸芥而言，随着盐浓度的增加，可溶性蛋白的总量也在逐渐升高，但当盐浓度大于200 mmol/L时，可溶性蛋白的含量反而下降。这表明，可溶性蛋白只能在一定的范围内对芸芥应答盐胁迫的反应做出贡献。两种不同生态型芸芥间可溶性蛋白含量并无明显差别，因此在今后选择耐盐芸芥时，不能将其作为参考标准。

脯氨酸是最大的水溶性氨基酸，在植物受到盐胁迫时，植物体内的蛋白质合成受到抑制，蛋白质分解增加，使氨基酸的含量上升，其中最明显的就是脯氨酸含量的增加，脯氨酸是有效的调节物质之一，在调节渗透平衡的同时，能与蛋白质结合，增加蛋白质的可溶性，并减少可溶性蛋白质的沉淀，对生物大分子结构和功能的稳定起到维持作用。一种观点认为，脯氨酸有参与渗透调节、护酶和细胞结构以及作为活性氧清除剂的作用，是植物耐盐性的指标。另一种观点则认为，脯氨酸的积累与盐胁迫的伤害程度密切相关，脯氨酸的积累可能是盐胁迫引起的受害症状，而不是耐盐性指标。本研究结果发现，在盐胁迫下，芸芥耐盐群体较不耐盐群体积累了较多的脯氨酸，这一结果与Storey等（1977）、Wyn等（1978）、Rains（1981）、Wyn（1981）、Ashraf等（1992）的研究结果一致。

可溶性糖也是一类重要的渗透调节物质。比如棉籽糖族寡糖是近年来发现的非结构类糖类，在高等植物中广泛参与渗透调节作用。本研究中在高浓度盐胁迫下，同不耐盐生态型芸芥比较，耐盐生态型芸芥叶片可溶性糖和游离氨基酸的浓度都较高。在小扁豆的有些品系中也发现了类似的结果。因此，如与对小扁豆的研究结果一样，将这两个生理变量与脯氨酸含量结合起来，可以作为选择耐盐芸芥的标准。甘氨酸甜菜碱是植物中重要的渗透调节剂之一。Sahu（2004）的研究结果证明，甘氨酸甜菜碱在盐胁迫中的渗透调节作用可能比脯氨酸更重要。而芸芥甘氨酸甜菜碱与盐胁迫应答反应的关系，以及其他有机渗透调节剂的渗透调节作用尚有待进一步研究。

总之，对耐盐生态型芸芥和不耐盐生态型芸芥来说，渗透势和有机渗透调节剂含量之间并不存在一致的变化趋势。随着NaCl浓度水平的变化，两种生态型芸芥间可溶性蛋白的合成或降解总量并未出现明显的差异。高浓度NaCl胁迫下，耐盐生态型芸芥能积累较多的脯氨酸、可溶性糖和游离氨基酸，从而参与对盐胁迫的应答反应。

第二节　混合盐碱胁迫下芸芥的生长发育和生理性状①

盐碱胁迫已成为仅次于干旱胁迫的第二大阻碍作物正常生长发育的不利因素，在这种非生物逆境下，作物会表现出生长缓慢、黄化早衰、品质下降以及产量降低等现象

①编引自范惠玲等，2018，混合盐碱胁迫对芸芥生长发育和生理性状的影响，中国油料作物学报。

（陈新等，2014），对农业生产造成极大危害。河西走廊属典型干旱荒漠大陆性气候，该区域内分布着179.8万hm^2（杨自辉等，2005）的盐碱地，土壤盐害成分很复杂，主要的致害离子有Na^+、Cl^-、HCO_3^-、CO_3^{2-}、SO_4^{2-}（韩多红等，2013）。田间的盐胁迫多数为混合胁迫，土壤盐胁迫与碱胁迫往往相伴发生，从而给许多地区带来严重的问题。采用混合盐碱（$NaCl+Na_2SO_4+NaHCO_3+Na_2CO_3$）代替单盐（NaCl或$Na_2SO_4$或$Na_2CO_3$）来研究作物耐盐碱性更能反映田间盐碱胁迫情况，对于作物耐盐碱育种研究具有重要的指导意义。

笔者采用由两种中性盐（$NaCl：Na_2SO_4$=1：9）和两种碱性盐（$Na_2CO_3：NaHCO_3$=1：9）组成的混合盐碱来模拟芸芥分布地区田间土壤盐分组成状况，并设定不同浓度，包括0、20、30、40、50、60和70 mmol/L的盐碱溶液，对芸芥进行芽期、苗期和成株期胁迫试验，测定不同指标，通过不同指标的变化特征来评价芸芥对混合盐碱胁迫的耐受性，可探明芸芥在混合盐碱胁迫下的生理变化机制，为挖掘耐盐芸芥种质资源，为河西走廊盐碱地区合理种植芸芥提供依据。

一、混合盐碱胁迫下芸芥种子萌发和芽苗生长发育

20～70 mmol/L混合盐碱处理均显著降低了芸芥种子的发芽势（表3-2）；除了30 mmol/L外，其他不同混合盐碱溶液胁迫均降低了芸芥种子的发芽率，尤其是当混合盐碱溶液浓度≥40 mmol/L时，这两个指标均显著低于对照值；当用30 mmol/L的低盐碱浓度处理时，虽然发芽势低于对照值，但发芽率、相对盐害率与对照无差异，说明该盐浓度仅仅延迟了芸芥种子的萌发时间，并没有对种子的活力产生影响；当用40 mmol/L混合盐碱浓度处理时，种子发芽率大幅度下降，胚轴、胚根长均明显变短，说明该盐碱浓度胁迫严重抑制了芸芥种子的萌发和芽苗的生长，即芸芥不耐此盐碱浓度，是芸芥的盐碱敏感浓度。因此，可选用40 mmol/L的混合盐碱溶液鉴定不同芸芥材料在芽苗期的耐盐碱性；混合盐碱浓度为50～70 mmol/L，芸芥种子的发芽率等指标均为0，种子不能发芽，说明高浓度混合盐碱完全抑制了种子的萌发。结果还表明，20～70 mmol/L混合盐碱浓度处理下，芽苗鲜质量、胚轴长和胚根长也明显低于对照。

在20～70 mmol/L混合盐碱浓度处理下，对发芽势等六个性状的相对值进行比较，结果表明：混合盐碱胁迫对芸芥不同性状的影响程度不同，胚根长的平均值仅为对照的6.67%，即对胚根长的影响最大，对胚轴长的影响次之，该性状的平均值为对照的25.25%；对芽苗鲜质量的影响最小，相对值为对照的44.32%。这些结果表明，胚根长是芽苗期芸芥对混合盐碱胁迫较敏感的性状。

种子萌发与早期幼苗生长阶段是作物能否在盐碱胁迫下完成生育周期最为关键的时期，芽期耐盐性的强弱影响出苗好坏。20 mmol/L和30 mmol/L混合盐碱胁迫下，芸芥种子的发芽势均低于对照值，但发芽率与对照差异较小，这表明低浓度盐碱胁迫仅仅推迟了种子的萌发时间，并没有使之失去活力。许耀照等的研究发现，盐胁迫下油菜（*Brassica napus*）种子的萌发也表现出类似的结果；40 mmol/L混合盐碱胁迫下，发芽势和发芽率显著低于对照，仅极少量种子能发芽，其余种子因渗透胁迫造成吸水困难，最终导致非正常发芽，如有芽无胚根，有胚根而无胚芽，胚根腐烂，子叶死亡，甚至种子坏死等；≥50 mmol/L混合盐碱胁迫下，芸芥种子不能萌发，这是因为高盐高碱的共同作用超

过了种子的耐受限度，造成了永久性毒害，使种子完全丧失了活力。盐碱胁迫对种子萌发的影响多以对胚根的影响作为指标之一，混合盐碱胁迫对芸芥不同性状的影响程度不同，对胚根长的影响最大，因此在判断不同芸芥材料萌发期的耐盐性时，首先选择胚根长作为鉴定指标。

表3-2 不同浓度混合盐碱胁迫对芸芥种子萌发指标的影响

浓度（mmol/L）	发芽势（%）	发芽率（%）	相对盐害率（%）	鲜质量（g）	胚轴长（cm）	胚根长（cm）
CK	100±0.0a	99±0.2a	0±0.0a	0.0185±0.0007a	2.97±0.08a	4.05±0.05a
20	77±0.0c	92±1.5b	7±0.5b	0.0165±0.0130 b	1.44±0.41b	0.58±0.26c
30	84±0.1b	99±0.1a	0±0.0a	0.0180±0.0290 a	1.89±0.59c	0.81±0.40b
40	18±0.8d	49±0.3c	51±0.1c	0.0141±0.1661c	1.18±0.12d	0.25±0.07d
50	0±0.0e	0±0.0d	100±0.0d	0.0000±0.0000d	0.00±0.00e	0.00±0.00e
60	0±0.0e	0±0.0d	100±0.0d	0.0000±0.0000d	0.00±0.00e	0.00±0.00e
70	0±0.0e	0±0.0d	100 ±0.0d	0.0000±0.0000d	0.00±0.00e	0.00±0.00e
平均值	29.8	40	59.60	0.0082	0.75	0.27
相对值（%）	29.8	40	—	44.32	25.25	6.67

注：不同字母表示处理间差异显著（$P < 0.05$）。

二、混合盐碱胁迫下芸芥叶片水分生理

（一）混合盐碱胁迫对芸芥叶片组织相对含水量的影响

从表3-3可以看出，在同一取样测试时间内，随着混合盐碱浓度的增大，叶片组织相对含水量总体呈下降的变化趋势。胁迫14、28和42 d后，叶片相对含水量（平均值）依次为70.02%、63.82%和58.22%，较对照值分别降低了28.94%、9.88%和16.88%。随胁迫浓度的增大，胁迫42 d后的叶片相对含水量呈逐渐下降趋势。除20 mmol/L浓度胁迫外，其他浓度胁迫下的叶片相对含水量与对照值间差异均达显著水平，当盐碱浓度≥60 mmol/L时，叶片含水量显著下降。0（CK）、20 mmol/L和30 mmol/L浓度盐碱处理下，胁迫28 d后的叶片相对含水量分别是70.82%、70.81%和69.03%，这说明低浓度盐碱胁迫对叶片相对含水量不会产生较大的影响；当盐碱浓度≥50 mmol/L时，胁迫14、28和42 d后的叶片相对含水量均显著下降。上述结果表明，混合盐碱浓度和胁迫时间与芸芥叶片组织相对含水量均呈负相关。

表3-3　混合盐碱胁迫对芸芥叶片相对含水量的影响

浓度(mmol/L)	相对含水量(%)		
	盐碱胁迫14 d	盐碱胁迫28 d	盐碱胁迫42 d
CK	98.53±0.02a	70.82±2.86a	70.04±0.06a
20	78.35±2.45b	70.81±0.01a	67.00±1.00b
30	75.86±0.58bc	69.03±2.25a	60.77±3.21c
40	73.35±0.05c	64.72±2.49b	59.33±2.75c
50	66.00±2.94d	60.55±0.51c	56.47±0.06d
60	66.17±2.69d	61.36±2.03c	52.97±0.05e
70	60.37±0.40e	56.43±0.75d	52.80±0.72e
平均值(%)	70.02	63.82	58.22
(对照-平均)/对照(%)	28.94	9.88%	16.88%

（二）混合盐碱胁迫对芸芥叶片保水力的影响

随盐碱浓度的增大，叶片失水率逐渐升高。不同浓度胁迫下的平均失水率为62.31%，较对照（51.67%）升高了20.59%，说明混合盐碱胁迫使叶片的保水能力下降了20.59%。在6个不同浓度胁迫下，叶片失水率均大于对照，尤其是当盐碱浓度为50、60和70 mmol/L时，叶片失水率较对照值分别增大了22.53%、27.83%和36.69%，这说明高浓度混合盐碱胁迫不同程度地降低了芸芥叶片的保水力，其中70 mmol/L胁迫条件对叶片保水力的影响程度最大（表3-4）。

表3-4　混合盐碱胁迫对芸芥叶片保水力(失水率)的影响

浓度(mmol/L)	失水率(%)									
	2 h	4 h	6 h	8 h	10 h	24 h	32 h	48 h	平均值	排序
CK	14.34	32.17	37.83	41.45	45.06	72.41	78.07	92.05	51.67	7
20	29.28	37.14	42.51	46.82	50.69	77.53	81.77	90.95	57.09	6
30	30.77	38.84	44.49	48.60	52.11	78.83	81.24	90.02	58.11	5
40	29.04	38.21	44.27	49.12	53.43	81.37	84.33	89.58	58.67	4
50	39.81	42.83	48.68	53.30	57.36	85.75	88.30	90.47	63.31	3
60	43.04	54.60	58.82	61.00	62.86	77.96	79.59	90.52	66.05	2
70	42.73	53.43	61.11	66.94	71.47	89.99	89.23	90.12	70.63	1
平均值	35.78	44.17	49.98	54.30	57.99	81.90	84.08	90.28	62.31	

注：表中数据为混合盐碱胁迫第42天的测定结果。

三、混合盐碱胁迫下芸芥叶片丙二醛含量

由表3-5可知，胁迫14、28和42 d后的叶片丙二醛含量的平均值（质量摩尔浓度）为42 d（5.91 μmol/g）> 28 d（5.45 μmol/g）>14 d（2.67 μmol/g），胁迫42 d和28 d后叶片丙二醛含量分别较胁迫14 d后的高了3.24 μmol/g和2.78 μmol/g。除20 mmol/L外，随盐碱浓度的增加，胁迫14 d后的叶片丙二醛含量逐渐增加，各种浓度胁迫下丙二醛含量均高于对照值（2.31 μmol/g），60和70 mmol/L高浓度胁迫下丙二醛含量差异不显著，但其含量均显著高于其他浓度的测定值。50、60和70 mmol/L三个浓度处理下，胁迫28 d后的丙二醛含量显著高于其他浓度的测定值，也显著高于对照（5.18 μmol/g）。20和30 mmol/L低浓度处理下，胁迫42 d后的丙二醛含量均低于对照（5.67 μmol/g），40和50 mmol/L胁迫下丙二醛含量差异不大，但其值都高于对照，也显著高于20和30 mmol/L胁迫下的测定值，60和70 mmol/L高浓度胁迫下丙二醛含量没有达到显著差异水平，但都显著高于其他浓度下的测定值。上述结果表明：混合盐碱浓度≥50 mmol/L时，叶片丙二醛含量显著增高，即细胞膜脂过氧化或细胞膜受破坏的程度明显加重。

表3-5　混合盐碱胁迫对芸芥叶片丙二醛含量的影响

浓度(mmol/L)	丙二醛含量(μmol/g)		
	盐碱胁迫14 d	盐碱胁迫28 d	盐碱胁迫42 d
CK	2.31±0.02d	5.18±0.02e	5.67±0.18bc
20	1.93±0.02 e	3.28±0.01g	4.16±0.07d
30	2.45±0.12cd	4.19±0.04 f	5.34±0.07c
40	2.52±0.06c	5.53±0.21d	6.02±0.02b
50	2.71±0.00b	6.49±0.23b	6.08±0.27b
60	3.21±0.05a	6.25±0.02c	6.74±0.02a
70	3.20±0.07a	6.98±0.17a	7.12±0.47a
平均值	2.67	5.45	5.91

四、混合盐碱胁迫下芸芥叶片可溶性蛋白质含量

由图3-2可知，从胁迫28 d后的结果来看，随着盐碱浓度的增加，叶片中可溶性蛋白质含量（质量分数）呈先增加后减小的变化趋势，不同浓度盐碱胁迫下可溶性蛋白质含量与对照值间均达显著差异水平；20和30 mmol/L盐碱胁迫下，可溶性蛋白质含量均显著大于对照值，也显著高于其他浓度胁迫下的测定值，这说明≤30 mmol/L处理有利于叶片中可溶性蛋白蛋的累积；当盐碱浓度≥40 mmol/L时，可溶性蛋白质含量显著下降；60和70 mmol/L盐碱胁迫下，可溶性蛋白质含量差异不大；6种盐浓度处理下，叶片可溶

性蛋白质含量平均值为3.22 mg/g，较对照值低了0.42 mg/g。就胁迫42 d后的结果来看，随着盐碱浓度的增加，可溶性蛋白质的含量逐渐减小，50和60 mmol/L处理下，可溶性蛋白质含量差异很小，当胁迫浓度为70 mmol/L时，可溶性蛋白质含量最低，仅1.35 mg/g；6个浓度处理下的平均值（2.67 mg/g）较胁迫28 d后的均值（3.22 mg/g）低了0.55 mg/g。总之，当混合盐碱浓度大于40 mmol/L时，芸芥叶片可溶性蛋白含量显著减少。

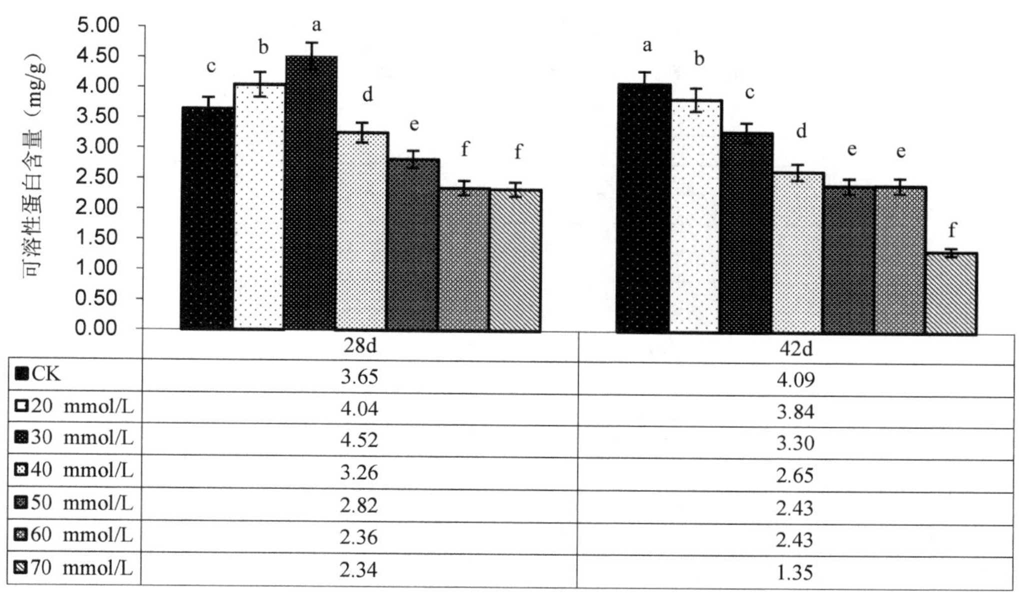

	28d	42d
CK	3.65	4.09
20 mmol/L	4.04	3.84
30 mmol/L	4.52	3.30
40 mmol/L	3.26	2.65
50 mmol/L	2.82	2.43
60 mmol/L	2.36	2.43
70 mmol/L	2.34	1.35

图3-2　混合盐碱胁迫对芸芥叶片可溶性蛋白质含量的影响

五、混合盐碱胁迫下芸芥叶片可溶性糖含量

由图3-3可见，盐碱胁迫42 d后，随混合盐碱胁迫浓度的增加，芸芥叶片可溶性糖含量总体呈逐渐升高的趋势；20和30 mmol/L浓度处理可溶性糖含量差异较小，50和60 mmol/L胁迫其差异也较小，当浓度为70 mmol/L时，可溶性糖含量最高，为2.14 mg/g，较对照值高了1.71 mg/g。不同浓度胁迫下可溶性糖含量与对照的差异均达显著性。盐碱胁迫28 d后，随胁迫浓度的增大，叶片可溶性糖含量也跟着变大；各不同浓度胁迫下可溶性糖含量均显著高于对照值，20和30 mmol/L胁迫下可溶性糖含量差异较小，40和50 mmol/L浓度处理下其差异亦较小，当浓度为70 mmol/L时，可溶性糖含量达最高(0.64 mg/g)。盐碱胁迫42 d后可溶性糖含量均值为1.07 mg/g，较胁迫28 d后的平均值(0.55 mg/g）高了0.52 mg/g。

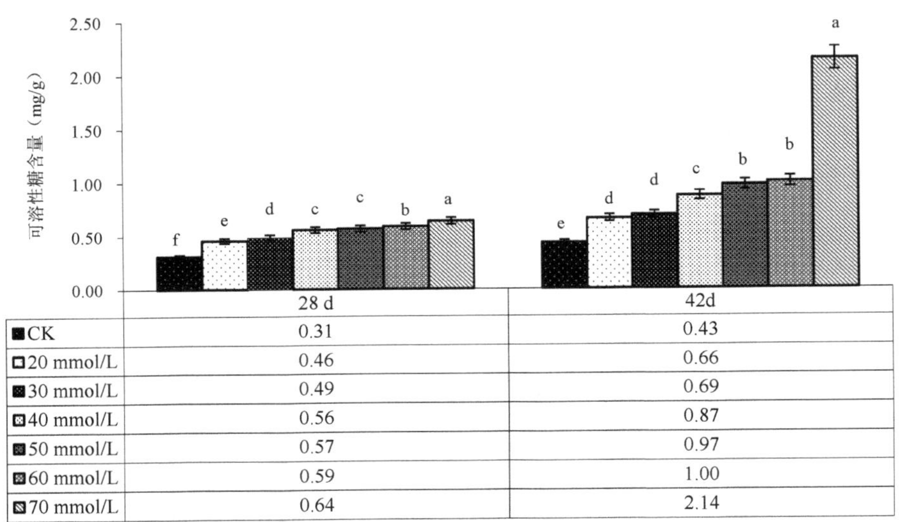

图3-3　混合盐碱胁迫对芸芥叶片可溶性糖含量的影响

六、混合盐碱胁迫下芸芥叶片游离脯氨酸含量

由图3-4可见，随混合盐碱浓度的增加，芸芥叶片脯氨酸含量总体呈上升的趋势。盐碱胁迫28 d后，叶片脯氨酸含量的均值为122.00 μg/g，较相应的对照值（70.20 μg/g）高了51.80 μg/g；盐碱胁迫42 d后，叶片脯氨酸含量的均值为128.01 μg/g，较对照值(81.83 μg/g）高了46.18 μg/g。当盐碱浓度为70 mmol/L时，胁迫处理后的两个时间段(28 d和42 d）其脯氨酸含量都达到最大值。不同浓度盐碱胁迫下，叶片脯氨酸含量与对照值间均达显著差异水平，当盐碱浓度≥50 mmol/L时，脯氨酸含量与较低浓度（如20和30 mmol/L）处理下的脯氨酸含量间达显著水平。

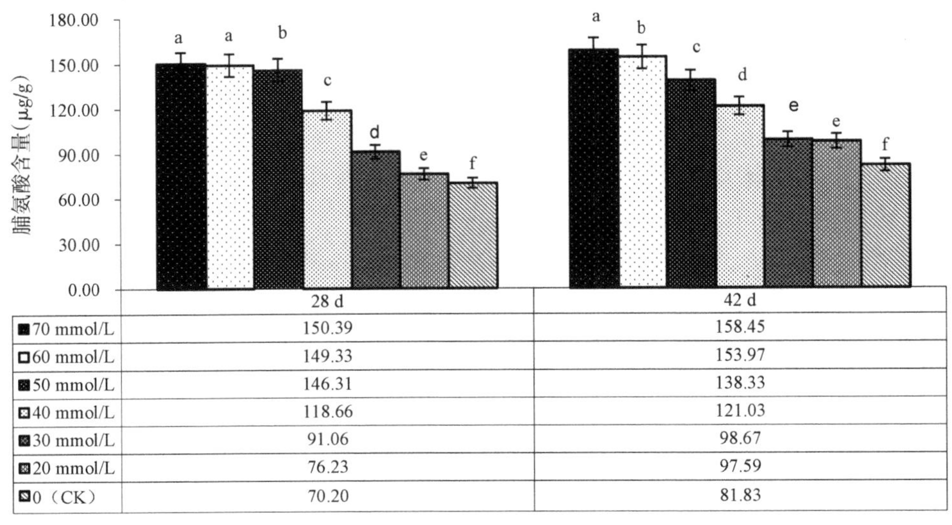

图3-4　混合盐碱胁迫对芸芥叶片脯氨酸含量的影响

在盐碱胁迫下，植物细胞内可积累诸如脯氨酸、可溶性糖、可溶性蛋白等有机物质以调节细胞内的渗透势，维持水分平衡。随混合盐碱胁迫浓度的增加和胁迫时间的延长，芸芥叶片可溶性糖含量亦呈增加的趋势，其中胁迫28 d后的含量随浓度增大表现出缓慢上升的趋势，而胁迫42 d后的含量随浓度增大呈现快速上升的趋势，当胁迫浓度超过60 mmol/L时，其含量大幅度增加，出现这种现象可能是由于当胁迫浓度增大到一定值时，细胞内外出现渗透不平衡，可溶性糖会迅速大量增加，以提高植株吸水能力，抵御盐碱胁迫的危害。当可溶性糖含量快速升高到一定水平以后，随盐浓度增大其增加幅度就比较缓慢，甚至有可能出现下降。本研究未进行更高浓度的盐碱胁迫处理，因此不能确定可溶性糖含量出现再下降的胁迫浓度。本研究中，随混合盐碱浓度的增加，芸芥叶片可溶性蛋白含量逐渐降低。这与前人在盐碱胁迫下玉米幼苗中可溶性蛋白含量的变化规律基本一致。出现这些结果是由于盐碱胁迫降低了蛋白质的合成速率，或者是加速了储藏蛋白质的水解所致。在盐碱、干旱等逆境胁迫下，植物体内游离脯氨酸的含量会明显升高，以降低细胞的水势，避免细胞脱水，且可以在高渗溶液中获得水分，以维持正常的新陈代谢。本试验结果发现，随混合盐碱溶液浓度的增加，芸芥叶片中脯氨酸含量也跟着增加，且显著高于对照值，说明混合盐碱胁迫下芸芥可通过增加脯氨酸含量来维持细胞的渗透平衡。

七、混合盐碱胁迫下芸芥植株地上部生长发育及根系生长特征

如图3-5所示，60和70 mmol/L盐碱胁迫对植株的伤害较严重，受害症状主要表现为：株高明显降低，茎基部老叶较幼叶先受到伤害，叶片边缘先出现黄化或褐斑症状，其后向叶片中脉逐渐延展；盐碱胁迫后期，部分植株的整片叶黄化、脱落，地上部全部变成青枯状，甚至死亡；生殖生长期，有些植株不能现蕾，有些虽能现蕾但后期不能开花。在40和50 mmol/L盐碱胁迫下，株高较对照低，开花期较对照晚，单株角果数少，且有空角果出现，有些角果中种子很瘪或只能看到败育残基。20和30 mmol/L低浓度胁迫下，株高和开花期较对照相差不大，每个植株上都能结有效角果。

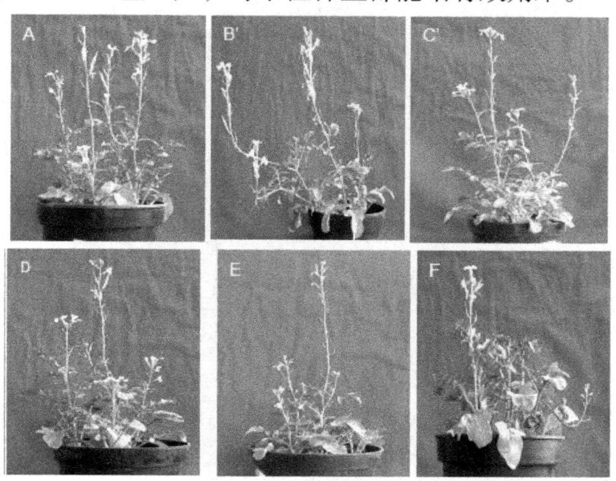

A：CK；B：20 mmol/L；C：30 mmol/L；D：40 mmol/L；E：50 mmol/L；F：70 mmol/L

图3-5 混合盐碱胁迫对芸芥植株生长发育的影响

如表3-6所示，不同浓度盐碱处理后，平均根鲜质量为0.43 g，较对照低了0.60 g。随盐碱浓度增大，鲜质量呈下降的趋势，尤其是50、60和70 mmol/L三个高浓度处理下，鲜质量大幅度下降，与其他较低浓度相比，差异达显著水平。就根干质量而言，不同浓度盐碱胁迫后，平均干质量为0.24 g，较对照低了0.20 g。随盐碱浓度增大，干质量呈下降的趋势，且主要出现在50、60和70 mmol/L高浓度处理中。60和70 mmol/L盐碱胁迫下，干质量较低，均为0.11 g，与其他胁迫浓度干质量间达显著差异水平。不同浓度盐碱胁迫后，根组织平均含水量为40.52%，较对照降低了34.52%。随混合盐碱浓度增大，含水量总体呈下降的趋势，尤其是当胁迫浓度大于50 mmol/L时，含水量下降得更快。30 mmol/L盐碱胁迫下含水量比20 mmol/L的高了2.36%。不同浓度盐碱胁迫下根长变化特征为，低浓度（20和30 mmol/L）盐碱胁迫促使根变长，尤其是30 mmol/L胁迫处理下，根长为9.48 cm，较对照（8.58 cm）长了0.90 cm，表明低浓度盐碱处理对芸芥根长有一定的促进作用；盐碱浓度≥40 mmol/L时，随浓度增大根长逐渐变短，70 mmol/L盐碱胁迫处理下，芸芥根长仅6.63 cm，比对照低了2.85 cm，与其他浓度间的差异达显著水平。从表3-6结果还可知，芸芥根鲜质量、干质量、含水量和根长对混合盐碱胁迫的反应程度各不相同，其中鲜质量的相对值最低，为41.72%，而根长的相对值最大，为92.42%。这说明，根系鲜质量对混合盐碱胁迫的反应最敏感，可被首先选作判断成株期芸芥耐盐性指标。

表3-6　混合盐碱胁迫对芸芥根质量、根含水量和根长的影响

浓度(mmol/L)	鲜质量(g)	干质量(g)	含水量(%)	根长(cm)
CK	1.03±0.06a	0.43±0.01a	61.88±0.01a	8.48±0.08b
20	0.82±0.02b	0.39±0.01b	52.02±1.12c	8.58±0.01b
30	0.72±0.03c	0.34±0.00c	54.48±0.00b	9.48±0.17a
40	0.50±0.02d	0.32±0.00d	45.73±0.02d	7.82±0.23c
50	0.20±0.00e	0.14±0.00e	36.23±0.40e	7.66±0.04cd
60	0.19±0.00e	0.11±0.00f	28.76±0.00f	7.52±0.00d
70	0.16±0.01e	0.11±0.01f	25.90±0.05g	6.63±0.02e
平均值	0.43	0.24	40.52	7.93
相对值	41.72%	54.15%	65.48%	92.42%

八、讨论

（一）关于芸芥对混合盐碱（$NaCl+Na_2SO_4+NaHCO_3+Na_2CO_3$）胁迫的耐受性研究在国内属于首次报道

迄今为止，将NaCl、Na_2SO_4、$NaHCO_3$和Na_2CO_3四种盐分按照不同比例混合，采用混合盐碱胁迫方式研究其对植物种子萌发和幼苗生长的影响，在紫花苜蓿（*Medicago sativa*）

（张晓磊等，2013）、白三叶（*Trifolium repens*）种子（殷秀杰等，2009）、高粱（*Sorghum bicolor*）（李玉明等，2002）等植物上均有报道，而在芸芥乃至近缘植物上的研究报道较少。笔者等以由两种中性盐（NaCl：Na_2SO_4=1：9）和两种碱性盐（Na_2CO_3：$NaHCO_3$=1：9）组成的混合盐碱为胁迫处理溶液，分别对萌发期芸芥种子的发芽势、发芽率、胚根长、芽苗长，苗期芸芥叶片的丙二醛、脯氨酸、可溶性蛋白质、可溶性糖和相对含水量等指标，成株期芸芥植株生长情况和根系变化特征进行了研究，以期探明芸芥对混合盐碱胁迫的耐受性及响应盐碱胁迫的生理调节机制，为今后筛选耐盐碱性不同的芸芥乃至近缘植物提供参考依据。

（二）萌发期芸芥对混合盐碱胁迫的敏感浓度及敏感鉴定指标已被探明

种子萌发与早期幼苗生长阶段是作物能否在盐碱胁迫下完成生育周期最为关键的时期，芽期耐盐性的强弱影响出苗好坏（刘敏轩等，2012）。20和30 mmol/L混合盐碱胁迫下，芸芥种子的发芽势均低于对照，但发芽率与对照差异较小，这表明低浓度盐碱胁迫仅仅推迟了种子的萌发时间，并没有使之失去活力。许耀照等的研究发现，盐胁迫下油菜（*Brassica napus*）种子的萌发也表现出类似的结果（许耀照等，2014）；40 mmol/L混合盐碱胁迫下，发芽势和发芽率显著低于对照，仅极少量种子能发芽，其余种子因渗透胁迫造成吸水困难，最终导致非正常发芽，如有芽无胚根，有胚根而无胚芽，胚根腐烂，子叶死亡，甚至种子坏死等；≥50 mmol/L混合盐碱胁迫下，芸芥种子不能萌发，这是因为高盐高碱的共同作用超过种子的耐受限度，造成永久性毒害，使种子完全丧失活力。盐碱胁迫对种子萌发的影响多以对胚根的影响作为指标之一（李海燕等，2004），混合盐碱胁迫对芸芥不同性状的影响程度不同，对胚根长的影响最大，因此在判断不同芸芥材料萌发期的耐盐碱性时，首先选择胚根长作为鉴定指标。

（三）芸芥在混合盐碱胁迫下根系相关指标的变化特征已经得到初步确认

混合盐碱胁迫对绿豆（*Vigna radiata*）种苗胚根质量可产生显著影响（刘敏轩等，2012）。本研究中发现，盐碱胁迫对根系长度、鲜质量、干质量和含水量均有一定的抑制作用，但对根质量产生显著影响，其主要原因可能是根组织直接暴露在盐碱环境而遭受生理干旱的吸水障碍，同时在高pH环境的双重作用下，导致呼吸作用等生理过程受到影响，吸收的水分不足以支撑细胞代谢，从而导致根组织中物质合成量下降。混合盐碱胁迫对芸芥根系长度影响较大，混合盐碱浓度≤30 mmol/L时，根长较对照增加，混合盐碱浓度≥40 mmol/L时，根长逐渐变短，且与对照差异显著，这说明一定浓度混合盐碱条件可以促进根系的伸长，而高浓度盐碱对根系的伸长起到显著的抑制作用。由于试验条件的限制，对于盐碱胁迫下根系空间分布、走向以及根系自身对盐碱的调节能力还有待进一步研究。

（四）30 mmol/L混合盐碱溶液可作为判断芸芥幼苗在混合盐碱胁迫下叶片是否发生膜脂过氧化的临界浓度

丙二醛含量高低可反映植物在逆境条件下的受害程度。大量资料表明，丙二醛含量与植物的抗逆性呈负相关关系，即丙二醛含量越高，膜脂过氧化程度越高，抗逆性则越弱。随着混合盐碱浓度的增加，芸芥叶片组织中丙二醛含量呈逐渐增加的变化趋势，当浓度≥50 mmol/L时，丙二醛含量积累更加显著，表明叶片质膜受破坏的程度更加严重。这一结果与对萌发期芸芥所测定的相关发芽指标和成株期芸芥植株生长变化的特征基本一致。另外，浓度≤30 mmol/L低盐胁迫下，芸芥叶片丙二醛含量较对照值低，出现这种现象可能是由于补充的Na^+有利于芸芥的生长发育。

（五）芸芥幼苗对混合盐碱胁迫的适应主要取决于可溶性糖和脯氨酸的有机渗透物质的积累

在盐碱胁迫下，植物细胞内可积累诸如脯氨酸、可溶性糖、可溶性蛋白等有机物质以调节细胞内的渗透势，维持水分平衡。随混合盐碱胁迫浓度的增加和胁迫时间的延长，芸芥叶片中可溶性糖含量亦呈增加的趋势，其中胁迫28 d后的含量随胁迫浓度增大表现出缓慢上升的趋势，而胁迫42 d后的含量随胁迫浓度增大呈现快速上升的趋势，当胁迫浓度超过60 mmol/L时，其含量大幅度增加，出现这种现象可能是由于当胁迫浓度增大到一定值时，细胞内外出现渗透不平衡，可溶性糖会迅速大量增加，以提高植株的吸水能力，抵御盐碱胁迫的危害。当可溶性糖含量快速升高到一定量以后，随盐碱浓度增大其增加幅度就比较缓慢，甚至有可能出现下降，本研究未进行更高浓度的盐碱胁迫，因此不能确定可溶性糖含量出现再下降的胁迫浓度。随混合盐碱浓度的增加，芸芥叶片中可溶性蛋白含量逐渐降低。这与前人在盐胁迫下玉米幼苗中可溶性蛋白含量的变化规律基本一致（郭丽红等，2002）。出现这些结果是由于盐碱胁迫降低了蛋白质的合成速率，或者是加速了储藏蛋白质的水解所致。在盐碱、干旱等逆境胁迫下，植物体内游离脯氨酸的含量会明显升高，以降低细胞的水势，避免细胞脱水，且可以在高渗溶液中获得水分，以维持正常的新陈代谢。随混合盐碱溶液浓度的增加，芸芥叶片中脯氨酸含量也跟着增加，且显著高于对照，说明混合盐碱胁迫下芸芥可通过增加脯氨酸含量来维持细胞的渗透平衡。

综上所述，萌发期和成株期芸芥对混合盐碱胁迫的耐受性不同。浓度≥40 mmol/L混合盐碱胁迫严重抑制芸芥种子的萌发，其他指标也明显下降。≥60 mmol/L高浓度盐碱胁迫能使芸芥植株生理调节机能遭到严重破坏，使其生长受到明显抑制甚至死亡。芸芥幼苗对一定浓度盐碱胁迫的适应能力主要取决于脯氨酸和可溶性糖等有机物质的大量累积，但从整体水平上阐明其耐盐碱生理机制，尚需进一步深入研究。

第三节　油菜及其近缘种芽期耐盐碱性差异

作物种子耐盐性是耐盐碱植物筛选与早期鉴定的主要依据之一。盐胁迫下，作物种子能否萌发成苗，是在盐碱条件下生长发育的基础。不同作物或同一作物不同品种间的耐盐性各有差异。因此，通过作物耐盐性的研究评定，筛选和培育出耐盐品种，并且通过耐盐品种改良盐渍化土壤，是开发利用盐渍化土壤最为经济有效的途径之一。在种子萌发期研究油菜及其近缘植物的耐盐性，对油菜的规模化栽培、选择适宜的土壤和选育耐盐性品种均具有重要的理论和现实意义。

油菜是十字花科芸薹属油用作物的统称，目前我国栽培类型有白菜型油菜（*Brassica*

campestris）、芥菜型油菜（*B. Juncea*）和甘蓝型油菜（*B. napus*）。白芥（*Sinapis alba*）属于十字花科白芥属春性油料作物，属于油菜的近缘种。芸芥，十字花科芝麻菜属植物，属油菜的近缘种之一。目前，针对油菜及其近缘植物种子萌发期耐盐性的研究报道不少，裴毅等（2015）报道了白芥种子对不同浓度NaCl和$NaHCO_3$胁迫的耐受性，黄镇等（2010）和龙卫华等（2014）先后报道了油菜3个栽培种发芽期耐盐（NaCl）特性，许耀照（2014）、陈新军（2007）、柴雁飞（2012）等先后研究了混合盐碱胁迫对油菜萌发的影响，蹇黎（2017）报道了Na_2CO_3胁迫下野生油菜的萌发特性。总之，因盐分组成和浓度的不同，对不同植物种子萌发的影响存在差异。目前，笔者未见油菜及其近缘植物种子萌发期耐盐碱性差异比较方面的研究。为此，选择甘蓝型油菜、白菜型油菜、芥菜型油菜、白芥和芸芥种子，进行萌发期的耐盐性比较试验，旨在明确5种植物耐盐性以及为筛选耐盐种质资源提供依据，并为油菜种植地区盐渍化土壤的改良提供参考依据。

一、盐胁迫下芸芥、三类油菜和白芥的发芽率

由表3-7可知，不同浓度NaCl溶液处理下，三种油菜及其近缘植物种子的发芽率随着盐浓度的增加而降低，并且均不高于对照组，这表明一定浓度NaCl溶液胁迫对油菜及其近缘植物种子萌发产生了抑制作用。随盐浓度的增加，种子发芽率受到显著的影响（$P<0.05$）。当NaCl溶液浓度为0.4%时，甘蓝型油菜发芽率最高，为100%；芥菜型油菜、白芥和白菜型油菜发芽率分别为99%、98%和92%；芸芥的发芽率最低，为82%。当NaCl溶液浓度由0.0升高到0.8%时，芸芥和白菜型油菜的发芽率均发生了大幅度的降低，其中白菜型油菜的发芽率下降到35%，而芸芥的发芽率仅8%；白芥、甘蓝型油菜、芥菜型油菜的发芽率变化幅度均较小。当NaCl溶液浓度为1.0%时，除了芥菜型油菜之外，白芥和甘蓝型油菜发芽率也显著降低，分别为53%和48%。当NaCl溶液浓度为1.2%时，芥菜型油菜的发芽率显著降低，为21%。当NaCl溶液浓度升高到1.5%时，五种植物的种子发芽率均为0，发芽均受到完全抑制。

表3-7 NaCl溶液胁迫下油菜及其近缘种种子发芽率

浓度(%)	发芽率(%)				
	白芥	芸芥	甘蓝型油菜	白菜型油菜	芥菜型油菜
0.0(对照)	98±0.0a	100±0.6a	100±0.5a	98±0.7a	100±0.0a
0.4	98±0.0a	82±0.1b	100±0.4a	92±0.1b	99±0.3b
0.6	94±2.2b	52±0.0c	100±0.2a	82±1.6c	96±1.1c
0.8	88±1.4c	8±0.9d	92±0.7b	35±1.2d	95±0.8d
1.0	53±2.8d	2±0.0e	48±0.1c	17±0.6e	91±0.2e
1.2	6±0.3e	0±0.0f	8±0.0d	15±0.3f	21±1.2f
1.5	0±0.0f	0±0.0f	0±0.0e	0±0.0g	0±0.0g
均值(%)	62.4	30.6	64.0	48.4	71.7

注：不同字母表示处理间差异显著（$P < 0.05$）。以下同。

由表3-8可知，NaCl溶液浓度升高0.1%，白芥、芸芥、甘蓝型油菜、白菜型油菜和芥菜型油菜的发芽率分别降低7.7%、7.8%、7.9%、7.4%和6.9%。五种植物耐盐临界值芥菜型油菜最大，为1.82%，平均发芽率也最大，为71.7%；白芥的耐盐临界值次之，为1.60%，而芸芥的耐盐临界值最低，仅1.23%，平均发芽率也最小（30.6%）。这些结果表明，五种植物种子萌发期耐NaCl胁迫最强的是芥菜型油菜，其次是白芥和甘蓝型油菜，白菜型油菜较弱，芸芥最弱。

表3-8　NaCl溶液胁迫浓度与不同植物种子发芽率间的回归关系

材料	一元回归方程	R^2	X实测区间	临界值(%)
白　芥	Y=122.65−76.645X	0.791	[0.32 ，1.60]	1.60
芸　芥	Y=96.187−78.056X	0.847	[0.00 ，1.20]	1.23
甘蓝型油菜	Y=126.09−79.028X	0.785	[0.33 ，1.60]	1.59
白菜型油菜	Y=106.02−74.206X	0.873	[0.17 ，1.40]	1.42
芥菜型油菜	Y=125.700−68.71X	0.671	[0.38 ，1.60]	1.82

注：表中Y为发芽率（%），X为盐浓度（%）。

综上可知，选用1.0% NaCl溶液可鉴定萌发期三类油菜及其近缘种的耐盐性，该浓度也可用来鉴定白芥或甘蓝型油菜不同品种或品系的耐盐性，0.6% NaCl溶液可鉴定萌发期不同芸芥种质材料的耐盐性，0.8% NaCl溶液可鉴定萌发期不同白菜型油菜种质材料的耐盐性，1.2% NaCl溶液可鉴定萌发期不同芥菜型油菜种质材料的耐盐性。

二、碱胁迫下芸芥、三类油菜和白芥的发芽率

由表3-9可知，在不同$NaHCO_3$溶液浓度处理下，油菜及其近缘植物种子的发芽率总体表现为随浓度的增加而降低，芥菜型油菜种子的发芽率下降幅度最大，其平均发芽率也最低，仅34.3%，芸芥种子的发芽率下降幅度也很大，平均发芽率很低（42.9%），白菜型油菜的平均发芽率较低，为59.1%，白芥和甘蓝型油菜种子的平均发芽率相差较小，其值也较高，依次为85.3%和84.3%。≤0.3% $NaHCO_3$溶液处理对白芥种子的萌发产生轻微的促进作用。≥0.2% $NaHCO_3$溶液处理下，芥菜型油菜、芸芥和白菜型油菜种子的发芽率开始显著下降，≥0.4% $NaHCO_3$溶液处理使甘蓝型油菜种子的发芽率开始显著下降，≥0.5% $NaHCO_3$溶液处理使白芥种子的发芽率开始显著下降（P<0.05）。当$NaHCO_3$溶液浓度为0.4%时，芥菜型油菜种子不能发芽，当$NaHCO_3$溶液浓度为0.6%时，芸芥种子不能发芽。

由表3-10可知，$NaHCO_3$溶液浓度升高0.1%，白芥、芸芥、甘蓝型油菜、白菜型油菜和芥菜型油菜的发芽率分别下降8.8%、18.7%、8.7%、13.3%和19.1%。甘蓝型油菜和白芥的耐盐临界值最大，为1.26%，二者发芽率均值也较高，依次为84.3%和85.3%。白菜型油菜的耐盐临界值次之，为0.73%。芸芥和芥菜型油菜的耐盐临界值较低，分别为0.52%和0.48%，二者发芽率均值也较低。这些结果初步表明，对$NaHCO_3$溶液胁迫耐

性较强的是白芥和甘蓝型油菜，其次是白菜型油菜，而芸芥的耐碱性较弱，芥菜型油菜的最弱。

综上可知，选用0.4% $NaHCO_3$溶液可鉴定萌发期三类油菜及其近缘种的耐盐性，可用0.5% $NaHCO_3$溶液来鉴定白芥或甘蓝型油菜不同品种或品系的耐盐性，用0.2% $NaHCO_3$溶液可鉴定萌发期不同芸芥、白菜型油菜或芥菜型油菜种质材料的耐盐性。

表3-9 $NaHCO_3$溶液胁迫下油菜及其近缘种种子发芽率

浓度(%)	发芽率(%)				
	白芥	芸芥	甘蓝型油菜	白菜型油菜	芥菜型油菜
0.00(对照)	98±0.0b	100±0.0a	100±0.0a	98±0.0a	100±0.0a
0.10	99±0.0a	96±0.9b	98±0.3b	87±1.1b	96±0.2b
0.20	99±0.0a	58±0.1c	98±0.0b	72±0.4c	43±1.2c
0.30	99±0.3a	28±0.4d	96±1.1c	68±0.2d	1±0.0d
0.40	95±0.1c	12±0.0e	88±1.4d	47±1.1e	0±0.0e
0.50	73±0.5d	6±0.7f	68±0.9e	22±0.6f	0±0.0e
0.60	34±0.3e	0±0.0g	42±0.8f	20±0.2g	0±0.0e
均值(%)	85.3	42.9	84.3	59.1	34.3

表3-10 $NaHCO_3$溶液浓度与不同植物种子发芽率的回归关系

材料	一元回归方程	R^2	X实测区间	临界值(%)
白 芥	Y=111.86−88.571X	0.610	[0.16,0.60]	1.26
芸 芥	Y=99.214−187.86X	0.925	[0.00,0.52]	0.52
甘蓝型油菜	Y=110.43−87.143X	0.752	[0.12,0.60]	1.26
白菜型油菜	Y=98.500−133.57X	0.957	[0.00,0.58]	0.73
芥菜型油菜	Y=91.607−191.07X	0.796	[0.00,0.47]	0.48

注：表中Y为发芽率（%），X为碱浓度（%）。

三、盐、碱胁迫下芸芥、油菜和白芥的发芽势

从图3-6可以看出，随着NaCl溶液浓度的升高，油菜及其近缘植物种子的发芽势总体呈现下降趋势。当胁迫浓度小于0.8%时，白芥、甘蓝型油菜和芥菜型油菜的发芽势随NaCl浓度上升呈下降趋势，但变化幅度较小，而芸芥和白菜型油菜的发芽势呈显著下降趋势。当NaCl溶液浓度为1.2%时，白芥的发芽势最高，为40%，三类油菜的发芽势介于8%～15%之间，而芸芥种子的发芽势为0；当NaCl溶液浓度为1.5%时，三类油菜及其两种近缘植物的发芽势均为0。五种植物种子平均发芽势依次为芥菜型油菜（70.7%）＞白芥（66.6%）＞甘蓝型油菜（63.1%）＞白菜型油菜（41.3%）＞芸芥（34.9%）。这些结

果表明，不同NaCl溶液浓度胁迫下，芥菜型油菜种子的发芽速度最快，整齐度也最好，白芥种子的次之，而芸芥种子的发芽速度最慢，整齐度也最差，即种子的生活力也最弱。

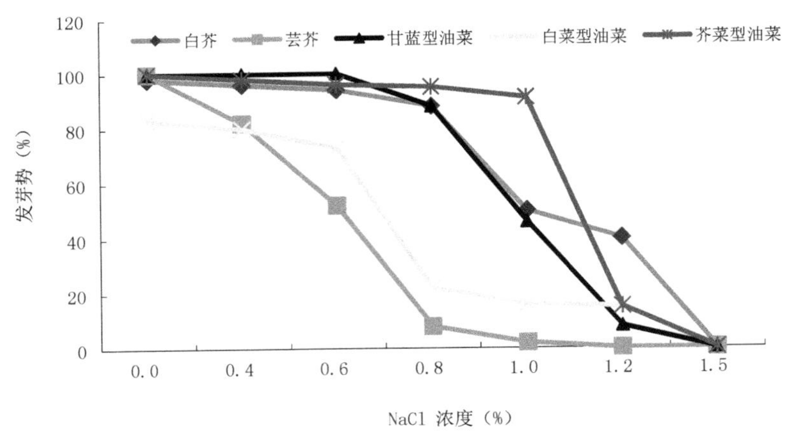

图3-6　NaCl溶液胁迫下油菜及其近缘植物种子发芽势

从图3-7可以看出，当$NaHCO_3$溶液浓度为0.1%时，芸芥和芥菜型油菜种子的发芽势开始显著下降，白菜型油菜种子发芽势下降趋势缓慢，甘蓝型油菜与CK间差异不显著；当$NaHCO_3$溶液浓度为0～0.3%时，白芥种子的发芽势呈上升趋势，表明此浓度范围对白芥发芽势有促进作用；当$NaHCO_3$溶液浓度为0.5%时，芸芥、白菜型油菜和芥菜型油菜种子发芽势小于50%，白芥和甘蓝型油菜种子发芽势大于50%。此时白芥种子发芽势最大，为73%，芥菜型油菜最小，为0；当$NaHCO_3$溶液浓度为0.60%时，芸芥、白菜型油菜和芥菜型油菜种子发芽势小于20%，甘蓝型油菜种子发芽势最大，为42%，芥菜型油菜最小，为0。五种植物种子平均发芽势依次为白芥（85%）＞甘蓝型油菜（83%）＞白菜型油菜（54%）＞芸芥（39%）＞芥菜型油菜（34%）。这些结果表明不同$NaHCO_3$溶液浓度胁迫下，白芥和甘蓝型油菜两种植物种子的发芽速度快，整齐度好，即种子的生活力强，白菜型油菜种子的次之，而芸芥和芥菜型油菜种子的发芽速度较慢，整齐度差，种子的生活力也弱。

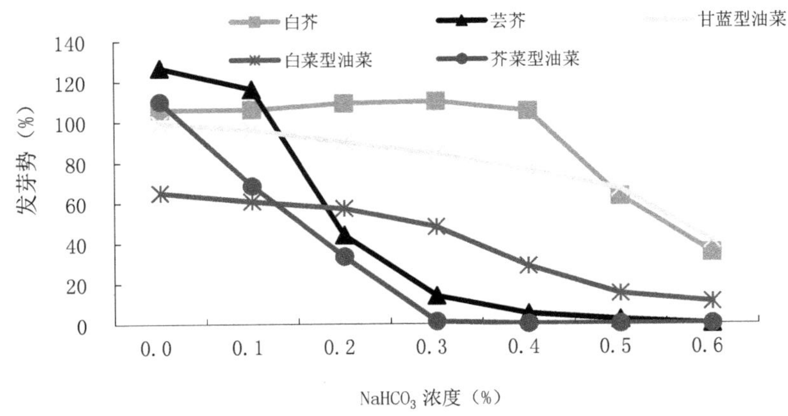

图3-7　$NaHCO_3$溶液胁迫下油菜及其近缘植物种子发芽势

四、盐、碱胁迫下芸芥、油菜和白芥的发芽指数

从图3-8可以看出，当NaCl溶液浓度为0.4%时，白芥种子的发芽指数最大，其次是甘蓝型油菜、芸芥和芥菜型油菜，白菜型油菜的最小；当NaCl溶液浓度≥0.6%时，芸芥和白菜型油菜的发芽指数显著下降；当NaCl溶液浓度为1.0%时，白芥的发芽指数较对照显著下降，为22.45，芸芥最低，仅1.09；当NaCl溶液浓度升高到1.2%时，除白芥外，其余四种植物种子的发芽指数介于0～10之间；当NaCl溶液浓度升高到1.5%时，芥菜型油菜种子的发芽指数仅为2，其余植物的均为0。五种植物平均发芽指数依次为白芥（52.84）＞甘蓝型油菜（51.49）＞芥菜型油菜（42.50）＞芸芥（31.75）＞白菜型油菜（17.01）。这些结果表明，NaCl溶液胁迫下，白芥的发芽能力及活力最强，芥菜型油菜和甘蓝型油菜较强，芸芥较弱，而白菜型油菜最弱。

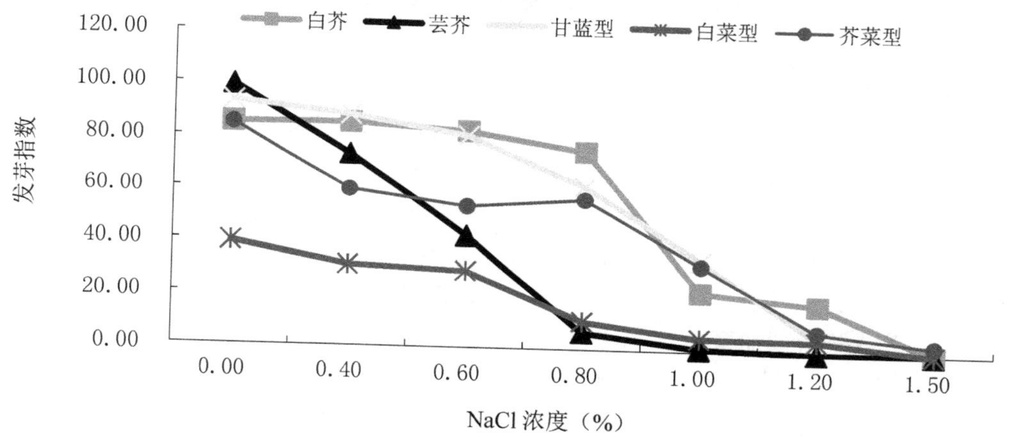

图3-8 NaCl胁迫下油菜及其近缘种的发芽指数

从图3-9可以看出，当$NaHCO_3$溶液浓度从0.1%增大到0.3%时，芥菜型油菜和芸芥种子的发芽指数显著下降，甘蓝型油菜和白菜型油菜种子的发芽指数缓慢下降，而白芥种子的发芽指数呈小幅度的上升趋势；当$NaHCO_3$溶液浓度为0.4%时，白芥种子发芽指数仍较高，为84.17，而芥菜型油菜的发芽指数下降到0，芸芥的只有1.09；当$NaHCO_3$浓度为0.6 %时，甘蓝型油菜发芽指数最高，为28.83；白芥次之，为27.83，白菜型油菜仅6.45，芸芥和芥菜型油菜最低，均为0。五种植物种子平均发芽指数依次为白芥（70.39）＞甘蓝型油菜（66.17）＞白菜型油菜（20.04）＞芸芥（19.49）＞芥菜型油菜（17.15）。这些结果表明，$NaHCO_3$溶液胁迫下，白芥的发芽能力及活力最强，甘蓝型油菜较强，芸芥和白菜型油菜发芽能力及活力均较低，且二者差异不大，芥菜型油菜最弱。

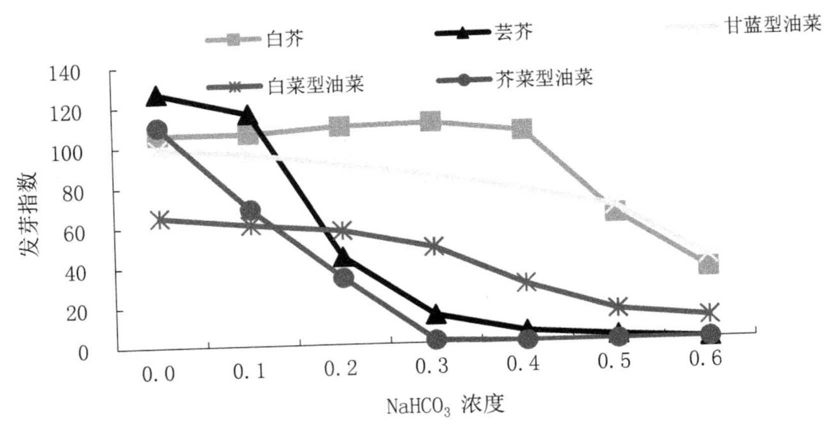

图 3-9 $NaHCO_3$胁迫下油菜及其近缘种的发芽指数

五、讨论和结论

本试验结果表明，油菜及其近缘植物对NaCl和$NaHCO_3$溶液的耐受性明显不同。芥菜型油菜对NaCl胁迫耐性最强，种子萌发速率和出苗整齐度也较好，白菜型油菜和芸芥对NaCl耐性差；白芥和甘蓝型油菜对$NaHCO_3$胁迫耐性强，种子萌发速率和出苗整齐度较好，芥菜型油菜对$NaHCO_3$耐性较差，种子萌发速率和出苗整齐度相对较低。可见，在油菜种植区改良盐渍化土壤，中性盐渍化土壤最好选用芥菜型油菜，偏碱性盐渍化土壤可以选用白芥或甘蓝型油菜。

本研究结果还表明，若要采用碱性盐，选用0.4% $NaHCO_3$溶液可鉴定萌发期三类油菜及其近缘种的耐盐性，用0.5% $NaHCO_3$溶液可鉴定白芥或甘蓝型油菜不同品种或品系的耐盐性，用0.2% $NaHCO_3$溶液可鉴定萌发期不同芸芥、白菜型油菜和芥菜型油菜种质材料的耐盐性。另外，若要采用中性盐，选用1.0% NaCl溶液可鉴定萌发期三类油菜及其近缘种的耐盐性，也可鉴定白芥和甘蓝型油菜不同品种或品系的耐盐性；用0.4% NaCl溶液可鉴定萌发期不同芸芥种质材料的耐盐性；用0.8%NaCl溶液可鉴定萌发期不同白菜型油菜种质材料的耐盐性；用1.2% NaCl溶液可鉴定萌发期不同芥菜型油菜种质材料的耐盐性。

植物能否适应盐碱环境，首先取决于种子的活力、发芽速度以及田间出苗整齐度。大多数研究者认为盐胁迫对种子萌发有抑制作用，但也有研究者认为低浓度盐对种子萌发有促进作用，高浓度盐对种子萌发有明显的抑制作用。对于大多数作物种子来说，无盐胁迫时，种子发芽良好；低浓度盐会延缓种子萌发；高浓度盐对作物种子萌发有抑制作用。在本试验中，油菜及其近缘植物种子的发芽率、发芽势和发芽指数随着盐浓度的增大呈现明显的下降趋势，而且高浓度盐明显抑制种子的萌发，这种现象可能是由于外界高渗透压引起种子吸水不足，也可能是种子吸胀过程受到盐的伤害，引起a-淀粉酶活性降低，从而导致种子萌发受阻。但在低浓度$NaHCO_3$胁迫下，种子发芽率、发芽势和发芽指数有所增大，表现为促进萌发作用，这可能是低浓度的盐促进了细胞膜的渗透调节，或者是微量Na^+激活了某种酶。裴毅等的结果表明，白芥种子有一定耐盐碱能力，其耐NaCl能力强于耐$NaHCO_3$能力。本试验结果也发现，在同等浓度下，白芥在NaCl胁迫下的发芽率高于其在$NaHCO_3$胁迫下的测定值，初步表明其耐NaCl胁迫的能力强于耐$NaHCO_3$胁迫的能力。另外，黄镇和龙卫华的研究结果均表明，三种类型油菜种子的发芽率随着NaCl胁迫浓度的升高而降低，白菜型油菜的种子萌发率最高，甘蓝型油菜次之，芥菜型油菜最低。而本试验中，15甘42-1（甘蓝型油菜）、15白6-3（白菜型油菜）和15芥菜型50-7（芥菜型油菜）三类型油菜在0.4%～1.5% NaCl胁迫浓度范围内，却表现出种子萌发期耐NaCl胁迫最强的是芥菜型油菜，其次是甘蓝型油菜，而白菜型油菜最弱的结果，导致这种现象的原因可能是种间差异。另外，每个种都只做了一个品种，要得出更全面的结果，每种植物材料需要更多品种来验证。

本研究对油菜及其近缘种萌发期的耐盐、碱性差异进行了比较研究，其结果可在一定程度上初步反映这五种植物的耐盐、碱性强弱，以及为选择适宜种植土壤提供依据，但对其耐盐性的深入、全面研究，应该从以下两方面开展：其一，不论油菜还是近缘种，每种类型都需要采用更多品种来验证其耐盐、碱性；其二，应从苗期、成株期、花期等不同时期开展比较研究。

第四节　26份芸芥种质资源芽、苗期耐盐性胁迫评价

近年来，国内外围绕麦类作物、豆类作物、油料作物、牧草类、玉米、黍稷、高粱等作物耐盐性的鉴定和耐盐品种的筛选等方面已开展了很多研究。Hilda等（2016）的报道指出，在盐渍土中芸芥是一种耐性作物。但是，目前针对芸芥不同品种对盐胁迫的形态-生理响应及耐盐性鉴定等方面的研究进展缓慢，对不同芸芥资源耐盐性的差别缺乏定量的综合评价。作物的耐盐性属于数量性状，不同作物在盐胁迫下，其形态特征、生理生化或分子机制发生一定程度的变化，但不同植物种间和不同品种间，甚至同种不同种质材料间其耐盐性都存在明显的差异。因此，从现有的种质材料中筛选出耐盐性强的种质材料，是植物抗逆杂交育种及基因工程育种的主要手段之一。

在长期的栽培过程中，芸芥不仅积累了较多的优良抗逆基因资源，而且芸芥不同品种或种间具有较高的遗传多样性。笔者以26份芸芥种质为材料，通过设置NaCl盐分梯度的盆栽试验，测定各种芸芥种质资源苗期的生理和形态生长指标，利用模糊数学隶属函数法和相关分析法对盐胁迫下芸芥苗期的形态及生理指标进行耐盐性综合评价，以比较不同芸芥种质的耐盐性差异，并探讨各指标与耐盐性之间的关系，以期为挖掘优良耐盐芸芥资源提供技术支持。

一、芽期芸芥对不同浓度盐胁迫的耐受性

以陇西芸芥为试材，研究了芽期芸芥对不同NaCl溶液胁迫的耐受性。从表3-11看出，随着盐浓度的增加，发芽势、发芽率、发芽指数、胚根长与胚芽长均呈现下降趋势；在0.2%～0.4%低浓度盐溶液胁迫下，发芽率为97.33%～82.00%，发芽指数为99.05～73.31，胚根长为2.72～1.48 cm，胚芽长为2.20～1.32 cm。当盐溶液浓度为0.6%

时，发芽率和发芽指数分别为51.33%和42.41，胚根长和胚芽长分别为1.01 cm和0.96 cm，当胁迫浓度升至0.8%～1.0%时，仅有2%～8%的种子能够萌发，发芽指数为1.09～6.37，因种子幼根或幼芽残缺、畸形或腐烂，属于不正常发芽，无法测量胚根和胚芽长度。表明≥0.6%的盐浓度胁迫对芸芥种子的萌发、胚根长和胚芽长产生明显的抑制作用。从表3-11还发现，发芽势与发芽率一直保持相等，表明0.2%～1.0%不同浓度盐胁迫仅仅对供试芸芥种子发芽产生抑制作用，并没有影响种子的发芽速度或发芽整齐度。

对不同浓度盐胁迫下芸芥发芽势、发芽率、发芽指数、胚根长和胚芽长进行方差显著性分析，结果显示，在同一浓度处理下，发芽指数、胚根长和胚芽长与对照值间的差异均达显著水平（$P<0.05$）；除0.2%之外，在其他浓度处理下，发芽势和发芽率与对照值间的差异达极显著水平（$P<0.01$）。0.6%～0.8% NaCl溶液胁迫对芸芥种子萌发的抑制作用明显增强，发芽率、胚根长等各指标大幅度下降，各指标的变化最明显，因而被选定为芸芥种质资源苗期耐盐性鉴定的适宜胁迫浓度范围。

表3-11　不同浓度NaCl胁迫下芽期芸芥萌发特性

NaCl浓度（%）	发芽势（%）	发芽率（%）	发芽指数	胚根长（cm）	胚芽长（cm）
CK	100.00±0.00 Aa	100.00±0.00 Aa	126.64±0.89 Aa	3.39±0.03 Aa	2.45±0.05 Aa
0.2	97.33±0.15 Aa	97.33±0.15 Aa	99.05±1.46 Bb	2.72±0.00 Bb	2.20±0.10 Bb
0.4	82.00±0.46 Bb	82.00±0.46 Bb	73.31±0.00 Cc	1.48±0.07 Cc	1.32±0.05 Cc
0.6	51.33±1.15 Cc	51.33±1.15 Cc	42.41±1.08 Dd	1.01±0.03 Dd	0.96±0.03 Dd
0.8	8.00±0.00 Dd	8.00±0.00 Dd	6.37±0.16 Ee	—	—
1.0	2.00±0.00 Ee	2.00±0.00 Ee	1.09±0.00 Ff	—	—
均值	48.13	48.13	44.45	1.74	1.49

注：不同小写字母表示同一指标不同浓度盐处理组间0.05水平差异显著，不同大写字母表示同一指标不同浓度盐处理组间0.01水平差异极显著；CK表示对照；“—”代表缺少的数据。以下同。

二、苗期芸芥种质资源材料耐盐性评价

（一）不同NaCl浓度胁迫下26份芸芥种质资源正常种苗率、苗高和根长

盐胁迫下正常种苗率是反映种质耐盐性最直观的指标，从表3-12中可以看出，盐胁迫对参试材料正常种苗率的影响达显著水平（$P<0.05$），随着盐胁迫浓度的增加，正常种苗率变小。在0.6% NaCl胁迫下，正常种苗率平均值为57.62%，26份参试材料中，正常种苗率≥90%的材料有4份，70%≤正常种苗率<90%的材料有2份，50%≤正常种苗率<70%的材料有9份，30%≤正常种苗率<50%的材料有9份。当盐胁迫浓度为0.8%时，正常种苗率的平均值为34.45%，仅有7份材料的正常种苗率≥50%。

随着盐胁迫浓度的增加，参试材料的苗高呈现下降趋势。在0.6% NaCl胁迫下，所有参试材料的平均苗高为0.99 cm，其中有16份材料的苗高≥1 cm，0.8 cm≤苗高<1 cm的材料有4份。当NaCl浓度为0.8%时，所有参试材料的平均苗高为0.77 cm，其中有4份材

料的苗高≥1 cm，0.8 cm≤苗高＜1 cm的材料有10份。

盐胁迫对参试材料根长的影响达显著水平（$P<0.05$），0.6% NaCl溶液胁迫下，所有材料根长的均值为0.69 cm，7份芸芥的根长介于0.80～2.34 cm之间；在0.8% NaCl溶液胁迫下，有6份材料的根长小于0.6% NaCl溶液胁迫下的测定值，但26份试材根长的平均值为0.44 cm，明显低于0.6% NaCl溶液胁迫下的均值（0.69 cm），3份材料根长介于0.88～1.06 cm之间，7份材料根长介于0.00～0.20 cm之间。

表3-12　不同浓度NaCl胁迫下26份芸芥种质资源正常种苗率、苗高和根长的变化

编号	资源名称	0.6% NaCl处理			0.8% NaCl处理		
		正常种苗率（%）	苗高(cm)	根长(cm)	正常种苗率(%)	苗高(cm)	根长(cm)
1	06芸87-82	64.37±2.37 Efg	1.01±0.01 FGHefg	0.80±0.02 Eef	57.23±0.40 Ee	1.20±0.01 Ab	0.90±0.01 Bb
2	张芸216-1	78.08±1.01 Cd	0.94±0.00 Ii	0.38±0.01 Km	73.03±0.06 Aa	0.87±0.01 GHg	0.39±0.00 Jl
3	渭源芸芥	63.01±0.01 FGg	0.96±0.03 Hihi	0.79±0.01 Ef	20.20±0.35 Ll	0.92±0.03 Dde	0.63±0.03 Dd
4	静宁芸芥	68.70±2.04 De	0.11±0.00 Op	1.57±0.04 Bb	30.00±0.00 Kk	0.80±0.01 GHg	0.14±0.01 Oq
5	13芸芥75-3	30.01±0.01 Lm	1.04±0.01 Fe	0.38±0.02 Km	3.00±0.00 Pp	0.41±0.01 Nm	0.11±0.01 Pr
6	天水芸芥	33.07±0.13 Ll	0.45±0.01 No	0.41±0.01 JKklm	10.93±0.03 MNn	1.18±0.06 BCb	0.88±0.01 Cc
7	12芸芥83-1	90.00±0.01 Bc	1.10±0.01 Ed	0.92±0.02 Dd	57.37±3.51 Ee	0.51±0.01 Ml	0.39±0.02 Jkl
8	岷县芸芥	47.16±0.28 Ii	0.79±0.01Kk	0.50±0.01 Ij	37.37±0.55 Ii	0.72±0.03 Ijhi	0.22±0.01 Ln
9	会宁芸芥	43.34±0.57 JKj	1.20±0.01 Dc	1.40±0.02 Cc	63.03±0.06 Cc	0.59±0.01 Lk	0.53±0.01 Gh
10	06芸86-y	60.01±0.02 GHh	0.85±0.05 Jj	0.30±0.01 Ln	60.03±0.06 Dd	0.86±0.03 Eff	0.49±0.02 Hi
11	13芸芥12-6	60.00±0.01 GHh	1.00±0.01FGHfg	0.70±0.01 Fg	40.03±0.06 Hh	0.95±0.03 Dd	0.45±0.01 Ij
12	永登芸芥	40.00±0.01 Kk	1.00±0.02 FGHfg	0.70±0.01 Fg	33.03±0.06 Jj	0.61±0.02 KLk	0.41±0.01 Jk
13	04靖芸100-2	65.34±0.57 DEFfg	1.11±0.01 Ed	0.64±0.02Gh	66.70±0.61 Bb	0.94±0.03 Dde	0.61±0.00 De
14	临洮芸芥	57.64±1.11 Hh	1.00±0.02 Fgefg	0.40±0.02 JKlm	43.07±0.9 Gg	0.75±0.06 Hih	0.60±0.01 Eef
15	13芸芥68-3	13.07±0.13 Mn	0.60±0.01 Lm	0.17±0.01 Mop	3.03±0.06 Pp	0.40±0.07 Nm	0.12±0.00 Opr

续表

编号	资源名称	0.6% NaCl处理			0.8% NaCl处理		
		正常种苗率（%）	苗高(cm)	根长(cm)	正常种苗率(%)	苗高(cm)	根长(cm)
16	民乐芸芥	93.04±3.20 Bb	1.44±0.02 Cb	0.83±0.06 Ee	65.47±1.36 Bb	0.80±0.07 GHg	0.39±0.01 Jl
17	13芸芥76–4	10.00±0.01 Mo	0.51±0.02 Mn	0.15±0.06 Mp	0.00±0.00 Qq	0.00±0.00 On	0.00±0.00 Qs
18	庆阳芸芥	76.37±1.19 Cd	1.51±0.01 Aba	1.40±0.10 Cc	20.07±0.12 Ll	0.93±0.03 Dde	0.59±0.02 Ef
19	卓尼芸芥	44.71±1.46 IJij	1.54±0.01 Aa	0.59±0.01 Ghi	33.70±1.13 Jj	1.14±0.05 Cc	0.37±0.01 Km
20	陇西芸芥	46.34±1.16 Iji	1.04±0.05 Fe	0.43±0.01 JKkl	32.10±1.56 JKj	1.25±0.02 Aa	1.06±0.01 Aa
21	13芸芥29–5	68.37±2.37 De	0.98±0.02 GHIgh	0.19±0.01 Mo	46.10±1.56 Ff	0.82±0.06 FGg	0.16±0.00 Np
22	13芸芥79–2	45.8±2.08 IJij	0.75±0.02 Kl	0.56±0.03 Hi	7.03±0.06 Oo	0.43±0.04 Nm	0.19±0.01 Mo
23	13芸芥8–13	90.01±0.02 Bc	1.11±0.01 Ed	0.70±0.01 Fg	13.03±0.06 Mm	0.76±0.08 Hih	0.56±0.01 Fg
24	08张芸77–2	45.01±1.00 IJij	1.12±0.01 Ed	0.46±0.04 Ijk	9.87±0.23 Nn	0.67±0.02 JKj	0.45±0.01 Ij
25	08张芸6–3	67.35±0.57 Def	1.03±0.01 Fgef	0.29±0.04 Ln	32.37±1.18 Jj	0.90±0.07 Def	0.20±0.02 Lmo
26	08武芸3–1	97.34±0.57 Aa	1.47±0.06 BCb	2.34±0.06 Aa	37.97±1.67 Hii	0.69±0.01 Jij	0.50±0.00 Hi
平均值		57.62	0.99	0.69	34.45	0.77	0.44

（二）不同浓度NaCl胁迫下26份芸芥种质资源苗鲜重和根鲜重的变化

对不同浓度盐胁迫下参试材料苗鲜重的测定结果显示（表3–13），随着盐浓度的增加，苗鲜重呈现下降趋势，且各参试材料间差异达显著水平（$P<0.05$）。在0.6%盐胁迫下，26份材料苗鲜重的均值为0.0244 g，苗鲜重变化范围为0～0.0371 g； 6份材料的苗鲜重≥ 0.0300 g。 0.0200 g ≤苗鲜重＜0.0300 g的材料有15份；其余5份材料的苗鲜重介于0.0000～0.0186 g。在0.8%盐胁迫下，所有材料苗鲜重的均值为0.0176 g，苗鲜重变化范围为0.0000～0.0247 g；0.0200 g≤ 苗鲜重＜0.0300 g的材料有11份。

从NaCl溶液胁迫对芸芥根鲜重的影响看，随着盐浓度的增加，参试材料的根鲜重显著降低。当NaCl溶液浓度为0.6%时，根鲜重的均值为0.0034 g；4份材料的根鲜重≥ 0.0050 g，0.0030 g≤根鲜重＜0.0050 g的材料有8份；其他材料的根鲜重介于0.0000～0.0029 g之间。当NaCl溶液浓度为0.8%时，根鲜重的均值仅为0.0023 g；3份材料的根鲜重≥ 0.0050 g；0.0030 g≤根鲜重＜0.0050 g的材料有3份。另外，临洮芸芥、13芸芥29–5、13芸芥79–2和13芸芥8–13这4份材料在高浓度胁迫下，其根鲜重却表现出增大的变化特点。

表3-13 不同浓度NaCl胁迫下26份芸芥种质资源苗鲜重和根鲜重的变化

编号	材料名称	0.6%NaCl处理		0.8%NaCl处理	
		苗鲜重(g)	根鲜重(g)	苗鲜重(g)	根鲜重(g)
1	06 芸 87-82	0.0263±0.0009 Ijh	0.0048±0.0051 Ee	0.0247±0.0000 Bb	0.0029±0.0001 Fg
2	张芸 216-1	0.0186±0.0001 Mm	0.0019±0.0014 Opop	0.0171±0.0004 Kk	0.0009±0.0001 Mno
3	渭源芸芥	0.0213±0 .0000 Ll	0.0024±0.0031 LMl	0.0182±0.0002 Jj	0.0011±0.0000 Ln
4	静宁芸芥	0.0338±0.0012 Bb	0.0069±0.0001 Dd	0.0225±0.0032 FGf	0.0047±0.0000 Cd
5	13 芸芥 75-3	0.0275±0.0003 Hifg	0.0023±0.0001 MNlm	0.0134±0.0005 Nn	0.0022±0.0000 Hiij
6	天水芸芥	0.0102±0.0004 Pp	0.0016±0.0000 QRq	0.0124±0.0001 Oo	0.0005±0.0000 Oq
7	12 芸芥 83-1	0.0252±0.0000 Jki	0.0030±0.0001 Ijj	0.0169±0.0001 Kk	0.0018±0.0001 Jl
8	岷县芸芥	0.0277±0.0000 Hf	0.0084±0.0004 Bb	0.0244±0.0000 BCbc	0.0023±0.0001 Hi
9	会宁芸芥	0.0267±0.0005 High	0.0032±0.0002 Ii	0.022±0.0008 GHg	0.0021±0.0001 Hiijk
10	06 芸 86-y	0.0301±0.0001 Efe	0.0011±0.0001 Sr	0.0281±0.0002 Aa	0.0062±0.0000 Aa
11	13 芸芥 12-6	0.0275±0.0004 Hifg	0.0073±0.0000 Cc	0.0211±0.0002 Ii	0.0022±0.0000 Hiij
12	永登芸芥	0.0278±0.0000 GHf	0.0035±0.0001 Hh	0.0151±0.0001 Mm	0.0008±0.0000 Np
13	04 靖芸 100-2	0.0224±0.0008 Lk	0.0029±0.0001 JKj	0.0149±0.0005 Mm	0.0008±0.0000 Np
14	临洮芸芥	0.0214±0.0002 Lkl	0.0018±0.0000 PQp	0.0214±0.0001 Ihi	0.0021±0.0002 Hijk
15	13 芸芥 68-3	0.0137±0.0000 Oo	0.0015±0.0001 QRq	0.0118±0.0005 Pp	0.0000±0.0000 Pr
16	民乐芸芥	0.0324±0.0008 CDc	0.0043±0.0000 Ff	0.0235±0.0002 Ded	0.0025±0.0001 Gh
17	13 芸芥 76-4	0.0000±0.0000 Qq	0.0000±0.0000 Ts	0.0000±0.0000 Ss	0.0000±0.0000 Pr
18	庆阳芸芥	0.0271±0.0004 Hifgh	0.0022±0.0000 MNmn	0.0231±0.0001 De	0.0021±0.0001 Ik
19	卓尼芸芥	0.0242±0.0011 Kij	0.0027±0.0001 KLk	0.0216±0.0006 High	0.0022±0.0000 Hiij
20	陇西芸芥	0.0371±0.0017 Aa	0.0040±0.0061 Gg	0.0240±0.0001 CDc	0.0011±0.0001 Lmno
21	13 芸芥 29-5	0.0211±0.0008 Ll	0.0021±0.0042 Nono	0.0078±0.0001 Rr	0.0055±0.0000 Bc
22	13 芸芥 79-2	0.0159±0.0005 Nn	0.0015±0.0000 Rq	0.0094±0.0001 Qq	0.0042±0.0002 De
23	13 芸芥 8-13	0.0312±0.0009 Ded	0.0032±0.0012 Ii	0.0171±0.0003 Kk	0.0061±0.0001 Ab
24	08 张芸 77-2	0.0241±0.0002 Kj	0.0022±0.0021 MNmn	0.0161±0.0001 Ll	0.0015±0.0000 Km
25	08 张芸 6-3	0.0291±0.0002 Fge	0.0031±0.0011 Ijij	0.0185±0.0185 Jj	0.0005±0.0000 Oq
26	08 武芸 3-1	0.0331±0.0000 BCbc	0.0099±0.0023 Aa	0.0121±0.0121 Opop	0.0031±0.0002 Ef
平均值		0.0244	0.0034	0.0176	0.0023

（三）26份芸芥种质资源对NaCl溶液胁迫的耐受性评价

利用模糊数学隶属函数法对26份芸芥种质的正常种苗率、苗高、根长、苗鲜重和根鲜重进行隶属函数值计算，并求总平均值，根据隶属函数总平均值的大小将参试材料进行耐盐性排名，结果表明，08武芸3-1耐盐性最强，13芸芥76-4耐盐性最弱（表3-14）。

表3-14　利用模糊数学函数隶属法评价26份参试芸芥种质资源对盐胁迫的耐受性

编号	资源名称	耐盐指标隶属值					隶属值总平均值	耐盐性排名
		正常种苗率	苗高	根长	苗鲜重	根鲜重		
1	06芸87-82	0.70	0.79	0.575	0.7952	0.5880	0.6896	3
2	张芸216-1	0.89	0.61	0.235	0.5623	0.3296	0.5254	14
3	渭源芸芥	0.44	0.67	0.435	0.2959	0.2959	0.4274	20
4	静宁芸芥	0.54	0.33	0.385	0.8615	0.8388	0.5911	8
5	13芸芥75-3	0.14	0.49	0.105	0.3778	0.3778	0.2981	23
6	天水芸芥	0.21	0.59	0.475	0.1361	0.1361	0.3094	22
7	12芸芥83-1	0.85	0.54	0.360	0.6536	0.4952	0.5798	9
8	岷县芸芥	0.47	0.52	0.185	0.8204	0.5702	0.5131	15
9	会宁芸芥	0.62	0.62	0.530	0.7524	0.5441	0.6133	7
10	06芸86-y	0.70	0.62	0.270	0.9167	0.9167	0.6847	4
11	13芸芥12-6	0.56	0.68	0.335	0.7542	0.5566	0.5772	10
12	永登芸芥	0.40	0.56	0.320	0.6540	0.4506	0.4769	18
13	04靖芸100-2	0.78	0.72	0.405	0.5770	0.3701	0.5704	11
14	临洮芸芥	0.57	0.61	0.340	0.6798	0.4572	0.5314	13
15	13芸芥68-3	0.04	0.33	0.060	0.1903	0.1903	0.1621	25
16	民乐芸芥	0.94	0.79	0.340	0.8734	0.6572	0.7201	2
17	13芸芥76-4	0.00	0.14	0.000	0.0000	0.0000	0.0280	26
18	庆阳芸芥	0.41	0.87	0.570	0.7802	0.5308	0.6322	6
19	卓尼芸芥	0.30	0.95	0.275	0.7189	0.5052	0.5498	12
20	陇西芸芥	0.33	0.83	0.565	0.9286	0.5807	0.6469	5
21	13芸芥29-5	0.54	0.63	0.085	0.3172	0.3748	0.3894	21
22	13芸芥79-2	0.25	0.41	0.180	0.2250	0.2250	0.2580	24
23	13芸芥8-13	0.54	0.64	0.390	0.4403	0.4403	0.4901	17
24	08张芸77-2	0.27	0.61	0.280	0.6218	0.4571	0.4478	19
25	08张芸6-3	0.56	0.68	0.130	0.7332	0.4431	0.5093	16
26	08武芸3-1	0.76	0.76	0.735	0.6740	0.7017	0.7261	1

图3-10所示为耐盐性不同的6份材料，包括08武芸3-1和民乐芸芥（耐盐性较强）、临洮芸芥和张芸216-1（耐盐性中等）以及13芸芥68-3和13芸芥76-4（耐盐性较差）在0.8% NaCl溶液胁迫下的生长形态及盐害程度差异，08武芸3-1和民乐芸芥的隶属函数总平均值较大，各单株在较高浓度盐处理下的长势也较好，叶片绿色且数目多，未出现明显的盐害症状；临洮芸芥和张芸216-1的隶属函数总平均值在26份芸芥中居中，在较高浓度盐处理下的长势变弱，地上部变短，叶片数明显变少，表现出一定的盐害症状，如有些单株的茎基部有黄色叶片，有些单株的边缘叶呈青枯色，部分叶片上有黄色斑点；13芸芥68-3和13芸芥76-4的隶属函数总平均值在26份芸芥中位居最后，在较高浓度盐处理下的长势较差，地上部明显变短，叶片稀少，表现出严重的盐害症状，如有些单株整株呈现青枯色甚至死亡，所有植株上都有青枯色叶片出现，有些叶片呈卷曲状。

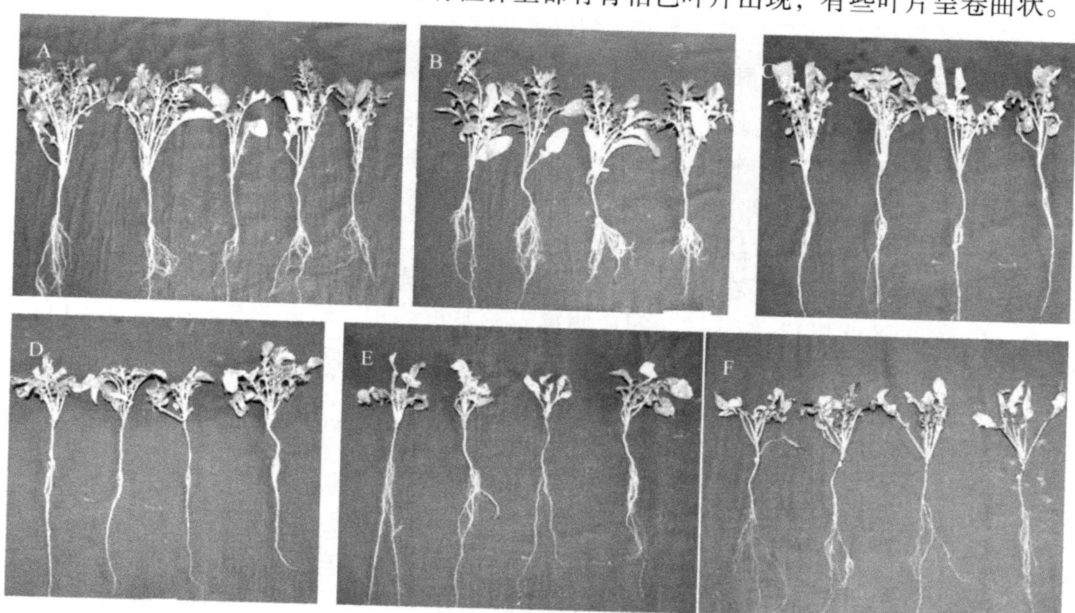

A：08武芸3-1；B：民乐芸芥；C：临洮芸芥；D：张芸216-1；E：13芸芥68-3；F：13芸芥76-4

图3-10 6份芸芥种质资源在0.8% NaCl溶液胁迫下的生长形态差异及盐害程度

三、苗期芸芥生理特性变化

（一）不同浓度NaCl胁迫下6份芸芥种质资源脯氨酸含量的变化

从图3-11中可以看出，随盐浓度的升高，所选材料的脯氨酸含量也呈现上升趋势。在0.6%和0.8% NaCl胁迫浓度下，耐盐材料民乐芸芥和08武芸3-1脯氨酸含量显著高于其他4份材料（$P<0.05$）。民乐芸芥和08武芸3-1脯氨酸含量比较接近，13芸芥76-4与13芸芥68-3脯氨酸含量相差较小，临洮芸芥和张芸216-1的脯氨酸含量也比较接近。

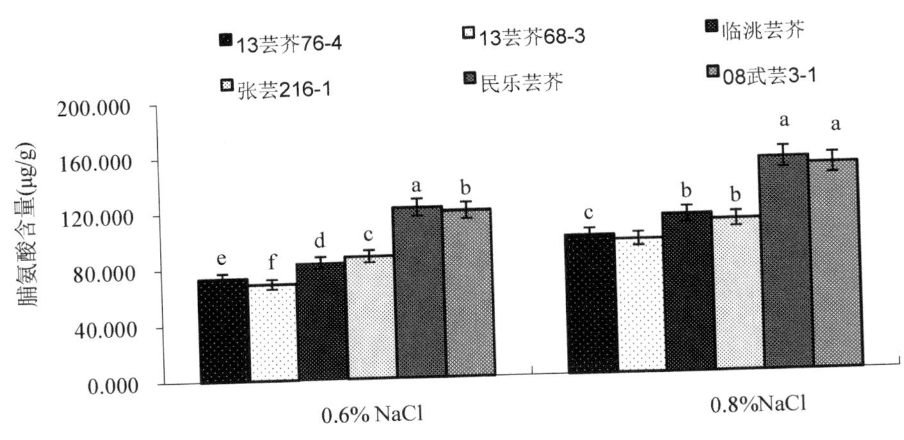

图3-11 不同浓度NaCl胁迫下6份芸芥种质资源脯氨酸含量变化

（二）不同浓度NaCl胁迫下芸芥种质资源质膜相对透性变化

不同浓度盐胁迫下，参试芸芥叶片中质膜透性的变化见图3-12。随着胁迫浓度的升高，参试材料质膜透性呈现上升趋势，尤其是当盐浓度为0.8%时，变化更为明显。13芸芥68-3和13芸芥76-4（耐盐性较差）的质膜透性显著（$P<0.05$）高于民乐芸芥和08武芸3-1（耐盐性较强）的。在0.6% NaCl胁迫下，民乐芸芥和08武芸3-1的质膜透性相差较小，13芸芥68-3和13芸芥76-4间质膜透性差距也较小，临洮芸芥和张芸216-1的质膜透性较接近。当浓度升高至0.8%时，耐盐性不同的材料间质膜透性相差更大。

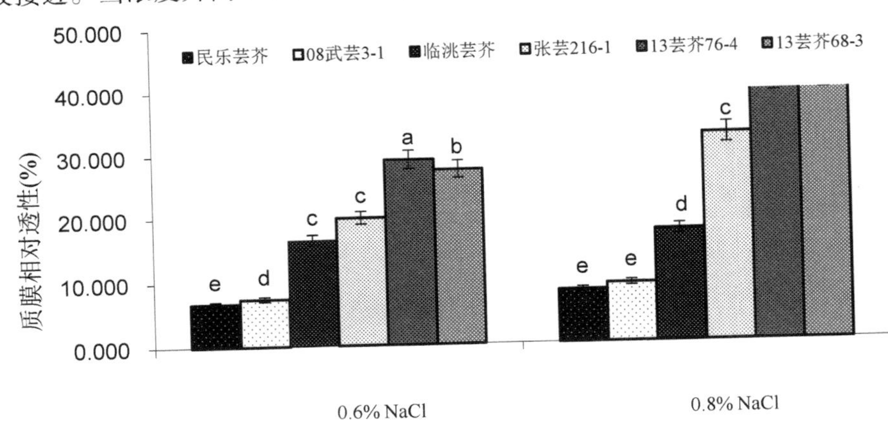

图3-12 不同浓度NaCl胁迫下6份芸芥种质资源质膜相对透性变化

（三）不同浓度NaCl胁迫下芸芥种质资源可溶性糖含量变化

从图3-13可知，随盐浓度的升高，6份材料的可溶性糖含量呈现上升趋势。在0.6%和0.8% NaCl胁迫浓度下，耐盐材料民乐芸芥和08武芸3-1的脯氨酸含量显著高于其他4份材料的（$P<0.05$）。民乐芸芥和08武芸3-1的可溶性糖含量比较接近，13芸芥68-3和13芸芥76-4的可溶性糖含量相差较小，临洮芸芥和张芸216-1的可溶性糖含量也比较接近。

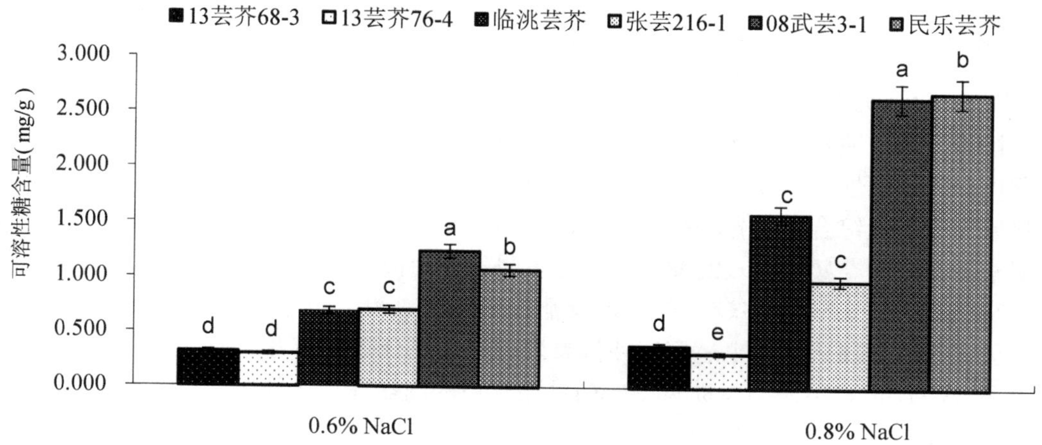

图3-13 不同浓度NaCl胁迫下6份芸芥种质资源可溶性糖含量的变化

四、芸芥不同生理指标与耐盐性的相关性

将0.8%盐胁迫下测定的各生理指标，包括脯氨酸含量、细胞膜相对透性和可溶性糖含量，与6份耐盐性差异较大的参试芸芥材料，包括耐盐性较强的民乐芸芥和08武芸3-1、耐盐性中等的临洮芸芥和张芸216-1以及耐盐性较弱的13芸芥68-3和13芸芥76-4的耐盐性进行相关性分析。表3-14结果显示：盐胁迫下苗期芸芥叶片脯氨酸含量-耐盐性、可溶性糖含量-耐盐性均呈正显著相关（$P<0.05$）关系，而质膜透性-耐盐性之间呈负显著相关（$P<0.05$）关系，表明苗期所测定的这些生理指标能反映芸芥的耐盐性。

表3-14 6份芸芥资源不同生理指标与耐盐性的相关性

材料名称	13芸芥76-4	13芸芥68-3	临洮芸芥	张芸216-1	民乐芸芥	08武芸3-1
耐盐性	0.7201	0.7261	0.5314	0.5254	0.028	0.1621
脯氨酸含量(μg/g)	98.570	95.371	112.328	108.286	152.089	147.220
质膜相对透性(%)	8.127	9.099	17.313	32.450	40.907	41.281
可溶性糖含量(mg/g)	0.386	0.315	1.589	0.985	2.648	2.698

生理指标与耐盐性的相关性	脯氨酸含量-耐盐性	质膜相对透性-耐盐性	可溶性糖含量-耐盐性
相关系数	r_1=0.861	r_2=−0.818	r_3=0.813
显著水平	显著($P<0.05$)		

注：用隶属函数总平均值表示各材料的耐盐性；当自由度=4时，$r_{0.05}$=0.811，$r_{0.01}$=0.917。

五、讨论和结论

（一）初步认为模糊数学隶属函数法适用于芸芥种质资源耐盐性的评价

植物的耐盐性是一个涉及多种代谢途径的复杂的适应过程，采用单一指标评价其耐盐程度具有片面性，不能真实客观地反映植物的耐盐表现。因此，进行植物耐盐碱资源评价鉴定时，应综合考虑各个指标对耐盐性的贡献，才能更真实地反映所评价资源的综合耐盐碱能力。柴媛媛等（2008）的研究表明，采用模糊数学隶属函数法不仅能消除若干指标间的差异，也能够较准确地评价甜高粱的耐盐性。刘敏轩等（2012）的研究表明，模糊数学隶属函数法也适用于评价黍稷耐中性混合盐的能力。本研究采用模糊数学隶属函数法研究了26份芸芥资源在NaCl盐胁迫下的耐盐性，并分析了不同生理指标与耐盐性的相关性，初步认为该法同样适用于芸芥耐盐性的评价。

（二）脯氨酸和可溶性糖含量与芸芥耐盐性之间均呈正显著相关性

迄今为止，已有大量关于盐碱胁迫强度与脯氨酸含量变化关系的文献报道。在盐碱等逆境胁迫下，植物体内游离脯氨酸含量显著增加，因此其可作为耐盐育种的重要生理指标。笔者认为，耐盐材料的脯氨酸含量显著高于其他材料的，且脯氨酸含量与耐盐性之间呈正显著相关关系。可溶性糖是重要的渗透调节物质，在植物遭受逆境时大量合成，以维持细胞内渗透势，保护膜系统的稳定性。NaCl胁迫会导致植物体内可溶性糖含量显著增加。耐盐材料的可溶性糖含量显著高于其他材料的，且可溶性糖含量与耐盐性之间呈正显著相关关系。当植物体某一部分在盐碱胁迫下时，其质膜通透性增加，细胞内离子和可溶物大量外渗，细胞膜受到不同程度的破坏，一般来说，质膜透性小说明其遭到的破坏小，则耐盐性较强。当盐胁迫浓度为0.8%时，耐盐性较强的材料与耐盐性较差的材料间质膜透性差距较大，且与耐盐性之间呈负显著相关关系。这些结果说明，脯氨酸、可溶性糖和质膜透性可作为鉴定芸芥幼苗耐盐性的生理指标。

（三）26份芸芥种质材料的耐盐性存在明显的差异

Hilda等（2016）的研究发现，芸芥伊朗品种耐盐性较弱，意大利“B-115”品种耐盐性较强。上述结果表明，26份芸芥种质在NaCl胁迫下，其耐盐性差别较大，民乐芸芥和08武芸3-1耐盐性较强，高浓度盐胁迫下长势较好，盐害程度轻，脯氨酸和可溶性糖含量均较高，质膜透性较低；临洮芸芥和张芸216-1耐盐性居中，高浓度盐胁迫下长势较好，盐害程度较轻，脯氨酸和可溶性糖含量低于民乐芸芥和08武芸3-1的，质膜透性却高于前二者的；13芸芥68-3和13芸芥76-4的耐盐性较差，高盐胁迫下长势差，受盐害程度重，脯氨酸和可溶性糖含量均显著低于其他材料的。这些研究结果证明，同一物种不同栽培类型的耐盐性存在明显的差异。

综上所述，26份芸芥种质材料对盐胁迫的耐受性存在明显差异，通过模糊数学隶属函数法筛选出的耐盐材料能够用于耐盐基因的挖掘研究。芸芥游离脯氨酸含量对盐胁迫响应敏感，与参试材料耐盐性呈显著相关，可作为衡量芸芥种质耐盐胁迫能力的重要生理指标之一。另外，笔者等仅探讨了单一盐分胁迫对不同芸芥材料幼苗生长和部分生理性状的影响，但实际上西北芸芥种植区域的盐渍土中往往含多种盐分离子，不同无机离子之间存在着相互作用。同时，植物在不同生长时期、不同环境下对盐胁迫的反应不同，耐盐性亦不同。因此，关于芸芥在不同生长发育阶段的耐盐性对比试验以及在实际盐碱土壤条件下的耐盐性状况尚需进一步研究。

第五节　芸芥品种对硫酸钠胁迫的形态-生理响应①

一、世界盐害和硫酸钠盐害概况

在干旱和半干旱地区，盐度是一个全球性问题。它影响着将近800亿公顷的世界陆地面积（FAO，2011）。盐度作为一种恶劣条件，对农业生产产生重大影响，如主要限制植物的生长和繁殖（Pakniat et al，2003）。在伊朗将近34亿公顷的农田受到盐度影响（Cheraghi et al，2009）。因此，土壤盐度在这个国家是一个严重的问题（Dewan et al，1954）。硫酸钠（Na_2SO_4）造成的盐胁迫较氯化钠（NaCl）胁迫更具有灾难性影响，然而关于硫酸钠胁迫对植物性状影响方面的研究开展得很少。根据Jafari（1993）的报道，伊朗的盐渍土中包含各种类型的盐分，其主要是由NaCl和Na_2SO_4等物质造成的。因此，评价这些物质对植物生长的影响，以及了解植物响应这些盐胁迫条件下的性状变化规律，都是很重要的（Iqbal，2003；Manivannan et al，2008；Shi et al，2005）。

二、生长期、品种和盐等不同因素及其互作与芸芥不同性状间的显著差异性

Hilda等（2016）以意大利“B-115”和伊朗的两个芸芥品种为材料，探索了在硫酸钠（Na_2SO_4）胁迫下的农艺和生理性状，以比较二者的耐盐性。研究中所用的盐溶液包括四个浓度，分别是0（对照）、15、30和60 mmol/L。另外，还测定了三个生长阶段（49、65和74 d）的性状。

除了Na^+/K^+外，生长期与其他各性状间均存在显著差异性（表3-15和表3-16）。品种与K^+、Na^+、Na^+/K^+、叶片长、籽粒产量、有机物和矿物质之间也存在显著差异性。盐与叶宽、籽粒产量、有机物质和无机物质之间呈显著差异性。生长期×品种间的互作仅在K^+和籽粒产量这两个性状上有显著差异性。就叶绿素a、叶绿素b、类胡萝卜素和叶长而言，生长期×盐之间存在显著差异性。就叶长、叶宽、有机物和矿物质而言，品种×盐之间存在显著差异性。生长期×品种×盐三者间互作在所测定性状上都没有发现显著差异性。

①编译自Hilda等，2016，Morpho - physiological responses of Rocket varieties to sodium sulfate stresss，Acta Physiol Plant。

表3-15　K^+等5个研究性状的方差分析结果

变异来源	自由度	均方				
		K^+（mg/g）	Na^+（mg/g）	Na^+/K^+	叶绿素a（mg/g）	叶绿素b（mg/g）
生长期	2	644.921**	182.304**	3.275ns	65.86**	110.35**
品种	1	980.743**	177.184**	0.024**	0.11ns	0.34ns
盐	3	22.187ns	1.644ns	0.046ns	0.90ns	0.98ns
生长期×品种	2	64.312**	0.798ns	0.007ns	1.07ns	2.39ns
生长期×盐	6	14.537ns	3.091ns	0.022ns	6.44*	14.17*
品种×盐	3	28.517ns	1.724ns	0.017ns	0.46ns	0.89ns
生长期×品种×盐	6	21.015ns	4.471ns	0.020ns	0.47ns	2.21ns
误差	48	12.674	6.641	0.013	2.13	4.51

注：Ns、* 和 ** 代表显著性，分别为不显著、5%水平显著、1%水平显著，以下同。

表3-16　类胡萝卜素等6个研究性状的方差分析结果

变异来源	自由度	均方					
		类胡萝卜素（mg/g）	矿物质（%）	有机物质（%）	籽粒产量（g）	叶长（cm）	叶宽（cm）
生长期	2	12409.90**	179.83**	193.36**	146.39**	313.77**	2.25**
品种	1	53.11ns	216.07**	248.87**	24.49**	57.65**	0.14ns
盐	3	132.18ns	17.75*	21.05*	11.96**	5.50ns	0.36*
生长期×品种	2	681.31ns	3.30ns	3.42ns	18.37**	0.36ns	0.13ns
生长期×盐	6	1722.30*	5.17ns	4.88ns	0.260ns	6.46*	0.28ns
品种×盐	3	117.24ns	17.59*	18.39*	0.07ns	17.67**	1.06**
生长期×品种×盐	6	260.88ns	2.09ns	2.14ns	0.56ns	0.94ns	0.07ns
误差	48	549.38	5.60	5.33	0.36	2.70	0.12

在详细分析测定数据的基础上，表明了误差的最高变异系数是叶绿素a（40.78%），其次是叶绿素b（35.98%）和矿物质（32.63%），最低的是有机物质（2.54%），其次是籽粒产量（4.38%）。

三、各因素处理下芸芥离子含量、光合色素和籽粒产量性状的平均值

根据单因素方差分析的显著性，对各平均值进行比较。对K^+、Na^+和Na^+/ K^+这三个性状的平均值进行比较，由图3-14显示，伊朗品种的Na^+含量高，而意大利品种的Na^+含量低。就生长期而言，49 d（生长期1）的测定值最高，而65 d（生长期2）的测定值最

低。数据分析有力地表明，伊朗品种的Na^+/K^+达到了显著差异上的最大值。就生长期×品种互作而言，74 d（生长期3）意大利品种的K^+达到最大值，而49 d（生长期1）伊朗品种的K^+达最小值。对不同光合色素性状（叶绿素a、叶绿素b和类胡萝卜素）的平均值进行比较，由图3-15可知，生长期×盐互作降低了所有生长期各种光合色素的含量。65 d（生长期2）S4（60 mmol/L）盐浓度处理下光合色素含量最低。对比籽粒产量的平均值，从图3-16来看，生长期×品种互作结果表明，74 d（生长期3）意大利品种有最大值（18.39 g），而49 d（生长期1）伊朗品种有最小值（9.64 g）。

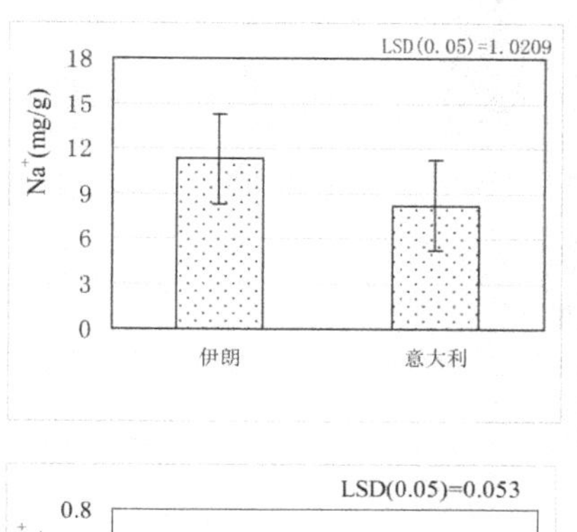

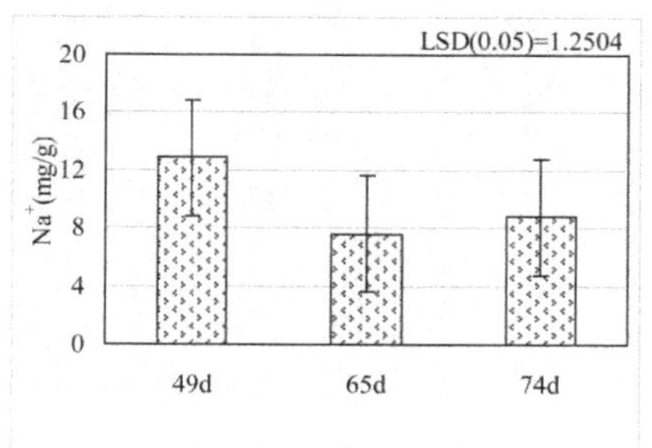

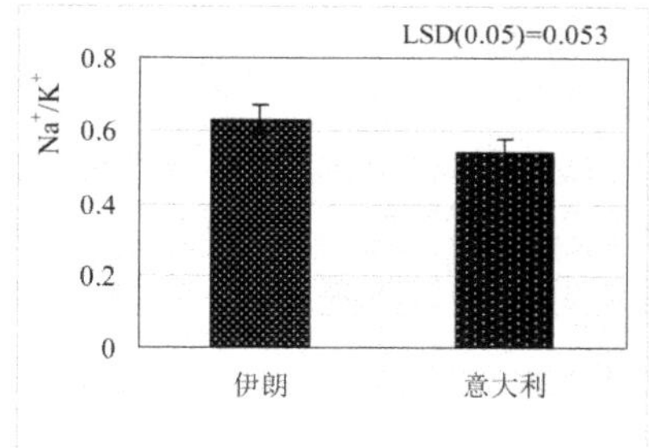

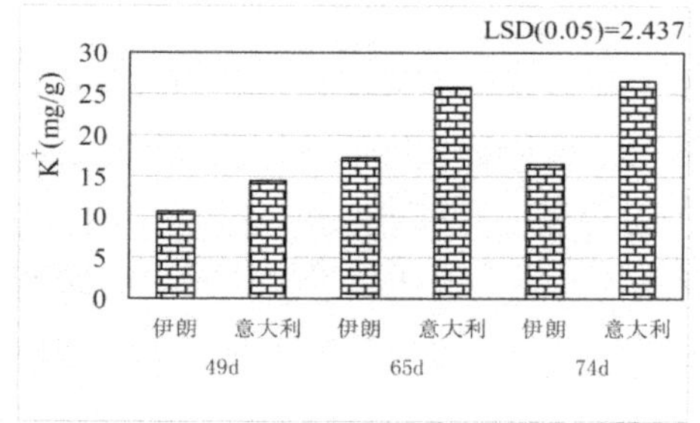

图3-14　品种、生长期和品种×生长期K^+、Na^+、$Na^+//K^+$的平均值

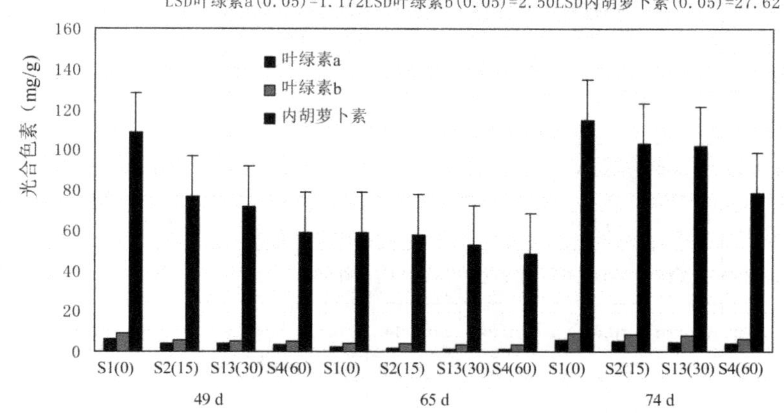

图3-15　盐×生长期互作下光合色素性状的平均值

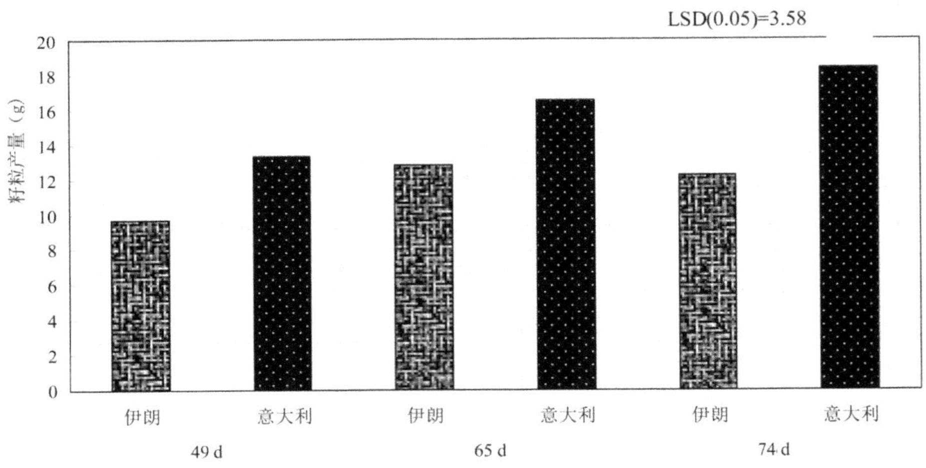

图3-16 品种×生长期互作下光合色素性状的平均值

四、Na_2SO_4胁迫下芸芥各性状间的相关性

由表3-17可知，在盐胁迫和正常条件下，K^+与Na^+/K^+间均有显著正相关关系，但K^+与矿物质元素间均呈显著负相关关系；在盐胁迫条件下，籽粒产量与有机物质间呈显著正相关关系，而在正常条件下二者间呈显著负相关关系；在盐胁迫和正常条件下，籽粒产量与K^+间均呈显著正相关关系；在盐胁迫条件下，籽粒产量与K^+、Na^+/K^+、各光合色素间均呈显著正相关关系，但与Na^+、矿物质元素和叶长间均呈显著负相关关系。

表3-17 正常和盐胁迫条件下不同性状间的相关系数

	K^+	Na^+	Na^+/K^+	叶绿素a	叶绿素b	类胡萝卜素	矿物质	有机物质	产量	叶长	叶宽
K^+	—	0.018	0.671**	0.015	0.157	0.160	−0.17	0.174	0.430**	−0.195	0.084
Na^+	−0.098	—	−0.656**	0.121	0.014	−0.034	0.561**	−0.589**	−0.578**	0.823**	0.589**
Na^+/K^+	0.636**	−0.758	—	−0.136	0.020	0.054	−0.546**	0.573**	0.622**	0.616**	−0.242
叶绿素a	−0.434	0.581*	−0.653**	—	0.965**	0.942**	0.109	−0.098	0.314*	−0.009	−0.024
叶绿素b	−0.390	0.466	−0.550*	−0.966	—	0.991**	0.015	−0.018	0.465**	−0.161	−0.117
类胡萝卜素	−0.415	0.450	−0.535*	0.967**	0.972**	—	−0.021	0.034	0.492**	− 0.192	−0.137
矿物质	−0.252	0.592*	−0.446	0.362	0.328	0.288	—	0.982**	−0.618**	0.447**	0.043
有机物质	−0.246	−0.516**	0.429	−0.384	−0.344	−0.311	−0.991**	—	0.628**	−0.439**	−0.037
产量	0.491*	0.520*	0.497*	−0.389	−0.347	−0.344	−0.786**	−0.742**	—	−0.715**	−0.345
叶长	0.063	0.040	0.005	0.018	0.030	0.032	0.181	0.173	−0.006	—	0.824**
叶宽	−0.297	0.302	−0.437	0.363	0.321	0.357	−0.160	0.187	0.279	0.822**	—

五、Na_2SO_4胁迫下芸芥各性状间的回归关系

如表3-18所示，对照条件下的回归模型中包括K^+、Na^+、Na^+/K^+、有机物和叶长5个变量，它们解释了产量82.7%的变异。因此这些性状被看成是对籽粒产量产生较大影响的变量。如表3-19所示，在盐胁迫下，回归模型中包括K^+、叶绿素b、矿物质、叶长和叶宽5个变量，它们解释了产量83.1%的变异。

表3-18　正常条件下研究性状和籽粒产量的回归分析结果

模型中包含的性状	标准回归系数
K^+	0.748**
Na^+	−0.713*
Na^+K^+	−0.988*
有机物	0.485**
叶长	−0.401*

表3-19　盐胁迫条件下研究性状和籽粒产量的回归分析结果

模型中包含的性状	标准回归系数
K^+	0.134*
叶绿素b	0.359**
矿物质	−0.255**
叶长	−0.831**
叶宽	0.381*

六、讨论和结论

就K^+和籽粒产量而言，存在显著的生长期×品种互作效应。这证明了品种与植物生长期间存在不同互作。另外，就光合色素来讲，植物生长期×盐之间的显著互作表明在不同盐浓度处理和不同生长期，这些性状的不同生产力。就矿物质、有机物质、叶长、叶宽而言，盐×品种间的显著互作指明了品种在盐胁迫下这些性状的不同响应。

根据离子测定的平均值可推测出，在生长的早期阶段，Na^+积累量是高的，到了生长后期，K^+积累量便开始增加。这种现象被认为是植物耐盐性的一种机制，而且伊朗品种较意大利品种的耐盐性强。据Greenway和Munns（1980）报道，通常来讲，盐胁迫产生的最重要的影响是植物组织中Na^+浓度持续增加。在不同植物属中的类似结果也表明，盐胁迫下Na^+含量增加（Ashraf et al，2004；Gandour，2002；Munns，2002；Santos et al，2002）。

植物耐盐的其中一个机制是Na^+/K^+降低（Khan et al，1992）。因此，意大利品种由于有较低的Na^+/K^+值，显示出了较伊朗品种更好的表现。K^+参与不同的反应机制，包括光合、呼吸、不同物质的合成，植物氮代谢不平衡，也是由于K元素缺乏引起的。

光合色素的平均值调查结果表明，随着盐浓度的增加，叶绿素a、叶绿素b、类胡萝卜素减少。与Ahmed和Sayed（2011）的研究结果一致，Na_2SO_4胁迫降低了蚕豆的光合作用速率。已有充分证据表明，盐会影响光合酶、叶绿素、类胡萝卜素含量（Stepien et al，2006）。盐浓度增加，叶绿素a、叶绿素b的含量和叶绿素总量均会下降（Siler et al，2007）。盐胁迫下，植物中叶绿素含量下降是由于两个方面的原因：其一是降解作用增强，其二是色素合成被抑制（Garcia-Sanchez et al，2002）。据El-Wahab（2006）报道，盐胁迫下茴香中光合色素（叶绿素a、叶绿素b和类胡萝卜素）下降是由于无序化的离子吸收，这影响到叶绿体形成、蛋白质合成和质体损坏。也有研究者的观察结果认为，暴露在盐中，叶绿素的降解作用会增加（Eryilmaz，2006；Majeed et al，2007）。

从遗传学上来讲，籽粒产量是一个复杂性状，通常会受到盐等环境条件的影响。在Hilda等（2016）的研究中，增加盐浓度会使籽粒产量下降。针对不同的植物种类，许多研究者们认为，盐胁迫能降低籽粒产量（Akram et al，2002；Goudarzi et al，2008；Sakr et al，2007；Zeng et al，2003）。根据籽粒产量的平均值，在生长的早期阶段，意大利品种籽粒产量的总量较高，而到晚期阶段，伊朗品种的籽粒产量较意大利品种的高。既然籽粒产量和色素含量之间是显著正相关关系，可以推测光合色素的增加会引起籽粒产量的增加。植物组织中，由盐胁迫条件引起的氧化胁迫，可被类胡萝卜素的非酶抗氧化活性降低（Prochazkova et al，2001）；另外，光合色素，尤其是指类胡萝卜素的渗透保护作用，也可能是解释上述正相关关系的一个合理原因。但是，自从有报道认为，为了响应盐胁迫，类胡萝卜素的含量反而降低，类胡萝卜素在清除盐胁迫造成的活性氧方面的作用仍然不清楚（Parida et al，2005）。

综上所述，在盐胁迫条件下，较伊朗品种来说，意大利品种钠含量普遍较低，所以这种行为表现出一种优越的离子调节能力和更好的表现。另一方面，意大利品种籽粒产量较高，这可能是由含有浓度较高的类胡萝卜素的原因所致。然而，意大利品种早熟是其在盐胁迫条件下较伊朗品种表现出的一个优势。鉴于意大利品种不仅具有更强的耐盐性，大多数测量参数的值更高，而且早熟，在开展与芸芥育种相关的植物育种工作中，它可能是一个合适的资源。

第四章 芸芥自交亲和性的遗传和变异

第一节 芸芥自交亲和系与自交不亲和系的酶活性①

植物受精是植物为了种质繁衍和种质保存的一种精密机制，授粉必然会引起特定组织内生理生化的变化。芸芥自交亲和性是由自交不亲和性突变而来的，二者是相对性状，王宝成等（2006）采用异花授粉和自花授粉处理后，在不同时段内，自交亲和系（SC）与自交不亲和系（SI）两种材料的SOD、POD 、CAT三种酶活性呈现出以下规律。

一、超氧化物歧化酶(SOD)活性

（一）异花授粉和自花授粉后自交亲和系的SOD酶活性

芸芥自交亲和系（SC）异花授粉后SOD酶活性显著高于未授粉时的酶活性，而在授粉后3 h达到极显著差异（表4-1），并且随授粉时间的延长有增长的趋势，授粉8 h时的酶活性是未授粉时柱头SOD酶活性的3.56倍。同样，自花授粉后SOD酶活性也显著高于未授粉时的酶活性，在授粉后1 h达到显著水平，授粉后3 h差异达极显著水平，授粉8 h酶活性是未授粉时柱头SOD酶活性的3.24倍。

表4-1 授粉后自交亲和系与自交不亲和系的SOD酶活性变化

授粉方式	供试材料	授粉后时间(h)				
		0	1	3	5	8
异花授粉	自交亲和系7511	2.5 cB	3.7 bB	8.7 aA	8.5 aA	8.9 aA
	自交不亲和系7510	2.9 dD	3.7 cC	9.0 bB	9.6 aAB	9.8 aA
自花授粉	自交亲和系7511	2.5 cB	3.7 bB	8.3 aA	8.0 aA	8.1 aA
	自交不亲和系7510	3.0 bB	4.4 bB	5.8 aA	6.7 aA	5.0 aA

注：同一行中英文大、小写字母分别表示5%、1%的差异显著性，下同。

①编引自王保成、孙万仓、范惠玲，2006，芸芥自交亲和系与自交不亲和系SOD、POD和CAT酶活性，中国油料作物学报。

芸芥自交亲和系无论自花授粉还是异花授粉，授粉后酶活性都显著高于未授粉时的酶活性，且随授粉时间的延长酶活性呈增长趋势，在授粉3 h后SOD酶活性差异达极显著水平，这说明花粉物质启动了柱头细胞的一系列反应，产生了大量活性氧，打破了芸芥柱头组织活性氧积累与消除之间的平衡，从而使酶活性迅速增加。因此，异花授粉和自花授粉对自交亲和系的SOD酶活性影响具有相同的趋势。

（二）异花授粉和自花授粉后自交不亲和系的SOD酶活性

自花授粉和异花授粉都可使芸芥自交不亲和系的酶活性升高，说明无论异花授粉还是自花授粉，花粉都能引起柱头酶活性的变化；自花授粉后3～8 h间自交不亲和系的酶活性没有显著差异，在5 h时达到最大值6.7，此后SOD酶活性有下降趋势，在8 h时酶活性降为5.0（表4-1）。这种下降趋势可能与柱头自交不亲和反应有关。

（三）异花授粉和自花授粉后自交亲和系和自交不亲和系的SOD酶活性

异花授粉后自交亲和系和自交不亲和系的SOD酶活性增长趋势相似，而自花授粉后自交亲和系和自交不亲和系之间酶活性差异较大，在授粉后3 h时SOD酶活性达到峰值8.3，且差异达极显著水平。由于异花授粉时在自交亲和系和自交不亲和系柱头上发生的都是亲和反应，所以表现出了相似的酶活性增长趋势，这也说明芸芥自交亲和系与自交不亲和系的SOD酶系统相同，授粉后表现出相似的生理反应；而在自花授粉后，由于自交不亲和系的不亲和性，其柱头酶活性在3～5 h都低于自交亲和系。同时可以看出，授粉后自交亲和系和自交不亲和系起初都显著上升，而在后期酶活性变化平缓。说明在授粉后期，自交亲和系和自交不亲和系的SOD酶呈稳定状态，活性氧消除与积累逐渐达到了一种动态平衡；由于自交不亲和系自交后在柱头上发生了不亲和反应，可能导致SOD酶系统崩溃，酶活性在自花授粉后5 h达峰值（6.7），其后开始下降。

二、过氧化物酶(POD)活性

（一）异花授粉和自花授粉后自交亲和系的POD酶活性

异花授粉后，自交亲和系的POD酶活性随授粉时间的延长呈增长趋势，授粉后POD酶活性显著高于未授粉时的酶活性，并且在授粉后1 h达极显著差异，授粉8 h酶活性是未授粉时柱头POD酶活性的5.2倍（表4-2）。自花授粉后自交亲和系的POD酶活性高于未授粉时的酶活性，并且在授粉后1 h达到显著水平。授粉后8 h时POD酶活性达到最高值5.0，是未授粉时的4.5倍。

表4-2 授粉后自交不亲和系与自交亲和系POD酶活性变化

授粉方式	供试材料	授粉后时间(h)				
		0	1	3	5	8
异花授粉	自交亲和系7511	1.1dD	2.7cC	3.5bBC	4.2bB	5.7aA
	自交不亲和系7510	1.3dD	2.8cC	3.1cC	4.1bB	6.5aA
自花授粉	自交亲和系7511	1.1Ee	2.5dD	3.2cC	3.9bB	5.0aA
	自交不亲和系7510	1.3cC	2.4bB	3.2aA	3.6aA	3.4aA

（二）异花授粉和自花授粉后自交不亲和系的POD酶活性

授粉使自交不亲和系酶活性发生了显著变化，异花授粉在0～8 h间酶活性一直增加，在8 h时达6.5；自花授粉后5 h时POD酶活性达到最大值3.6，在3、5和8 h三种处理间酶活性没有差异。

（三）异花授粉和自花授粉后自交亲和系和自交不亲和系的POD酶活性

异花授粉时，自交亲和系和自交不亲和系的POD酶活性上升趋势相似，并且几乎呈线性增长趋势，这说明花粉在柱头上的反应也启动了POD酶活性的表达，并且在0～8 h这一段时间内酶活性稳定增长；方差分析表明，异花授粉时自交亲和系和自交不亲和系间的POD酶活性在相同授粉时间没有差异。这说明在异花授粉后自交亲和系和自交不亲和系间POD酶活性差异较小，且自交亲和系具有与自交不亲和系相同的POD酶活性系统。

芸芥自花授粉的前5 h内，自交亲和系和自交不亲和系的POD酶活性上升趋势相似，而在5～8 h间自交不亲和系的酶活性增长明显低于自交亲和系，在授粉8 h时自交亲和系与自交不亲和系间的POD酶活性差异性达极显著水平。

三、过氧化氢酶(CAT)活性

（一）异花授粉和自花授粉后自交亲和系的CAT酶活性

异花授粉后，自交亲和系的CAT酶活性极显著高于未授粉时的酶活性，在0、1和3 h处理间的酶活性差异极显著，在5和8 h间无差异（表4-3），说明在授粉5 h后CAT酶活性逐渐趋于稳定；自花授粉1 h时CAT酶活性逐渐升高，在8 h时CAT酶活性达到10.5，是未授粉时柱头酶活性的3.1倍。同样，异花授粉和自花授粉自交亲和系的CAT酶活性在相同时间段内相近，且变化趋势一致。

（二）异花授粉和自花授粉后自交不亲和系的CAT酶活性

异花授粉后比较CAT酶活性可以看出（表4-3），在授粉后3 h时CAT酶活性存在极显著差异，在8 h达到最大值12.4；自花授粉后在3 h存在极显著差异，而在5和8 h之间没有差异，这说明自交不亲和系在自花授粉5 h后CAT酶活性开始稳定，由于自交不亲和系存在自交不亲和性，CAT酶活性可能随着授粉时间的延长而下降。综上所述，授粉对CAT活性的影响略滞后于对SOD和POD的影响。

表4-3　授粉后自交不亲和系和自交亲和系的CAT酶活性比较

授粉方式	供试材料	授粉后时间(h)				
		0	1	3	5	8
异花授粉	自交亲和系7511	3.4dD	4.3cC	7.2bB	10.3aA	10.7aA
	自交不亲和系7510	3.7dC	4.1dC	8.2cB	10.2bB	12.4aA
自花授粉	自交亲和系7511	3.4dD	4.1dD	6.8cC	9.4bB	10.5aA
	自交不亲和系7510	3.7cC	4.2cC	6.5bB	8.4aA	8.6aA

（三）异花授粉和自花授粉后自交亲和系与自交不亲和系的CAT酶活性

异花授粉后，在1～5 h内自交亲和系的CAT酶活性上升趋势与自交不亲和系的相似，在8 h时自交不亲和系的CAT酶活性略高于自交亲和系的CAT酶活性。这可能是因为自交不亲和系保持了CAT酶活性增长的稳定性，而在授粉后8 h时在自交亲和系的组织内活性氧增长趋势减慢，相应地引起了自交亲和系柱头CAT酶活性下降的趋势。自花授粉后，在0～5 h时自交亲和系与自交不亲和系表现出相似的增长趋势，在8 h时自交亲和系的CAT酶活性显著高于自交不亲和系的酶活性。

自花授粉3 h后，芸芥自交亲和系SOD、POD和CAT三种酶的活性高于自交不亲和系，且在8 h时差异均达显著水平，这表明自交亲和系耐自交的能力大于自交不亲和系。

四、结论

异花授粉后，发现自交不亲和系与自交亲和系三种保护性酶活性表现趋势相似，在各个时间段上几乎无差异。说明自交亲和系自身拥有了一套完整和高效的保护性酶系统，这有助于芸芥自交亲和系受精过程的完成。这种保护性酶系统可能与自交亲和系本身所具有的自交亲和基因的调控有关。

自花授粉后3 h以前，自交不亲和系与自交亲和系三种酶的活性变化趋势相似，而在授粉3 h以后，自交亲和系的酶活性高于自交不亲和系的，SOD酶活性在3 h时差异就达极显著水平，POD和CAT酶活性在8 h时差异达极显著水平。这种现象进一步反映了自交亲和性基因对保护性酶系统的调控。酶本身是基因表达的产物，自交亲和系自花授粉后由于所具有的自交亲和基因对保护性酶系统的调控，因而在授粉3 h以后，酶活性显著提高，而自交不亲和系由于缺乏自交亲和基因，因而在授粉后期，三种酶活性都低于自交亲和系的。

自交亲和性与芸芥三种保护性酶活性具有一定的关系，自交亲和系与自交不亲和系酶活性的差异特性可以作为判断芸芥自交亲和性强弱的生理生化指标。

第二节　芸芥自交不亲和性的化学克服方法①

芸芥为典型的十字花科孢子体自交不亲和植物。据研究，自交不亲和性的植株在开花前1～2 d与其柱头表面形成一种特殊的蛋白质，该物质能阻止同株或异株相同基因型的花粉发芽，但不妨碍不同基因型花粉在其柱头上的萌发和受精反应，表明柱头表面的这种蛋白质是一种特殊的“识别蛋白”或“感受器”，具有识别花粉的能力。另外，花粉外壁蛋白质，也叫毡绒层蛋白质，也具有这种能力。芸芥的自交不亲和特性，一方面使其处于高度杂和状态，最大限度地保持其物种的活性，但同时给优良自交系选育和品种的纯度保持带来诸多不便。

迄今为止，有关克服芸薹属植物自交不亲和性的研究方法屡见报道，如喷洒化学药

①编译自孙万仓等，2005，Overcoming self-incompatibility in Eruca sativa by chemical treatment of stigmas，Plant Genetic Resources。

剂、剥蕾授粉、电阻授粉、高温预处理、提高授粉后的空气湿度或CO_2浓度、钢丝刷授粉、用刀片削去柱头或用砂纸摩擦柱头、用亲和花粉诱导刺激等一系列理化或机械方法。在这些方法中，用得较多的是喷洒化学药剂和剥蕾授粉法。但剥蕾授粉成本高，效率低，难以得到大量的自交种子；所以喷洒化学药剂被认为是克服自交不亲和性较为有效的一种方法。有关克服芸芥自交不亲和性的研究方法报道较少。2004年孙万仓等选用5个芸芥材料，即榆中芸芥、华池芸芥、天水芸芥、卓尼芸芥和永靖芸芥为指示植物，各材料均为剥蕾授粉后的自交材料，借鉴已报道的克服芸薹属植物自交不亲和性的方法，采用能够使结合蛋白发生变性、溶解和沉淀的化学药剂处理芸芥柱头，破坏其“隔离层”，促进自交结实，筛选出了对克服芸芥自交不亲和性较为有效的化学药剂及其最佳浓度，为品种保纯及育种工作乃至芸芥近缘植物自交不亲和性的克服均提供了很好的参考依据。

一、不同化学药剂处理下芸芥自交不亲和性的变化

由表4-4可知，不同化学药剂对克服芸芥自交不亲和性的效果具有很大差异。赤霉素、尿素、硫铵3种药剂处理下效果均较好，其中霉素处理芸芥柱头效果最明显，能较大幅度提高芸芥自交结籽率（结籽率可达2.71%），较对照增加115%，是一种有效地克服芸芥自交不亲和性的化学药剂；尿素、硫铵也能有效地降低芸芥自交不亲和性，用其处理后可使芸芥自交结籽率分别提高34.92%、29.37%；食盐和蔗糖处理效果与对照接近；而酒精处理后，自交结籽率反而较对照降低了。

表4-4 不同药剂的处理效果

编号	药剂	授粉花数	结角数	结籽数	结角率(%)	结籽率(%)
CK	蒸馏水	320	39	402	12.19	1.26
1	赤霉素	582	234	1578	40.21	2.71
2	尿素	808	155	1375	19.18	1.70
3	硫铵	768	110	1254	14.32	1.63
4	食盐	680	113	915	16.62	1.35
5	蔗糖	800	100	982	12.5	1.23
6	酒精	720	81	833	11.25	1.16
均值		726.33	132.37	1156.17	19.01	1.63

一般化学药剂对蛋白质的作用是广谱性的，即它可与多种蛋白质作用，使其溶解、沉淀或变性而失去生化活性，芸芥的自交不亲和性是由识别蛋白控制的，因此，化学药剂对克服芸芥自交不亲和性也具有广谱性。据分析，化学药剂与品种的互作效应虽然存在，但是不甚显著，从而肯定了化学药剂克服芸芥自交不亲和性的作用效果。

由表4-5可知，对同一种药剂而言，不同浓度之间的作用效果有很大差异，适宜的浓度能成倍地提高其自交结籽率。同种药剂不同浓度处理后，芸芥自交结籽率变化很大，其中以赤霉素处理的变幅最大，为0.95%～4.95%；酒精处理的变幅最小，为0.78%～1.64%之间。使用化学药剂能有效提高芸芥结籽率，究其本质在于药剂与芸芥识

别蛋白之间发生了某种生化反应，使这种蛋白失去识别作用，从而使自己的花粉在自己的柱头上能萌发，克服了自交不亲和性而自交结籽，因此，每一种药剂最佳作用浓度应当和这种药剂与芸芥识别蛋白高效反应的浓度呈正相关。

用100 ppm的赤霉素溶液处理后芸芥自交结籽率可达4.95%，是对照的3.9倍；15%的尿素溶液和20%的硫铵溶液处理后结籽率分别为3.23%和3.21%，分别是对照的2.6倍和2.5倍（表4-5）。在实际应用中，从成本和效果综合考虑，15%的尿素溶液和20%的硫铵溶液是两种较为理想的克服芸芥自交不亲和性的试剂。

表4-5　药剂、浓度互作处理对芸芥自交结籽率的影响

药剂	蔗糖					食盐				
浓度	0.5%	1%	4%	7%	14%	1%	3%	8%	10%	15%
授粉花数	160	160	160	160	160	136	152	136	128	128
结角数	11	27	18	23	21	9	30	27	79	28
结籽数	29	436	149	272	96	63	212	271	124	245
结角率(%)	6.87	16.88	11.25	14.38	13.13	6.61	19.73	19.85	61.71	21.88
结籽率(%)	0.18	2.73	0.93	1.70	0.60	0.39	1.39	1.99	0.97	1.91
药剂	赤霉素					酒精				
浓度	20 ppm	40 ppm	60 ppm	80 ppm	100 ppm	30%	50%	75%	90%	100%
授粉花数	144	112	128	64	144	136	152	144	144	144
结角数	44	91	25	15	59	13	24	14	14	16
结籽数	294	306	204	61	713	108	250	210	112	153
结角率(%)	30.56	81.25	19.53	23.44	40.97	9.56	15.79	9.72	9.72	11.11
结籽率(%)	2.04	2.73	1.59	0.95	4.95	0.79	1.64	1.46	0.78	1.06
药剂	硫铵					尿素				
浓度	10%	15%	18%	20%	25%	5%	10%	15%	17%	20%
授粉花数	160	160	160	160	128	168	160	160	160	160
结角数	25	20	14	33	18	43	38	34	22	18
结籽数	215	156	192	515	176	291	268	518	187	111
结角率(%)	15.63	12.50	8.75	20.63	14.06	25.60	23.75	21.25	13.75	11.25
结籽率(%)	1.34	0.98	1.20	3.21	1.38	1.73	1.68	3.23	1.67	0.69

二、不同芸芥品种对药剂处理的反应

由表4-6结果显示，用化学药剂处理芸芥柱头后自花授粉，芸芥5个品种间结籽率差异较大，平均值为1.99%，天水芸芥结籽率最高，为2.93%，其次是华池芸芥，为

2.54%，卓尼芸芥最低，为1.06，变幅为1.06%～2.93%。这种差别可能来源于两个方面：一是芸芥各品种自交结籽的难易程度有一定差别，二是化学药剂对芸芥不同品种处理的效果不同。由于药剂、品种互作效应甚微，因此，这种差异主要来源于品种自身自交亲和性的不同。

表4-6 品种间自交亲和性的差异

编号	品种	处理花数	结角数	结粒数	结角率(%)	结籽率(%)
1	天水芸芥	64	36	263	56.25	2.93
2	华池芸芥	100	49	356	49	2.54
3	榆中芸芥	120	44	350	36.67	2.09
4	永靖芸芥	48	20	89	41.67	1.33
5	卓尼芸芥	80	25	120	31.25	1.06
均值		82.4	34.8	235.6	42.97	1.99

三、药剂涂抹对芸芥柱头自花授粉效果的影响

药剂喷洒柱头后，立即自花授粉与0.5 h后再授粉，这两种处理都是有效的，差异不大（表4-7）。但用硫铵溶液喷洒柱头后0.5 h授粉效果较好，而喷洒尿素溶液后立即授粉效果更好。硫铵溶液是一种蛋白质溶解沉淀剂，低浓度易使蛋白质溶解，高浓度破坏蛋白质水分子膜，使其失去电荷，稳定性降低而发生沉淀；20%的硫铵溶液是一种常用的盐析剂，但对花粉的伤害作用很大，如果处理后立即授粉，一方面破坏了柱头上的识别蛋白，另一方面也可能杀伤花粉，使其萌发能力降低；因此，硫铵溶液处理后0.5 h再授粉效果要好。尿素溶液是一种蛋白质变性剂，它的作用要温和些，涂抹后立即授粉，能同时破坏柱头识别蛋白和花粉识别蛋白，授粉效果较好。

傅廷栋、斯平等在芸薹属作物上的研究结果均认为，使用药剂处理柱头后，隔一段时间授粉和立即授粉效果不同，而且化学药剂克服自交不亲和性能维持数天时间。

表4-7 药剂、时间互作处理效果

处理		授粉花数	结角数	结籽数	结角率(%)	结籽率(%)
硫铵	立即	384	53	594	13.8	1.55
	0.5 h	384	57	660	14.8	1.72
尿素	立即	400	72	769	18.0	1.92
	0.5 h	408	83	606	20.8	1.49
合计	立即	784	125	1363	15.9	1.74
	0.5 h	792	140	1266	17.7	1.60

四、小结

不同化学药剂对克服芸芥自交不亲和性效果差异极显著，赤霉素、尿素、硫铵3种

药剂对克服芸芥自交不亲和性有很好的效果，与对照及其他化学药剂处理相比差异极显著；而且药剂的施用浓度对其效果有很大影响，其中用100 ppm赤霉素溶液处理的效果最好，15%尿素、20%硫铵处理的效果次之，它们的效果在同一显著水平；但从成本和效果综合考虑，15%尿素、20%硫铵是两种克服芸芥自交不亲和性较为理想的化学药剂，而且15%尿素处理后立即授粉、20%硫铵处理后0.5 h后授粉，效果更好。

不同芸芥品种对化学药剂处理反应不同，自交结籽率高的品种，用药剂处理后其结籽率仍高。芸芥不同品种间自交亲和性存在极大差别，而且品种内不同单株间自交亲和性也不同。

第三节　芸芥自交亲和性变异①

自交不亲和特性使植物获得纯系有很大困难，不利于种质和品种的保纯，新品种育成后很快会因生物学混杂失去利用价值。通过田间套袋自交法，可研究芸芥及其近缘植物自交亲和性的变异情况，结合自交亲和指数可判断不同品种（系）或单株的自交亲和性强弱，为选育自交亲和品种（系）及进行其他途径的育种提供依据。下面介绍芸芥自交亲和性变异类型。

一、品种（系）间自交亲和性差异

芸芥品种（系）的自交亲和性差异较大，52份材料的亲和指数介于0.00～4.98之间（表4-8、4-9）。根据自交亲和性的判断标准，我国芸芥存在自交亲和的类型，同时也存在高度自交不亲和的类型，但绝大部分材料为自交不亲和类型。

按照自交亲和指数≥1.00者属自交亲和、自交亲和指数<1.00者为自交不亲和的标准，可将参试材料划分为两大类，即自交亲和类型与自交不亲和类型。在所研究的52个品种（系）中，属自交亲和类型的品种（系）共有7个，分别是四川-2芸芥和06芸86-y等；而属自交不亲和类型的品种（系）共有45个。无论自交不亲和类型还是自交亲和类型，同一类型不同品种之间自交亲和性差异较大，如自交亲和类型中自交亲和指数介于1.00～3.00之间的品种有5个，表现中等自交亲和性；自交亲和指数≥3.00的品种有2个，表现高自交亲和性；而在自交不亲和类型中，自交亲和指数介于0～1.00间的品种有28个，表现中等自交不亲和性；自交亲和指数等于0的品种有17个，表现高自交不亲和性。

由表4-9可知，依据自交亲和指数大小，可将参试材料分为4种类型：（1）高自交不亲和类型（自交亲和指数=0.00）；（2）自交不亲和类型（0.00<自交亲和指数<1.00）；（3）自交亲和类型（1.00≤自交亲和指数<3.00）；（4）高自交亲和类型（自交亲和指数≥3.00）。

①编引自范惠玲等，2015，芸芥自交亲和性变异的初步研究，植物学报。

表4-8　研究材料编号及来源地

编号	品种(品系)	来源	编号	品种(品系)	来源	编号	品种(品系)	来源
1	青城	甘肃	19	张芸216-1	甘肃	37	宁武	陕西
2	广河	甘肃	20	04靖远100-2	甘肃	38	太子北	陕西
3	环县	甘肃	21	06芸87-82	甘肃	39	东郊	宁夏
4	静宁	甘肃	22	武都	甘肃	40	三营	宁夏
5	永靖	甘肃	23	民乐	甘肃	41	昭苏	新疆
6	天水	甘肃	24	兴和	内蒙古	42	和田	新疆
7	康乐	甘肃	25	太卜寺	内蒙古	43	四川-2	四川
8	岷县	甘肃	26	武川	内蒙古	44	乐山	四川
9	会宁	甘肃	27	康保	河北	45	广元	四川
10	06芸86-y	甘肃	28	狮子沟	河北	46	马厂	青海
11	临洮	甘肃	29	张北	河北	47	Boshehr	伊朗
12	和政	甘肃	30	沽源	河北	48	Varomin	伊朗
13	华池	甘肃	31	府谷	山西	49	Karaj-2	伊朗
14	秦川	甘肃	32	西凉	山西	50	Pakistan-03-2	巴基斯坦
15	卓尼	甘肃	33	卢牙山	陕西	51	Pakistan-03-1	巴基斯坦
16	镇原	甘肃	34	靖边	陕西	52	Pakistan	巴基斯坦
17	渭源	甘肃	35	神池	陕西			
18	庆阳	甘肃	36	朔州	陕西			

表4-9　芸芥不同品种间自交亲和指数的差异

类型	自交亲和指数范围	品种数目	百分比(%)	编号（自交亲和指数）
高自交亲和	>3.00	2	3.85	43(4.98)，10(3.54)
自交亲和	1.00～3.00	5	9.62	44(1.66)，46(1.44)，29(1.27)，23(1.04)，8(1.03)
自交不亲和	0.00～1.00	28	53.84	21(0.94)，45(0.79)，39(0.64)，16(0.63)，22(0.55)，14(0.47)，28(0.46)，26(0.44)，30(0.36)，32(0.32)，5(0.32)，40(0.28)，19(0.25)，27(0.25)，12(0.23)，13(0.19)，18(0.15)，38(0.15)，3(0.1)，41(0.08)，1(0.07)，49(0.07)，6(0.07)，48(0.06)，24(0.04)，17(0.04)，36(0.03)，25(0.03)
高自交不亲和	0.00	17	32.69	2(0.00)，4(0.00)，7(0.00)，9(0.00)，11(0.00)，15(0.00)，20(0.00)，31(0.00)，33(0.00)，34(0.00)，35(0.00)，37(0.00)，42(0.00)，47(0.00)，50(0.00)，51(0.00)，52(0.00)

二、品种(系)内个体间自交亲和性差异

芸芥的自交不亲和性在品种间存在较大差异，而且在同一品种内个体间自交亲和性也存在较大变异。自交亲和性较弱的品种（系）内存在自交亲和的单株；相应地，在自交亲和性较强的品种内，自交亲和性个体所占比例也存在较大的差异。由表4–10可知，39号品种的平均自交亲和指数为0.64，套袋自交的10个单株中，有2株表现自交亲和，且1株自交亲和指数为3.2，表现高自交亲和特性，自交亲和单株占群体的30%；由表4–11可知，高自交亲和类型中的43号品种，群体内所有单株都表现自交亲和性状，个体间自交亲和性强弱差异亦较大，自交亲和指数在1.1～13.9之间变化，10个单株中有4个自交亲和指数大于5，且2个单株自交亲和指数高达10以上。总的来看，群体平均自交亲和指数越高的材料，自交亲和个体出现的频率也越高，而群体自交亲和指数较低的材料，自交亲和个体亦较少。

由此可见，就自交亲和系的选育而言，在群体自交亲和性较高的材料中选择，可能易筛选出自交亲和性高的基因型，效率亦较高。

表4–10　自交亲和指数介于0～1.00之间的28个芸芥品种内个体间自交亲和指数的差异

编号	平均亲和指数	自交亲和指数及其株数					自交亲和株数所占的百分比(%)
		<1.00	1.00～2.00	2.10～3.00	3.10～4.00	>4.00	
21	0.94	6	3	1	0	0	40
45	0.79	6	4	0	0	0	40
39	0.64	7	2	0	1	0	30
16	0.63	8	0	1	1	0	20
22	0.55	9	0	0	0	1	10
14	0.47	9	1	0	0	0	10
28	0.46	8	0	2	0	0	20
26	0.44	8	2	0	0	0	20
30	0.36	9	1	0	0	0	10
5	0.32	9	0	1	0	0	10
32	0.32	9	0	1	0	0	10
40	0.28	9	0	1	0	0	10
19	0.25	9	0	1	0	0	10
27	0.25	9	1	0	0	0	10
12	0.23	9	1	0	0	0	10
13	0.19	9	1	0	0	0	10

续表

编号	平均亲和指数	自交亲和指数及其株数					自交亲和株数所占的百分比(%)
		<1.00	1.00～2.00	2.10～3.00	3.10～4.00	>4.00	
18	0.15	9	1	0	0	0	10
38	0.15	9	1	0	0	0	10
3	0.10	9	1	0	0	0	10
41	0.08	10	0	0	0	0	0
1	0.07	10	0	0	0	0	0
6	0.07	10	0	0	0	0	0
49	0.07	10	0	0	0	0	0
48	0.06	10	0	0	0	0	0
17	0.04	10	0	0	0	0	0
24	0.04	10	0	0	0	0	0
25	0.03	10	0	0	0	0	0
36	0.03	10	0	0	0	0	0

表4-11　7个自交亲和芸芥品种内自交亲和个体的分布

编号	亲和指数	亲和指数和植株数					亲和株的百分比(%)
		<1.00	1.00～3.00	3.10～5.00	5.10～10.00	>10.00	
43	4.98	0	6	0	2	2	100
10	3.54	2	2	3	3	0	80
44	1.66	5	4	1	0	0	50
46	1.44	6	2	2	0	0	40
29	1.27	9	0	0	0	1	10
23	1.04	7	2	1	0	0	30
8	1.03	8	0	1	1	0	20

三、生态类型间自交亲和性差异

来源于不同生态条件下的材料间自交亲和性存在较大差异。由表4-12可知，依据自交亲和指数大小判断，中国西南地区芸芥的自交亲和性最高，西北地区的次之，华北地区的自交亲和性最低。就自交亲和植株在群体中所占比例而言，西南地区芸芥>西北地区芸芥>华北地区芸芥>国外芸芥。

表4-12 来源于不同生态条件下的芸芥自交亲和指数

来源		亲和指数范围	亲和指数和品种数目			平均亲和指数	亲和株数所占的百分比(%)
			<1.00	1.00～3.00	>3.00		
中国	西北	0～3.54	26	3	1	0.41	13.33
	华北	0～1.27	12	1	0	0.23	7.69
	西南	0.79～4.98	1	1	1	2.48	66.67
外国		0～0.07	6	0	0	0.02	0.00

四、芸芥品种(系)间相对亲和指数差异

从剥蕾自交的亲和指数来分析，亲和指数小于1的品种（系）有16个，大于1的品种（系）有20个（表4-13），参试品种（系）的平均亲和指数为0.081，这说明通过早期剥蕾授粉，很难得到自交种子。可见，早期剥蕾授粉技术可改善芸芥品种（系）的自交不亲和情况，但效果不太明显。从相对亲和指数来看，除甘肃的和政芸芥及康乐芸芥大于1之外，其余芸芥品种（系）的相对亲和指数均小于1，这说明芸芥经过早期剥蕾授粉后，自交结实率与开放授粉结实率的差异很大。而十字花科的其他植物，如白菜型油菜，其剥蕾授粉的亲和指数与开放授粉接近。因此，芸芥属高度自交不亲和植物。

表4-13 芸芥不同品种(系)剥蕾自交亲和指数和相对亲和指数

材料	方法	亲和指数	相对亲和指数	材料	方法	亲和指数	相对亲和指数
青城	剥蕾授粉	0.36	0.16	卢崖山	剥蕾授粉	0.56	0.10
	开放授粉				开放授粉		
广河	剥蕾授粉	3.6	0.14	神池	剥蕾授粉	0	0
	开放授粉				开放授粉		
环县	剥蕾授粉	0.48	0.13	朔州	剥蕾授粉	0.98	0.23
	开放授粉				开放授粉		
静宁	剥蕾授粉	0.6	0.43	宁武	剥蕾授粉	0.68	0.25
	开放授粉				开放授粉		
04靖远100-2	剥蕾授粉	1.96	0.74	府谷	剥蕾授粉	4.76	0.28
	开放授粉				开放授粉		
康乐	剥蕾授粉	3.68	1.08	西凉	剥蕾授粉	0.71	0.43
	开放授粉	0			开放授粉		
会宁	剥蕾授粉	1.73	0.36	靖边	剥蕾授粉	0	0
	开放授粉				开放授粉		

续表

材料	方法	亲和指数	相对亲和指数	材料	方法	亲和指数	相对亲和指数
武都	剥蕾授粉	2.28	0.53	昭苏	剥蕾授粉	0.76	0.12
	开放授粉				开放授粉		
临洮	剥蕾授粉	3.72	0.56	和田	剥蕾授粉	0.04	0.08
	开放授粉				开放授粉		
和政	剥蕾授粉	4.5	3.52	三营	剥蕾授粉	1.08	0.56
	开放授粉				开放授粉		
秦川	剥蕾授粉	2.07	0.40	东郊	剥蕾授粉	0.84	0.17
	开放授粉				开放授粉		
卓尼	剥蕾授粉	0.12	0.02	四川-2	剥蕾授粉	2	0.51
	开放授粉				开放授粉		
庆阳	剥蕾授粉	2.08	0.66	马厂	剥蕾授粉	3	0.60
	开放授粉				开放授粉		
镇源	剥蕾授粉	1.38	0.41	兴和	剥蕾授粉	0.72	0.53
	开放授粉				开放授粉		
渭源	剥蕾授粉	1.16	0.35	Boshehr	剥蕾授粉	4.4	0.65
	开放授粉				开放授粉		
康保	剥蕾授粉	1.87	0.35	Varomin	剥蕾授粉	1.24	0.34
	开放授粉				开放授粉		
张北	剥蕾授粉	1.48	0.31	Karay-2	剥蕾授粉	0.84	0.76
	开放授粉				开放授粉		
沽源	剥蕾授粉	2.2	0.29	Pakistan	剥蕾授粉	0	0
	开放授粉				开放授粉		

五、讨论和结论

（一）芸芥是一种自交不亲和植物

52份不同来源的材料中，套袋自交后，自交亲和指数变化范围较大，亲和指数最低的为0，最高的达4.98。套袋自交亲和指数≤1的品种（系）有45个，>1的品种（系）有7个，其中只有2个的亲和指数>3。对36份材料进行剥蕾自交时，从剥蕾自交的亲和指数来分析，亲和指数<1的品种（系）占44%。从相对亲和指数来看，大多数芸芥品种（系）的相对亲和指数<0.5。这说明大多数芸芥经过早期剥蕾授粉后，其自交情况与开放授粉的差异很大。而在十字花科的其他植物，如白菜型油菜中，剥蕾授粉的亲和指数与开放授粉接近。因此，芸芥属自交不亲和植物。

（二）芸芥的自交不亲和性存在四种变异类型

芸芥的自交亲和性存在广泛变异。参试材料的自交亲和指数、结角率差异较大。52份参试材料中，自交亲和指数最低为0，自交亲和指数最高可达4.98，所有材料的平均自交亲和指数为0.82。45个品种表现为自交不亲和，7个品种表现为自交亲和，平均自交亲和指数为2.41。

依据上述研究结果，可将参试材料分为4种类型：高自交亲和类型、自交亲和类型、自交不亲和类型和高自交不亲和类型。然而，三系统分类法常被用来研究植物的自交亲和性变异情况（孙万仓等，2006）：自交不亲和类型、自交亲和类型和高自交亲和类型。另外，自交亲和指数为0的芸芥品种（系）占所有研究材料的1/3左右，因此需将它们单独划分为一类。孙万仓（2006）根据自交亲和指数的大小，将85份白菜型油菜也划分成上述四种类型。

（三）芸芥群体中存在自交亲和基因

自交不亲和的芸芥由于长期异花授粉，使其群体为一个由不同基因型个体组成的杂合群体，产量潜力有限。就产量改善而言，提高这类作物的产量水平的有效途径是通过培育自交系来利用杂种优势，而自交系的选育面临着自交不亲和与自交衰退两大难题，因此，研究芸芥的自交亲和性将对提高产量有很大帮助。芸芥多数品种（系）属自交不亲和类型，但也存在自交亲和性较强的品种群体，尤其是四川、青海、甘肃河西的芸芥品种中分布着较高频率的自交亲和基因。因此，在这些品种间进行自交亲和性鉴定，可筛选出自交亲和性高的群体，从而可育成芸芥自交系用于杂种优势利用研究，进一步挖掘芸芥品种（系）的生产潜力。

（四）芸芥中育成品种（系）的自交亲和性高于地方品种（系）

芸芥的自交亲和性变异不但存在于品种间，而且存在于品种（系）内。自交不亲和品种（系）中普遍存在自交亲和个体，自交亲和品种中存在自交不亲和个体。就自交亲和的品种（系）来说，其中绝大部分为育成品种（系），而育成品种（系）自交亲和性较高的主要原因可能是在开展育种研究的过程中，不同遗传资源间进行交换，增加了种间遗传物质交流和基因扩散、渐渗的概率。可见，通过定向选择和遗传改良提高自交不亲和植物或品种（系）的自交亲和性是完全可行的。

（五）套袋自交是一种方便、经济，且可准确测定自交亲和性变异的方法

芸芥的不亲和性是由四个基因座复等位基因控制的孢子体自交不亲和性（孟金陵，1995），育种上可根据苯胺蓝荧光染色观察花粉在柱头上萌发的结果来判断自交亲和性与否，如果花柱中花粉管≥5条，即可认为是自交亲和的。为了尽早鉴定自交亲和性，可采用这种方法。Seavey等（1986）研究发现，有些情况下，当花粉管数量符合自交亲和的标准时，结籽数却很低，且这种现象比原本想象得更为普遍。Kodad认为（2008），这种结果与延迟因素有关，其包括花粉管到达胚珠前的抑制作用，胚珠的受精前抑制作用，合子后排斥现象等。范惠玲等应用套袋自交的方法判断了芸芥的自交亲和性，该方法可避免上述自交不亲和延迟因素对自交亲和性判断准确性的影响。据刘后利报道，套袋自交法较花粉管观察法能提高亲和性判断的准确率（刘后利，2000）。Dragan等（2010）研究发现，一些环境因子对自交不亲和性的表达有修饰作用，在一些基因型中高温可打

破自交不亲和性，导致高水平自交结实。鉴于此，笔者进行了三年的重复大田试验，以避免几种常遇到的不同环境条件对自交亲和性判断准确性的影响。前人研究发现，利用化学药剂处理柱头或花粉，可使一个自交不亲和系变成自交亲和系（Sun et al，2005），但自交亲和性状是暂时的，即只在处理的当代表现，在育种过程中后代单株需要用药剂再次处理才能表现亲和性状。至今，控制芸薹属植物自交亲和性的大部分基因已被鉴定分离出（Jeremiah et al，2011；Daniel et al，2010），而且好几个基因已被克隆和测出序列，因此利用基因工程技术也可培育出自交亲和系。上述研究结果表明，采用套袋自交法也能选育出自交亲和性稳定的品系，且该方法方便、经济。

第四节　白芥自交亲和性状遗传变异

白芥属十字花科白芥属植物，能高抗十字花科植物多种病虫害，也能抗高温及干旱胁迫，是十字花科植物育种的优良种质资源。笔者等以20份白芥材料为试材，研究了它们的自交亲和性状变异情况。

一、白芥品种(系)间自交亲和性的变异类型

研究表明，不同白芥品系的自交亲和性差异较大，亲和指数在0.00～5.71之间变化(表4-14)。根据自交亲和性的判断标准，在所研究的白芥中存在着自交不亲和的类型，同时也存在自交亲和性的基因型群体。

表4-14　芸芥不同品种(系)间自交亲和指数的差异

类型	自交亲和指数	品种(系)数目	百分比	品系编号(亲和指数)
高自交亲和类型	≥3.00	4	20	2(4.70),5(5.22),7(5.71),11(4.26)
自交亲和类型	1.00～2.99	7	35	1(2.99),8(2.70),12(2.00),15(1.40),16(1.93),17(2.79),18(2.33)
自交不亲和类型	0.00～0.99	8	40	3(0.17),6(0.90),9(0.10),10(0.13),13 (0.70) , 14 (0.95) , 19 (0.88) , 20 (0.40)
高自交不亲和类型	0.00	1	5	4(0.00)

按照自交亲和指数≥1.00者属自交亲和、自交亲和指数<1.00者为自交不亲和的标准，可将参试材料划分为两大类，即自交亲和类型与自交不亲和类型。在所研究的20个品系中，属于自交亲和类型的品系共有11个。无论是自交不亲和类型还是自交亲和类型，不同品系之间自交亲和性差异较大，如在自交亲和类型中自交亲和指数介于1.00～2.99之间的品系有7个，表现中等自交亲和性；自交亲和指数≥3.00的品系有4个，表现

高度自交亲和性；而在自交不亲和类型中，自交亲和指数大于0.00而小于1.00的品系有8个，表现中等自交不亲和性；自交亲和指数等于0.00的品系有1个，表现高度自交不亲和性。

参试材料分为4种类型：（1）高自交不亲和类型（自交亲和指数=0.00）；（2）自交不亲和类型（0.00＜自交亲和指数＜0.99）；（3）自交亲和类型（1.00≤自交亲和指数＜2.99）；（4）高自交亲和类型（自交亲和指数≥3.00）。

二、白芥品种(系)内个体间自交亲和性的差异

白芥的自交不亲和程度不仅因品系而呈现较大差异，即使在同一品系内个体间自交不亲和性也存在较大变异。研究表明，自交亲和性较差的品系内存在自交亲和的单株（表4-15，图4-1）；相应地，在自交亲和性较强的品系内，自交亲和性也存在较大差异（表4-16，图4-1）。如自交不亲和类型的品系13，平均自交亲和指数为0.70，套袋自交的8个单株中，有2株表现自交亲和，1株其自交亲和指数为3.80，表现高度自交亲和性；自交不亲和类型的品系19，平均自交亲和指数为0.88，套袋自交的9个单株中，有3株表现亲和性，其中自交亲和单株占群体的33%；属于自交亲和类型的品系17，群体内88%植株表现自交亲和，自交亲和指数为0.00～4.40，平均自交亲和指数高达2.79，个体间自交亲和性强弱差异亦较大，9个单株中4个自交亲和指数大于3，属于高自交亲和类型，1株自交亲和性指数小于1，表现自交不亲和；属于自交亲和类型的品系18，自交亲和指数为0.00～4.60，群体内75%植株表现自交亲和性，6株表现为自交亲和性，其中3株为高自交亲和株。总的趋势是，群体自交亲和指数越高的材料，自交亲和的个体越多，也就是自交亲和个体出现的频率越高；而群体自交亲和指数低的材料中自交亲和的个体亦少。由此可见，就自交亲和系的选育来讲，在群体自交亲和性高的材料中选择，可能易筛选出自交亲和性高的基因型，效率亦较高。

表4-15　自交亲和指数介于0～0.99间的9个白芥品种(系)内个体间自交亲和指数的差异

品种(系)编号	植株数	平均亲和指数	自交亲和指数和株数				自交亲和株的百分比(%)
			0.00	0.00～0.99	1.00～2.99	≥3.00	
4	1	0.00	1	0	0	0	0
9	2	0.10	1	1	0	0	0
10	4	0.13	3	1	0	0	0
3	4	0.17	3	1	0	0	0
20	7	0.40	2	5	0	0	0
13	8	0.70	4	2	1	1	25
19	9	0.88	5	1	3	0	33
6	3	0.90	0	2	1	0	33
14	6	0.95	0	4	2	0	33

表4-16　11个自交亲和白芥品种(系)内自交亲和个体的分布

品种(系)编号	植株数	平均亲和指数	自交亲和指数和株数				自交亲和株的百分比(%)
			0.00	0.00～0.99	1.00～2.99	≥3.00	
15	10	1.40	1	4	3	2	50
16	6	1.93	0	1	4	1	83
12	4	2.00	1	0	2	1	75
18	8	2.33	1	1	3	3	75
8	5	2.70	0	2	1	2	60
17	8	2.79	0	1	3	4	88
1	3	2.99	1	0	0	2	67
11	4	4.26	0	0	1	3	100
2	5	4.70	0	0	1	4	100
5	3	5.22	0	0	0	3	100
7	5	5.71	0	0	0	5	100

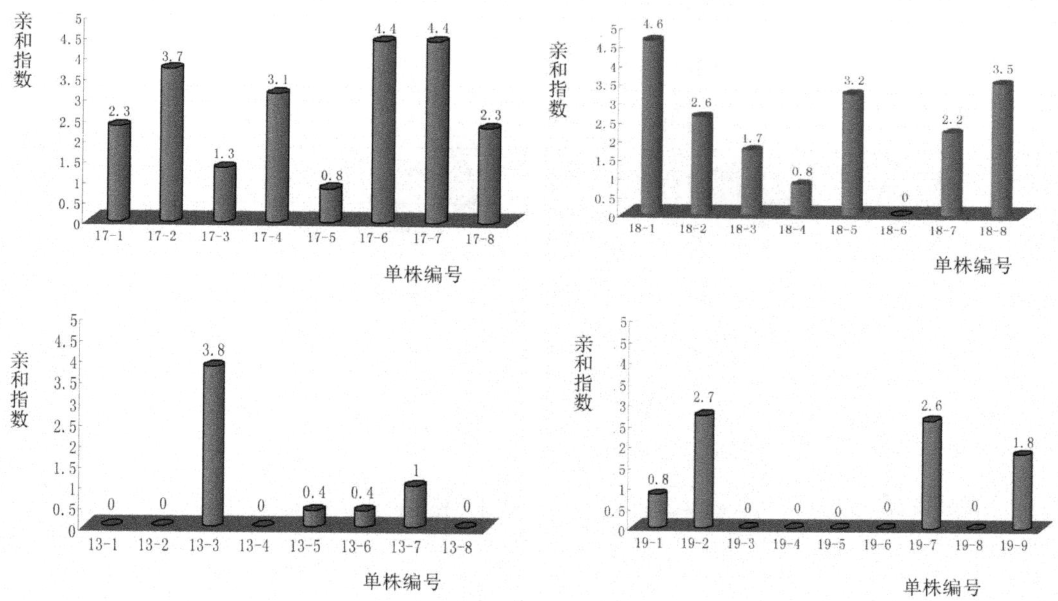

图4-1　白芥不同单株间自交亲和指数变化差异

三、白芥不同品种(系)间剥蕾自交亲和性和相对亲和性的差异

从剥蕾自交的亲和指数来分析，在所研究的所有品（种）系中，亲和指数<1.00的品种（系）有9个，占45%，>1.00的品种（系）有11个，占55%（表4-17），剥蕾自交后亲和指数的平均值为1.16。同时，从相对亲和指数来看，相对亲和指数>1.00的白芥品种（系）只有1个，9个品种（系）的相对亲和指数小于0.5。另外，如图4-2所示，开放授粉结角数和结籽数明显大于剥蕾授粉的结角数和结籽数，通过早期剥蕾授粉，得到的自交种子极少。这些结果均表明，采用早期剥蕾授粉技术虽可改善白芥品种（系）的自交不亲和情况，但效果不太明显。

表4-17　白芥不同品种(系)的剥蕾自交亲和指数和相对亲和指数差异

品种(系)编号	名称	方法	处理花蕾数	平均结角数	平均结籽数	剥蕾授粉亲和指数	相对亲和指数
1	13白芥18	剥蕾自交	10	4.70	0.00	0	0.00
		开放授粉	11	8.47	20.24		
2	13白芥11	剥蕾自交	9	3.60	21.24	2.36	0.75
		开放授粉	9	8.64	52.20		
3	13白芥15	剥蕾自交	10	4	1.90	0.19	0.66
		开放授粉	11	10.56	61.60		
4	13白芥21	剥蕾自交	10	4.70	3.70	0.37	0.69
		开放授粉	10	10.00	43.30		
5	13白芥19	剥蕾自交	9	3.87	17.19	1.91	0.52
		开放授粉	9	9.00	51.48		
6	13白芥14	剥蕾自交	10	1.80	5.00	0.50	0.42
		开放授粉	10	9.70	56.40		
7	13白芥20	剥蕾自交	9	2.79	12.24	1.36	0.63
		开放授粉	9	9.36	60.57		
8	13白芥12	剥蕾自交	10	7.10	33.00	3.30	0.64
		开放授粉	10	10.20	53.90		
9	13白芥13	剥蕾自交	11	3.19	1.98	0.18	0.15
		开放授粉	11	11.00	49.39		

续表

品种(系)编号	名称	方法	处理花蕾数	平均结角数	平均结籽数	剥蕾授粉亲和指数	相对亲和指数
10	13白芥5	剥蕾自交	11	4.62	7.26	0.66	0.32
		开放授粉	11	10.34	56.98		
11	14白芥13	剥蕾自交	8	6.00	23.12	2.89	0.67
		开放授粉	8	7.76	44.96		
12	14白芥17	剥蕾自交	10	2.50	3.50	0.35	0.31
		开放授粉	5	5.00	14.70		
13	14白芥12	剥蕾自交	10	0.00	0.00	0	0.00
		开放授粉	5	5.00	20.85		
14	14白芥9	剥蕾自交	10	6.00	15.50	1.55	0.52
		开放授粉	5	5.00	24.15		
15	14白芥3	剥蕾自交	10	3.30	11.70	1.17	0.15
		开放授粉	5	5.00	23.70		
16	14白芥19	剥蕾自交	10	3.50	12.50	1.25	0.45
		开放授粉	5	5.00	22.15		
17	14白芥11	剥蕾自交	9	4.14	10.44	1.16	0.72
		开放授粉	5	5.00	18.90		
18	14白芥10	剥蕾自交	10	4.00	7.00	0.70	0.42
		开放授粉	5	5.00	20.75		
19	14白芥24	剥蕾自交	10	5.70	19.00	1.90	1.06
		开放授粉	5	5.00	18.40		
20	青海白芥	剥蕾自交	10	4.00	13.70	1.37	0.97
		开放授粉	5	5.00	18.45		

综上可知，20份不同来源的材料中，套袋自交亲和指数≤1的品种（系）有9个，>1的品种（系）有11个，其中只有4个品种（系）的亲和指数>3。从剥蕾自交的亲和指数来分析，亲和指数<1的品种（系）有9个，占45%，>1.00的品种（系）有11个，占55%。从相对亲和指数来看，白芥品种（系）的相对亲和指数>1.00的品系只有1个。这说明通过剥蕾授粉技术，并不能明显改善白芥的自交不亲和性。而在十字花科的其他植物，如白菜型油菜中，剥蕾授粉的亲和指数与开放授粉接近。

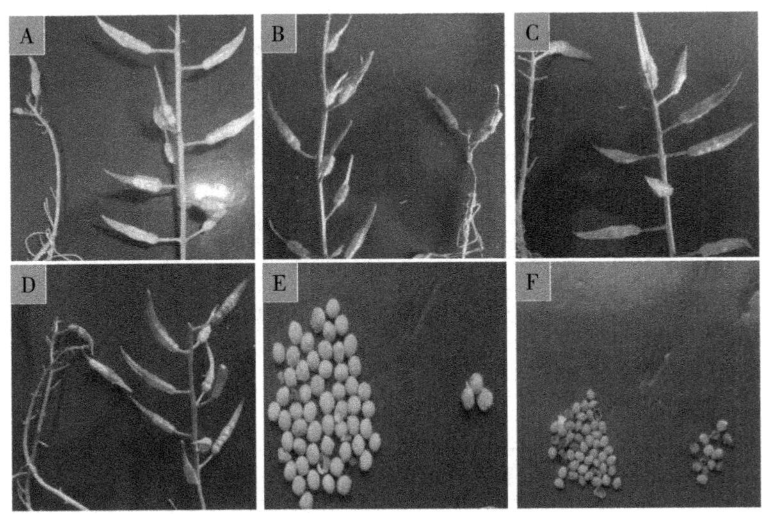

A：14白芥3-1，左：剥蕾授粉结角数，右：开放授粉结角数；B：13白芥18-2，左：开放授粉结角数，右：剥蕾授粉结角数；C：13白芥13-6，左：剥蕾授粉结角数，右：开放授粉结角粉；D：14白芥12-1，左：剥蕾授粉结角数，右：开放授粉结角数；E：13白芥15-5，左：开放授粉结籽数，右：剥蕾授粉结籽数；F：13白芥21-4，左：开放授粉结籽数，右：剥蕾授粉结籽数

图4-2　白芥不同品种(系)剥蕾自交和开放授粉结角数和结籽数

第五节　白菜型油菜自交亲和性变异类型①

白菜型油菜（*Brassica rapa* L.，2*n*=2X=AA=20）为芸薹属作物二倍体基本种之一，早熟、耐寒而且类型丰富，是世界上重要的油料作物之一，属自交不亲和植物。研究认为，在白菜型油菜中，除印度的黄籽沙逊油菜为唯一具有较强自交亲和特性的种群外，其他白菜型油菜均属自交不亲和作物，中国的白菜型油菜也属于自交不亲和类型，自然异交率为80.5%～90.5%。白菜型油菜的这种自交不亲和特性使得要获得纯系有很大困难，不利于种质和品种的保纯，新品种育成后会很快因生物学混杂失去利用价值。

杂交种的选育也存在诸多困难，如在白菜型油菜三系或两系杂交种的选育中，要求对保持系和恢复系连续自交来提高纯合程度；在不育系的选育中，要进行回交和保持系的连续自交，但自交面临着自交不亲和与自交衰退两大难点。因而研究白菜型油菜的自交亲和性，选育自交亲和系，在科研和生产中具有十分重要的意义。

一、白菜型油菜自交亲和性的变异类型

孙万仓、范惠玲等（2006）对85份白菜型油菜进行了研究，结果发现，亲和指数最低为0.00，最高可达9.28。38个品种表现为自交不亲和（亲和指数<1.00），35个品种表

①编引自孙万仓、范惠玲等，2006，白菜型油菜自交亲和性变异类型分析，西北植物学报。

现为自交亲和（亲和指数>1.00），平均亲和指数为2.71，其中亲和指数＞4.00的材料有8份。表现出高度自交不亲和性的有12个品种，自交亲和指数为0。白菜型油菜的自交亲和性变异存在4种类型：①高自交亲和类型（自交亲和指数>4.00）；②自交亲和类型（自交亲和指数1.0～3.99）；③自交不亲和类型（0.00<自交亲和指数<1.00）；④高自交不亲和类型（自交亲和指数=0.00）。

二、品种内个体间自交亲和性差异

白菜型油菜的自交不亲和程度不仅因品种而呈现较大差异，即使在同一品种内个体间自交亲和性也存在较大变异。自交亲和性较差的品种内存在自交亲和的单株。相应地，在自交亲和性较强的品种内，自交亲和性也存在较大差异。如自交不亲和类型的137号品种，平均自交亲和指数为0.60，套袋自交的15个单株中有5个单株自交亲和，自交亲和单株占群体的33.33%；而属于高自交亲和类型的139号品种，群体内100%植株表现自交亲和，自交亲和指数为2～15，平均自交亲和指数高达9.28，个体间自交亲和性强弱差异亦较大，15个单株中9个自交亲和指数大于10，其中1个单株自交亲和指数高达15.00。总的趋势是，群体自交亲和指数越高的材料，自交亲和的个体越多，也就是自交亲和个体出现的频率越高；而群体自交亲和指数低的材料中自交亲和的个体亦少。

由此可见，就自交亲和系的选育来讲，在群体自交亲和性高的材料中选择，可能易筛选出自交亲和性高的基因型，效率亦较高。

三、生态类型间、育成品种与地方品种间自交亲和性的差异

参试材料中，育成品种（系）的自交亲和指数与自交亲和植株占群体的百分数均高于地方品种（系），分别为1.4、42.5%，1.21、37.78%。

来源于不同地区或生态条件不同的材料间自交亲和性存在差异。就自交亲和指数而言，国外材料、西部地区材料和育成品种的自交亲和性较高，而南方材料自交亲和性较低，自交系和指数依次为1.36、1.33与0.94。自交亲和植株在群体中的比例大小顺序为：西部地区材料>国外材料>南方材料，自交亲和植株占群体的比例分别为43.75%、28.57%、28.57%，国外材料自交亲和性较高的原因主要是其中大部分材料为育成品系。

育成品种（系）自交亲和性较高的原因可能与育种过程中其他自交亲和种的基因的扩散和渗入白菜型油菜有关。可见，通过遗传改良和定向选择提高自交不亲和植物或品种的自交亲和性，是完全可行的。

四、白菜型油菜自交亲和性在地区间的差异

我国白菜型油菜包括北方小油菜和南方油白菜，而中国西部地区是白菜型油菜的起源地之一。不同地区的材料自交亲和性存在较大差异，北方小油菜和西部地区的材料的自交亲和性高于南方油白菜，这种现象与白菜型油菜的起源有关。北方小油菜原产于我国北方和西部地区，南方油白菜则主要分布于我国南方广大地区，而植物的自交不亲和性可能由自交亲和性进化而来（方智远等，1983），陈玉卿等（1986）的研究也证实，一般北方小油菜的自交亲和性强于南方油白菜。所以，在中国西北地区的白菜型油菜自交

亲和性高且存在自交亲和类型，就不是偶然现象。

芸芥、白芥和白菜型油菜虽然为不同属的植物，但同属于十字花科，且是近缘植物。三者都是典型的自交不亲和植物，它们的自交亲和性存在广泛变异，这种变异不但存在于品种（系）间，而且存在于同一品种内不同个体间；自交亲和品种内存在自交不亲和个体。同样，自交不亲和品种内存在自交亲和个体，自交亲和性变异类型基本相似。

五、自交亲和性不同鉴定方法的优缺点

利用自交亲和指数法鉴定自交亲和性时，植株结籽情况受花枝部位、花龄以及花粉活力的影响，而且工作量较大，测定周期长，但利用此法简单、方便，不但易于育种工作者掌握，而且具有直观性的特点，适用范围广，具有其他方法不可替代的可操作性，因此，仍是许多育种专家长期采用的方法。研究发现，从细胞形态学角度也可以判断自交亲和性，如荧光染色法在开花后几天就可鉴定植株的亲和与否，比常规方法有很大的改进，自交授粉某一时间段内，任何时间取样镜检，均可快速测定亲和性，并且变大田人工套袋自交为室内镜检，省时省工。但这种方法同亲和指数法一样也受环境条件、植株的营养状况等的影响。罗玉坤等已证明，利用等电聚焦法可以在花期快速、准确地测定植物的自交亲和性。

第六节　高等植物自交亲和性的遗传①

芸芥是高度自交不亲和植物，自交不亲和性与自交亲和性是一对相互对应的性状，二者的遗传规律如何？Verma于1964年对芸芥自交不亲和性状的遗传进行了研究，发现芸芥自交不亲和性是由孢子体控制的遗传，且其不亲和性不仅由1个位点控制。笔者等以多对芸芥自交亲和系与自交不亲和系为材料，研究了自交亲和性的遗传规律。

一、芸芥F_1群体自交亲和性表现

芸芥自交不亲和系（亲本）：Bosherl原-1、Bosherl原-2、Bosherl原-3、Bosherl原-4等共4份，其自交不亲和性稳定；芸芥自交亲和系（亲本）：武芸7-4-2、武芸7-4-3、武芸7-5-1、武芸7-6-1 、武芸7-5-1-1、武芸7-5-1-2、武芸7-5-3-13等共7份，其自交亲和性比较稳定，经多年大田观察和室内考种发现它们的农艺性状表现良好。笔者采用这两类材料，组配不同的杂交组合后代，研究了芸芥自交亲和性状的遗传规律。

如表4-18所示，在所考察的不同F_1组合中，不论自交亲和系做母本还是做父本，杂交所得F_1后代的自交亲和指数均小于4，即全部表现为自交不亲和。这说明芸芥自交亲和性与细胞质无关，而是由核基因控制的隐性遗传性状。

①编引自范惠玲，2007，芸芥自交亲和性相关基因mRNA差异显示分析，甘肃农业大学硕士论文。

表4-18　芸芥F_1群体自交亲和性表现

组　合	自交亲和指数	组　合	自交亲和指数
武芸7-4-3×Bosherl原-1	0.27	武芸7-5-1-1×Bosherl原-1	2.36
Bosherl原-4×武芸7-5-1-2	0.53	Bosherl原-1×武芸7-5-1-2	2.82
Bosherl原-1×武芸7-6-1	0.80	武芸7-5-1-2 ×Bosherl原-1	2.83
Bosherl原-2×武芸7-5-1	0.93	Bosherl原-4×武芸7-5-1-1	3.00
武芸7-5-1×Bosherl原-1	1.19	Bosherl原-1×武芸7-5-1-1	3.15
Bosherl原-1×武芸7-5-1	1.53	武芸7-4-2 ×Bosherl原-1	3.29
Bosherl原-3×武芸7-5-1-1	1.60	Bosherl原-2×武芸7-5-1-1	3.44
Bosherl原-1×武芸7-4-2	1.88	Bosherl原-1×武芸7-5-3-13	3.54
武芸7-5-3-13×Bosherl原-1	2.22	Bosherl原-4×武芸7-5-3-13	3.65

二、芸芥F_2、BC_1F_1群体自交亲和性表现

芸芥F_2群体自交亲和性发生了性状分离，出现了自交亲和株与自交不亲和株两种类型。在所调查的1254株个体单株中309株表现自交亲和，945株表现自交不亲和，自交亲和植株与自交不亲和植株的分离比例经χ^2测验均符合1：3（表4-19）。芸芥BC_1F_1群体同样发生了性状分离现象，361株单株中自交亲和植株占167株，自交不亲和植株占194株，自交亲和植株与自交不亲和植株的分离比例经χ^2测验均符合1：1（表4-20）。以上结果表明，芸芥自交亲和性可能是由一对基因控制的简单遗传性状。

表4-19　芸芥F_2群体自交亲和性分离表现

组　合	总株数	分离比				χ^2测验	
		实际比值		理论比值			
		SC	SI	SC	SI	χ_c^2	$\chi^2_{0.05}$
Bosherl原-2×武芸7-5-1-1	126	31	95	31.5	94.5	0.000	3.841
武芸7-5-1×Bosherl原-1	6	1	5	1.5	4.5	0.000	3.841
Bosherl原-4×武芸7-5-3-13	145	37	108	36.25	108.75	0.002	3.841
Bosherl原-1×武芸7-5-1	85	22	63	21.3	63.7	0.003	3.841
Bosherl原-1×武芸7-6-1	67	18	49	16.75	50.25	0.045	3.841
武芸7-6-1×Bosherl原-1	5	1	4	1.25	3.75	0.068	3.841
Bosherl原-1×武芸7-5-1-2	197	47	150	49.25	147.75	0.083	3.841
武芸7-5-3-13×Bosherl原-1	307	69	238	76.75	230.25	0.913	3.841
Bosherl原-1×武芸7-4-2	254	67	187	63.5	190.5	0.187	3.841
Bosherl原-1×武芸4-5-1	46	15	31	11.5	34.5	1.040	3.841

表4-20 芸芥 BC_1F_1 群体自交亲和性分离表现

组合	总株数	分离比				χ^2 测验	
		实测值		理论值		χ_c^2	$\chi^2_{0.05}$
		SC	SI	SC	SI		
(武芸7-4-2×Bosherl原-1)×武芸7-4-2	62	30	32	31	31	0.081	3.841
(Bosherl原-4×武芸7-5-3-13)×武芸7-5-3-13	48	23	25	24	24	0.094	3.841
(Bosherl原-2×武芸7-5-1-1)×Bosherl原-2	13	6	7	6.5	6.5	0.154	3.841
武芸7-6-1×(Bosherl原-1×武芸7-6-1)	82	39	43	41	41	0.207	3.841
(武芸7-5-3-13×Bosherl原-1)× Bosherl原-1	39	18	21	19.5	19.5	0.256	3.841
(Bosherl原-1×武芸7-4-2)×武芸7-4-2	23	10	13	11.5	11.5	0.435	3.841
Bosherl原-1×(武芸7-5-1×Bosherl原-1)	2	1	1	1	1	0.500	3.841
(Bosherl原-1×武芸4-5-1)×武芸7-4-2	52	23	29	26	26	0.712	3.841
(Bosherl原-1×武芸7-5-1-2)×Bosherl原-1	40	17	23	20	20	0.925	3.841

三、关于芸芥自交亲和性遗传的讨论

通过对芸芥自交亲和系与自交不亲和系不同杂交组合后代 F_1、F_2 和 BC_1F_1 群体的自交亲和性状研究表明，F_1 代全部表现为自交不亲和，F_2、BC_1F_1 代自交亲和性发生分离，出现自交亲和株与自交不亲和株两种类型。对 F_2 群体自交亲和数据的统计和 χ^2 测验分析表明，所有组合调查群体 F_2 代自交亲和与自交不亲和分离比均符合1∶3的分离比例，所有组合调查群体 BC_1F_1 代自交亲和与自交不亲和分离比均符合1∶1的分离比例，可见芸芥自交亲和性是由一对基因控制的简单隐性遗传性状。

笔者对自交亲和与自交不亲和分离数据的统计发现，F_2 代和 BC_1F_1 代分离群体中自交亲和株的实际比例多偏低于理论值，其原因之一可能是花期植株遭受严重的病虫等自然灾害而影响了结籽率，自交亲和性判断方法和判断标准、试验误差等也可能造成自交亲和性统计的误差。利用自交亲和指数法鉴定自交亲和性时，植株结籽情况受花枝部位、花龄以及花粉活力的影响，而且测定工作量较大，测定周期长，但利用此法简单、方便，不但易于育种工作者掌握，而且具有直观性的特点，适用范围广，具有其他方法不可替代的可操作性，因此，仍是许多育种专家长期采用的方法。

四、其他植物自交亲和性的遗传

关于高等植物自交亲和性的遗传，Nasrallah等（1974）认为Sf基因导致自交亲和，并且自交亲和对自交不亲和为显性，但Rajan（1978）对白菜型油菜托里亚杂交后代的研究指出，自交亲和性为一种简单的隐性遗传。Dicenta等（1993）研究认为，almond的自交亲和等位基因（Sf）呈显性遗传。Kakeda等（2000）对Ipomoea trifida的自交亲和性遗传分析发现，在42株F_2代植株中，34株表现为自交亲和，8株表现为自交不亲和，分离比等于3∶1，回交后代的分离比等于1∶1，这表明自交亲和性状是由一对基因控制的简单显性遗传性状（Kakeda，2000）。后来，Yamada等对143株White clover群体进行了研究，也证明自交亲和性等位基因（Sf）呈显性，并以简单的孟德尔方式遗传（Yamada et al，1989）。Yamada等对*L. temulentum*研究发现，回交一代和二代自交亲和植株数与自交不亲和植株数之比都是1∶1，表明自交亲和性是由单基因控制的遗传性状（Toshihiko，2001；Thorogood，1992）。

第五章　芸芥自交亲和基因

第一节　芸芥自交不亲和等位基因及其表达①

自交不亲和性是植物（特别是被子植物）为了实现异花受精和遗传重组而形成的一种精密繁殖体系。植物在长期进化过程中，形成了各种有利于异花授粉的机制，自交不亲和性就是其中最为有效的一种，并且被认为是被子植物进化迅速的主要原因之一。自交不亲和性除在被子植物繁殖生物学上的意义外，在植物杂种优势利用等方面还有重要的利用价值，它可以用来大规模地生产杂交种。

自交不亲和性是植物界的一种普遍现象，其中十字花科植物中的自交不亲和性最为普遍。Ockenden（1974）、Richrads（1973）、Sampson（1967）曾分别对甘蓝、*Brassica campestris* sp. *oleifera* 和 *Raphanus raphanistrum* 的S等位基因的分布和遗传做过深入的研究。芸芥自交不亲和性属于孢子体自交不亲和系统，不亲和性受S复等位基因控制。笔者在利用自交不亲和系途径，开展芸芥育种研究的过程中发现，在人工试配组合时，遇到双亲蕾期杂交结籽率较高，但在自然隔离条件下配制杂交种时出现双亲花期交配不亲和的现象。因此，为了克服这一障碍，对10份芸芥的S等位基因型及其表达器官进行了分析，以期为克服育种过程中试配杂交种的盲目性，提高育种效率，加速育种工作的进程，为克隆自交不亲和基因提供理论依据。

2011年参试材料共10份，分别为芸芥1（7511）、芸芥2（87-86）、芸芥3（06武芸）、芸芥4（9503）、芸芥5（7512）、芸芥6（7513）、芸芥8（和田芸芥）、芸芥9（9421）、芸芥10（87-85）和芸芥13（定西芸芥）。2012年参试材料共7份，分别为芸芥1、芸芥3、芸芥5、芸芥6、芸芥8、芸芥9和芸芥13。所有参试材料均经过多代自交，农艺性状和自交不亲和性基本稳定。另外，研究芸芥自交不亲和基因表达所用材料为：芸芥自交不亲和系（SI）及自交亲和系（SC），均由河西学院农业与生物技术学院农学教研室育成，它们属于高代纯系。SI自交不亲和性稳定，经过连续5～6代的自交，自交亲和指数均小于1，属高度自交不亲和系；SC是从自交不亲和群体中分离出的亲和突变体，该突变体经连续自交5代，自交亲和指数稳定在14左右，相对自交亲和指数稳定在95%左右，属高度自交亲和系。

①编引自范惠玲等，2013，芸芥自交不亲和等位基因及其表达初步研究，干旱地区农业研究。

一、芸芥自交不亲和系S基因的纯合性

根据自交不亲和系系内花期株间异交和套袋自交的亲和性表现，可判断各参试材料S基因的纯合性。系内株间所有交配，包括正、反交和自交，均表现为不亲和者为S基因纯合、稳定的自交不亲和系，系内株间异交表现部分亲和者为S基因尚不纯合、自交不亲和性尚不稳定的株系。2008—2010年，笔者在田间试验中发现芸芥1、芸芥2和芸芥3等10份材料表现出不同程度的自交不亲和性（表5-1）。根据2011年的田间试验结果，芸芥1、芸芥3、芸芥5、芸芥6、芸芥8、芸芥9和芸芥13这7份材料系内株间异交和套袋自交的亲和指数均小于1，表现为不亲和性，说明这些材料属于S等位基因纯合的不亲和系；而芸芥2、芸芥4和芸芥10这3份材料系内株间异交和套袋自交时，呈现出不亲和性不稳定的现象，即一部分杂交表现为亲和，另一部分杂交表现为不亲和，由此说明，这3份材料的自交不亲和性尚未完全稳定。

表5-1　10个芸芥自交不亲和系系内株间杂交和套袋自交结实性

组合	总粒数	花数	总粒数/花数	亲和性	组合	总粒数	花数	总粒数/花数	亲和性
1-1 套袋	0	8	0	SI	5-1套袋	0	10	0	SI
1-1×1-2	0	9	0	SI	5-1×5-2	0	8	0	SI
1-1×1-3	0	8	0	SI	5-1×5-3	4	7	0.57	SI
1-1×1-7	0	9	0	SI	5-1×5-4	0	7	0	SI
1-2套袋	13	17	0.76	SI	5-2套袋	0	15	0	SI
1-2×1-1	0	6	0	SI	5-2×5-1	0	8	0	SI
1-2×1-3	0	5	0	SI	5-2×5-3	0	8	0	SI
1-2×1-7	1	7	0.14	SI	5-2×5-4	0	6	0	SI
1-3套袋	0	15	0	SI	5-3套袋	7	11	0.64	SI
1-3×1-1	0	7	0	SI	5-3×5-1	7	11	0.64	SI
1-3×1-2	2	7	0.28	SI	5-3×5-2	0	8	0	SI
1-3×1-7	0	10	0	SI	5-3×5-4	7	18	0.39	SI
1-7套袋	13	16	0.8	SI	5-4套袋	0	10	0	SI
1-7×1-1	0	8	0	SI	5-4×5-1	0	8	0	SI
1-7×1-2	0	8	0	SI	5-4×5-2	0	6	0	SI
1-7×1-3	0	7	0	SI	5-4×5-3	0	5	0	SI
2-1套袋	15	22	0.68	SI	2-4×2-5	0	10	0	SI
2-1×2-2	24	9	2.7	SC	2-4×2-6	17	10	1.7	SC
2-1×2-4	24	9	2.7	SC	2-5套袋	20	7	2.85	SC

续表

组合	总粒数	花数	总粒数/花数	亲和性	组合	总粒数	花数	总粒数/花数	亲和性
2-1×2-5	0	8	0	SI	2-5×2-1	0	8	0	SI
2-1×2-6	0	7	0	SI	2-5×2-2	0	8	0	SI
2-2套袋	77	13	5.84	SC	2-5×2-4	10	8	1.25	SC
2-2×2-1	37	10	3.7	SC	2-5×2-6	0	10	0	SI
2-2×2-4	—	—	—	—	2-6套袋	61	25	2.44	SC
2-2×2-5	0	10	0	SI	2-6×2-1	0	8	0	SI
2-2×2-6	0	8	0	SI	2-6×2-2	0	8	0	SI
2-4套袋	67	14	4.79	SC	2-6×2-4	11	12	0.92	SI
2-4×2-1	0	8	0	SI	2-6×2-5	24	10	2.4	SC
9-2套袋	23	28	0.82	SI	10-5套袋	22	24	0.92	SI
9-2×9-3	7	13	0.54	SI	10-5×10-6	19	12	1.58	SC
9-2×9-5	0	5	0	SI	10-5×10-7	34	8	4.25	SC
9-3套袋	0	15	0	SI	10-6套袋	14	25	0.56	SI
9-3×9-2	3	9	0.33	SI	10-6×10-5	23	10	2.3	SC
9-3×9-5	10	13	0.77	SI	10-6×10-7	1	9	0.11	SI
9-5套袋	19	31	0.61	SI	10-7套袋	29	12	2.64	SC
9-5×9-2	9	17	0.53	SI	10-7×10-5	9	7	1.29	SC
9-5×9-3	0	12	0	SI	10-7×10-6	3	8	0.38	SI
3-3套袋	4	17	0.24	SI	4-1套袋	14	3	4.67	SC
3-3×3-4	6	10	0.6	SI	4-1×4-3	80	10	8	SC
3-3×3-5	1	9	0.11	SI	4-1×4-4	100	9	11.1	SC
3-3×3-6	0	12	0	SI	4-1×4-6	5	12	0.4	SI
3-4套袋	14	17	0.82	SI	4-3套袋	28	6	4.66	SC
3-4×3-3	6	10	0.6	SI	4-3×4-1	118	13	9.1	SC
3-4×3-5	0	8	0	SI	4-3×4-4	7	10	0.7	SI
3-4×3-6	0	6	0	SI	4-3×4-6	5	12	0.4	SI
3-5套袋	0	15	0	SI	4-4套袋	8	5	1.6	SC
3-5×3-3	1	10	0.1	SI	4-4×4-1	67	6	11.2	SC
3-5×3-4	0	8	0	SI	4-4×4-3	28	12	2.3	SC

续表

组合	总粒数	花数	总粒数/花数	亲和性	组合	总粒数	花数	总粒数/花数	亲和性
3-5×3-6	0	12	0	SI	4-4×4-6	50	7	7.14	SC
3-6套袋	13	22	0.59	SI	4-6套袋	16	4	4	SC
3-6×3-3	21	8	2.63	SI	4-6×4-1	6	9	0.67	SI
3-6×3-4	0	10	0	SI	4-6×4-3	23	12	1.9	SC
3-6×3-5	5	11	0.45	SI	4-6×4-4	55	12	4.6	SC
6-1套袋	10	21	0.48	SI	8-1×8-7	3	5	0.6	SI
6-1×6-4	7	16	0.44	SI	8-3套袋	0	12	0	SI
6-1×6-5	10	19	0.53	SI	8-3×8-1	8	10	0.8	SI
6-4套袋	0	14	0	SI	8-3×8-4	0	11	0	SI
6-4×6-1	0	11	0	SI	8-3×8-7	0	15	0	SI
6-4×6-5	0	8	0	SI	8-4套袋	6	8	0.75	SI
6-5套袋	0	10	0	SI	8-4×8-1	6	12	0.5	SI
6-5×6-1	0	10	0	SI	8-4×8-3	0	12	0	SI
6-5×6-4	0	16	0	SI	8-4×8-7	1	6	0.17	SI
8-1套袋	8	11	0.73	SI	8-7×8-1	6	7	0.86	SI
8-1×8-3	0	5	0	SI	8-7×8-3	0	10	0	SI
8-1×8-4	5	12	0.42	SI	8-7×8-4	0	5	0	SI
13-2套袋	8	12	0.67	SI	13-5套袋	0	8	0	SI
13-2×13-3	9	13	0.69	SI	13-5×13-2	0	15	0	SI
13-2×13-5	0	12	0.69	SI	13-5×13-3	0	7	0	SI
13-2×13-8	0	8	0	SI	13-5×13-8	8	13	0.62	SI
13-3套袋	0	20	0	SI	13-8套袋	30	35	0.85	SI
13-3×13-2	10	24	0.42	SI	13-8×13-2	0	12	0	SI
13-3×13-5	10	33	0.3	SI	13-8×13-3	7	11	0.64	SI
13-3×13-8	9	23	0.39	SI	13-8×13-5	0	20	0	SI

注：SC表示套袋自交或系内株间杂交亲和性，SI表示套袋自交或系内株间杂交不亲和性，—表示数据缺失。

二、不同芸芥自交不亲和系间S基因的等位关系

2012年对以上所得7个S等位基因纯合的不亲和系进行完全双列杂交，以期验证这些材料之间S基因的等位关系。表5-2结果表明，芸芥1和芸芥3、芸芥6和芸芥13、芸芥5和芸芥8系间正、反交均表现为不亲和，因此认为芸芥自交不亲和系1和3的S基因型相同，定为S1S1；芸芥6和芸芥13的S基因型相同，定为S2S2；芸芥5和芸芥8的S基因型相同，定为S3S3。同时，还发现自交不亲和系芸芥9与其他自交不亲和系系间正反交均表现为亲和，说明该系的S基因型与其他6个系不同，将其定为S4S4。

表5-2　7个自交不亲和系系间完全双列杂交亲和性表现

♀	♂						
	芸芥1	芸芥3	芸芥5	芸芥6	芸芥8	芸芥9	芸芥13
芸芥1	SI(0.39)	SI(0)	SC(1.78)	SC(1.67)	SC(1.2)	SC(2.33)	SI(0)
芸芥3	SI(0)	SI(0.41)	SI(0.83)	SC(2.46)	SC(3.45)	SC(4.14)	SC(1.71)
芸芥5	SC(1.18)	SC(1.77)	SI(0.16)	SC(1.25)	SI(0.56)	SC(1)	SI(0.27)
芸芥6	SI(0)	SC(4.4)	SI(0)	SI(0.16)	SI(0.34)	SC(1.55)	SI(0.79)
芸芥8	SI(0)	SI(0.71)	SI(0.22)	SC(1)	SI(0.39)	SC(3.96)	SC(2.13)
芸芥9	SC(1)	SC(1.13)	SC(4.2)	SC(1.57)	SC(5.2)	SI(0.48)	SC(4.49)
芸芥13	SI(0.11)	SI(0.0.72)	SC(1.89)	SI(0.1)	SC(2.17)	SC(1.17)	SI(0.38)

三、芸芥自交不亲和系亲缘关系、农艺性状和S基因型之间的相关性

从选择的不同参试材料和自交不亲和系S等位基因型确定的结果来看，同一来源经自交分离出的材料如芸芥1、芸芥5和芸芥6，不仅苗期、蕾期和花期植株形态相似，叶片颜色和形态，花蕾形态，初花期、花期长短和成熟期均较一致，但S基因型并不相同(图5-1)。来源不同，亲缘关系较远且农艺性状，如植株形态、花期、生育期不同的材料，如芸芥5和芸芥8、芸芥6和芸芥13之间S基因型却相同（图5-2)，初步说明芸芥自交不亲和性等位基因与其亲缘关系之间不存在相关性。

图5-1　芸芥1、芸芥5和芸芥6的蕾期植株形态

图5-2　芸芥5、芸芥8和芸芥13的初花期植株形态

四、芸芥自交不亲和S基因表达

（一）芸芥自交不亲和基因不在根中表达

采用H-T_{11}G与⑥引物组合、H-T_{11}G与⑩引物组合，分别对芸芥苗期根和花期根中RNA进行DDRT-PCR扩增。如图5-3所示，处于同一发育时期的芸芥根，在SI与SC中未出现差异带，说明芸芥自交不亲和基因不在根中表达。

（二）芸芥自交不亲和基因不在叶片中表达

用H-T_{11}A和②引物组合，分别对芸芥苗期叶片、开花前叶片和花期叶片中RNA进行DDRT-PCR扩增。如图5-4所示，处于同一发育时期的芸芥叶片，在SI与SC中未出现差异带，说明芸芥自交不亲和基因不在叶片中表达。

用H-T_{11}C和③引物组合，分别对芸芥初花期花瓣中RNA进行DDRT-PCR扩增。如图5-5所示，处于同一发育时期的芸芥花瓣，在SI与SC中未出现差异带，说明芸芥自交不亲和基因不在花瓣中表达。

（三）芸芥不同生育期柱头DDRT-PCR扩增结果

用H-T_{11}A与①、H-T_{11}G与②、H-T_{11}C与③引物组合，分别对芸芥开花前柱头、开花当天柱头和开花后（花瓣开始凋谢）柱头中RNA进行DDRT-PCR扩增。如图5-6所示，处于同一发育时期的芸芥柱头，在SI与SC中扩增出差异cDNA片段，初步证明芸芥自交不亲和基因可能只在柱头组织中表达。

五、讨论

芸芥1和芸芥3的自交不亲和S等位基因型相同，芸芥6和芸芥13的S基因型相同，芸芥5和芸芥8的S基因型相同，因而在蕾期试配亲本组合中，为了减少杂交育种工作的盲目性，应避免将芸芥1和芸芥3、芸芥6和芸芥13以及芸芥5和芸芥8之间进行组配。

自交不亲和性是可遗传的，在自交早代，自交不亲和性往往要发生分离，有些自交不亲和株的后代中，能分离出少数自交亲和植株。通过自交分离和定向选择，自交不亲和性能被逐渐稳定并提高。芸芥2由于自交代数较短（自交3代），所以系内自交和异交时亲和性表现很不稳定，且差异较大，被判断为自交不亲和性尚不稳定的材料。

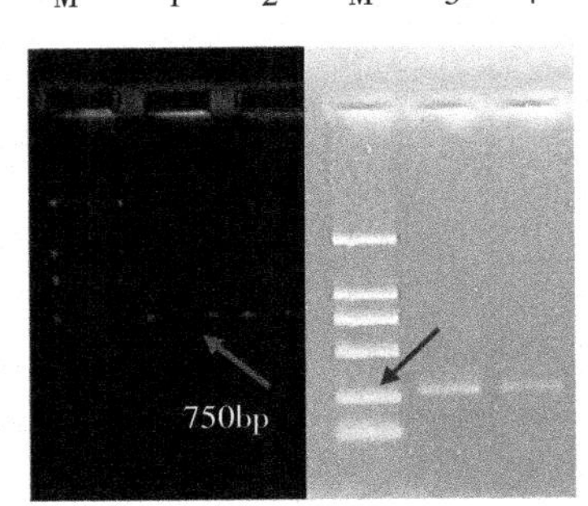

1.SC（苗期，$H-T_{11}G$与⑥） 2.SI（苗期，$H-T_{11}G$与⑥）
3.SC（花期，$H-T_{11}G$与⑩） 2.SI（花期，$H-T_{11}G$与⑩）

图5-3 芸芥根DDRT-PCR图谱

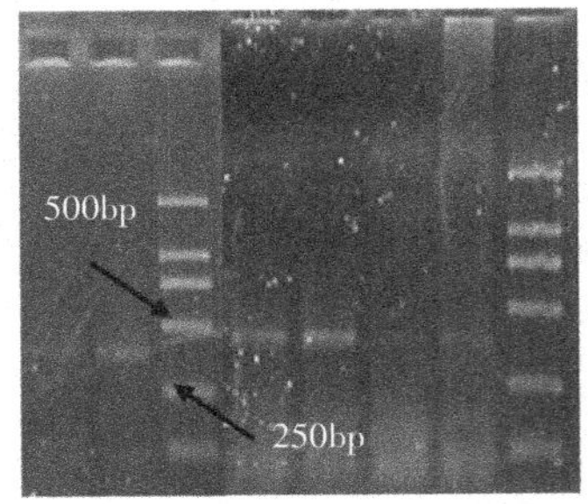

1.SC（苗期） 2.SI（苗期） 3.SC（开花前）
4.SI（开花前） 5.SI（花期） 6.SI（花期）

图5-4 芸芥叶片DDRT-PCR图谱

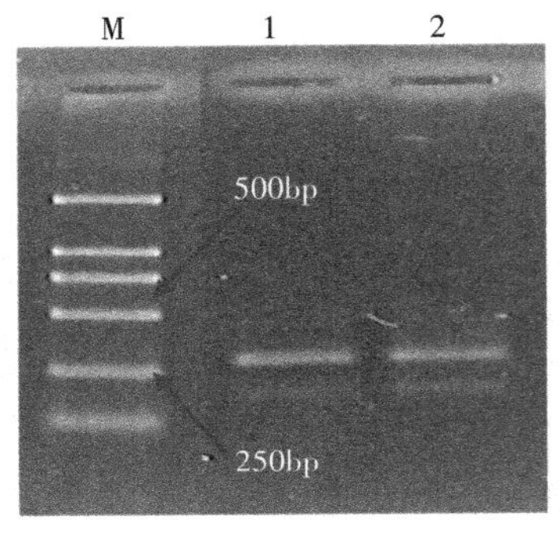

1.SC（初花期） 2.SI（初花期）

图5-5 芸芥花瓣DDRT-PCR图谱

1.SC（开花前，$H-T_{11}A$与①） 2.SI（开花前，$H-T_{11}A$与①）
3.SI（开花当天，$H-T_{11}G$与②） 4.SC（开花当天，$H-T_{11}G$与②）
5.SI（开花当天，$H-T_{11}C$与③） 6.SC（开花后，$H-T_{11}C$与③）

图5-6 芸芥柱头DDRT-PCR图谱

自交不亲和性稳定的快慢在株系之间存在着明显的差异，不少株系不亲和性在自交3代就能基本稳定，有些株系需5～6代或更长时间。徐家炳等在分析大白菜自交不亲和系S等位基因时发现，72103-1（浅）和8161这两个材料连续自交已达十多代，但系内自交或异交大部分表现为不亲和，仍有个别植株异交表现亲和。笔者研究发现，对于芸芥而言，通过自交分离和定向选择技术选育出一个稳定的自交不亲和系至少要自交5代以上。

笔者采用DDRT-PCR技术，分析了处于不同发育时期的同一种器官（营养器官或生殖器官）中RNA的扩增条带。结果发现，处于不同发育时期的根、叶和花瓣，在芸芥SI和SC的RNA显示谱带中没有出现差异条带；而处于不同发育时期的柱头，在芸芥SI和SC的RNA显示谱带中出现了差异条带。有研究者经过免疫化学和原位杂交表明，S基因座糖蛋白既不存在于芸薹属植物的叶、根和苗等营养组织中，也不存在于子房和花柱中，而是在成熟柱头乳突细胞的细胞壁上大量积累。SLG的表达时间和植物自交不亲和性的表达时间相关，当表现自交不亲和性时，柱头中SLG的含量可高达柱头总蛋白量的5%。由于本研究中采用的芸芥SC是从自交不亲和群体中选育出来的，该SC与SI是近等基因系，而且芸芥自交亲和性与自交不亲和性是一对相互对应的性状，这些研究事实都证明，芸芥自交不亲和基因的表达仅限于柱头组织中，体现出了组织特异性表达的特性。该结果为今后分离、克隆芸芥及其近缘植物自交不亲和基因提供了试验依据。

第二节　芸芥的自交亲和基因

一、孢子体植物自交不亲和基因

芸薹属植物的S位点较复杂，已发现3个与S位点紧密连锁的基因（Boves，1993），其分别编码S基因座糖蛋白（SLG）、S基因座受体激酶（SRK）和S基因座富含半胱氨酸蛋白（SCR），前两者为雌蕊自交不亲和蛋白，后者为花粉不亲和蛋白。如果SCR与SLG、SRK的S位点基因相同，在花粉和干性柱头作用的初期，花粉管在雌蕊中停止生长，发生自交不亲和反应，反之则可授粉结实（Roberts，1980）。这种高度特异的细胞之间的识别不仅与S位点基因的表达有关，同时受如ARC1、THL1/THL2、水孔蛋白等其他因子的调控，这些因子的编码基因虽然不与S位点连锁，但对于自交不亲和至关重要，它们也是孢子体自交不亲和系统（SSI）的功能分子（赵永斌等，2004；乌云塔娜等，2004）。

20世纪70—80年代初，根据自交不亲和表达时间和组织特异性，利用免疫化学方法在甘蓝和芸薹柱头乳突细胞中鉴定并分离纯化出与S位点紧密连锁的蛋白质——SLG。免疫化学和原位杂交表明：SLG既不存在于芸薹属植物的叶和根等营养组织中，也不存在于花柱、子房和苗中，而是在成熟柱头乳突细胞的细胞壁上大量积累（朱利泉，1998）。SLG的表达时间和植物自交不亲和性（SI）表达的时间相关，当表现SI时，柱头中SLG的含量可高达柱头总蛋白的5%。SLG是分子量为55～65 kD的可溶性分泌型胞外蛋白，与已知的S等位基因在遗传上共分离（Nasrallah，1970；Hiranata，1978）。SLG由复等位基因控制，由多基因家族组成。SLG家族的氨基酸总长度为436个氨基酸，不同序列间的氨基酸变异可达30%，这种变异有可能与S基因的特异识别有关（Nishio，1982）。SLG的功能区约由405个氨基酸组成，含有两个保守区和两个可变区。C-端具有12个N-糖基化位点（Glavin，1994）。研究发现，不同S等位基因编码的SLG蛋白的N-糖基化位点的排列位置均不同，但目前尚不清楚该结构的变化与雌蕊和花粉S等位基因产物特异配对间的关系（Nasrallah，1974）。

20世纪90年代初发现了另一个与S位点紧密连锁的、在柱头上特异表达的受体激酶-SRK（Kohji，2004；Tantikanjana，1993）。它与SLG相似，在柱头中特异表达，且表达水平与SLG密切相关（Stein，1991）。SRK与SLG均位于S位点上，其物理距离约为200 bp，因此将S位点叫S单元（S-heliotypes）。SRK是跨膜蛋白，催化丝氨酸/苏氨酸的磷酸化，SRK具有蛋白质激酶的结构和特征，主要由3个区域构成。第一个区是与SLG有90%序列同源的、疏水性的N-端胞外区（S区），S区包含几乎完全保守的12个半胱氨酸残基，半胱氨酸残基在SRK的S区域结构中起主要的作用，还包含3个高变区，高变区为SRK的识别区域；第二个区是跨膜区；第三个区是与丝氨酸/苏氨酸受体蛋白激酶同源的C-端区，一般认为该区域为SRK的功能部位。SRK和SLG的相似性达88%～98%（Atareke，1994）。

2000年Schopfer等通过甘蓝SRK和SLG间13 kb区域的测序和表达分析找到了花粉S基因——SCR（Schoprer，1999）。SCR在减数分裂后期花药中大量积累，甘蓝自交亲和突变体中不含SCR，SCR具备了花粉S基因特点。SCR6的转基因植株的花粉表现出S6花粉表型。直接证明了SCR是花粉S基因。不同的SCR具有8个半胱氨酸残基，大小为8.4～8.6 kD的成熟亲水性蛋白，富含半胱氨酸。目前认为，SCR是SI的雄性专一性决定因子。同源性比较表明，等位基因间序列相似性仅为30%～42%，这种高度变异性与SCR在SI中的专一识别作用是一致的。

SLG和SRK在S位点上紧密连锁，与SLG相比，SRK在S位点的连锁更紧密（Masao，2001）。SLG和SRK均在柱头中特异表达，并与柱头表达自交不亲和的时间一致（Cock，2000）。但转基因试验直接证明了SRK参与自交不亲和反应，向芜青分别转入SRK28和SLG28花粉后发现，转入SRK28的植株能够拒绝SRK28花粉，而转入SLG28的植株却没有此功能（Dixit，2000）。油菜自交亲和突变体表达正常水平的SLG，但缺乏SRK产物。这些研究结果证明了SRK直接参加自交不亲和反应。目前认为，SLG由SRK复制演化而来，而且特定S位点上的SRK和SLG可能通过基因转变的方式共同进化。SRK和SLG的蛋白产物可能通过相同的受体或受体活化物相互作用。SLG在花粉和柱头的识别部位——柱头乳突细胞中大量积累，由此认为，SLG可能与花粉和柱头的特异性识别有关，或SLG可能在维持SRK的可溶性和稳定性方面起作用，因为在转基因烟草植株中SLG的表达对于SRK生理活性的表现是必需的，如果没有SLG和SRK的协同表达，SRK就会形成高分子量的聚合物（Takasaki，2000）。有些研究指出，SLG在SRK转录后的正确表达中起作用，因此无法区分是SLG的直接作用还是SRK的间接作用导致雌蕊自交不亲和性（刘后利，1985）。

二、植物的自交亲和基因

许多研究已经证实自交不亲和植物中存在自交亲和基因，如Aziz（1961）报道印度的黄籽沙逊油菜（*B. campestris*）为自交亲和的白菜型油菜类型。Zuberi等在自交不亲和的*B. campestris*材料中也找到了自交亲和材料。戚存寇等在中国的白菜型油菜中找到了自交亲和程度较高的材料。何余堂研究指出，青海白菜型油菜品种“青海大黄”（*B. campestris*）为自交亲和类型。Nasrallah等在*B. oleracea*自交亲和系中发现自交亲和基因S-f1。孙万仓等发现*B. campestris*、*B. nigra*、*Sinapis alba*、芸芥等十字花科自交不亲和植物中均存在自交亲和基因。Tao等（2000）利用S-RNase特异基因PCR技术和基因组DNA杂交技术，在日本的apricot自交亲和系中找到了自交亲和特异基因S^f-RNase。Hosaka等对马铃薯研究指出，自交亲和的杂种F_1-1存在一个显性的S位点抑制基因（Sli）。Chalermpol等（2006）研究也发现，马铃薯的自交亲和性与S位点抑制基因（Sli）密切相关，Sli基因是一个显性基因，其表达可抑制花粉S等位基因的功能，同时将自交不亲和植株转变成自交亲和植株。Watanabe等在yellow sarson自交亲和系C636中，研究发现了3个不同的分泌型糖蛋白基因SLG、SLR1和SLR2，它们均在柱头组织中表达。Atwood等（1942）对White clover（*Trifolium repens* L.）研究发现，真正的自交亲和性是由非常罕见的Sf等位基因引起的。

三、自交亲和性产生的分子机理

自交亲和性产生的分子机理研究发现，自交不亲和植物自交亲和性的产生与自交不亲和基因发生片段缺失有关。何余堂（2004）等对自交不亲和的关中油白菜（*B. campestris*）与自交亲和的青海大黄（*B. campestris*）和黄籽沙逊油菜研究认为，青海大黄与黄籽沙逊油菜的SLG和eSRK编码蛋白发生了部分缺失，认为缺失突变可能是导致二者自交亲和的原因。Nasrallah等发现，在具有S-f1（自交亲和基因）的*B. oleracea*自交亲和系中，SRK发生。Schoper等研究发现，*B. campestris*自交亲和系花粉的自交不亲和功能缺失与SCR/SP11基因缺失有关。Goring等对*B. napus*自交亲和系研究发现，SRK编码S-区域的序列发生了1-kb的缺失，这引起了SRK激酶活性的丧失，由此缺失导致的无末端的蛋白产物也已被检测出来。Kakeda等认为，自交亲和性与S位点连锁，由S位点发生了突变而引起，而且突变所得的自交亲和基因相对于S位点其他功能性等位基因呈上位性。Hauck等认为，自交亲和性是由无功能性的S-RNases和花粉S基因引起的，而且这些基因都来源于自发突变。Watanabe等对*B. campestris* var. yellow sarson C634的F_2群体进行自交亲和性与自交不亲和性性状分离研究时，在柱头表面发现了M基因，其与S位点不连锁，但可修饰S位点的功能。Ono等对yellow sarson的自交亲和系C634的研究发现，自交亲和性也主要靠M基因进行调节。但是，后来也出现了与这一结果不一致的研究事实。

四、自交亲和性与蛋白质表达之间的关系

蛋白质表达研究表明，自交不亲和植物自交亲和性与SLG无关。Goring对*B. oleracea*自交亲和突变体的研究表明，自交亲和突变体的SLG和SRK表达水平很低或者根本检测不到SLG和SRK的表达。Nasrallah对*B. campestris*和*B. oleracea*的研究发现，自交亲和突变体中SLG的转录水平明显降低，Lalonde等在黄籽沙逊油菜自交亲和系C634中也得出了类似的研究结果。Nasrallah等通过鉴别自交亲和的Brassica株系，发现该株系由于SRK结构基因的缺失而不表达SRK转录产物，此结构基因产生无效的等位基因。由SLG启动子控制的反义SLG的转基因植株［*B. campestris*（Syn rapa）］由于SLG和SRK转录的降低而成为自交亲和的。Shiba等在转基因的芸薹属植物中也发现了类似的现象。Watanabe等（1997）在研究自交亲和的黄籽沙逊油菜时，也未能观察到SRK的表达。Fujmoto等对大白菜自交亲和植株S-54的研究表明，自交亲和性是由于SLG基因向SRK转变引起的氨基酸序列的变化造成的，但Garde等报道*B. oleracea*自交亲和系表达高水平的SLG，而自交不亲和系则表达低水平的SLG。甘肃农业大学王保成等在研究自交亲和的芸芥时也发现类似的现象。Nasrallah对*B. oleracea*自交亲和突变体的研究表明，虽然SRK基因不表达，但是SLG基因却正常表达。以上研究说明SLG可能与自交亲和与否无关。Shin等对pear品种的研究发现，相对于自交不亲和系来说，自交亲和系中S4蛋白表达水平明显降低，这一机理类似于S蛋白的低水平表达和自交不亲和系非成熟柱头的弱自交亲和性，且这一蛋白的表达由转录后水平进行调节。

五、芸芥自交亲和基因的表达器官

用不同的锚定引物和10-bp随机引物组合对五叶期、开花前、开花当天、开花后的芸芥叶片进行DDRT-PCR分析，结果在自交亲和系与自交不亲和系间都没有扩增出差异条带（图5-7、图5-8、图5-9）。而对自交亲和系与自交不亲和系开花前、开花后的花药

和柱头也进行DDRT-PCR分析，比较SI和SC开花前与开花后花药和柱头间的差异，扩增结果显示：14个引物组合均可扩增出差异片段。其中一部分差异带只在芸芥SI中扩增出来，而另一部分差异带只是从SC中扩增出来，如图5-10。这表明芸芥自交亲和基因的表达不是组成型表达，而是组织特异性表达。

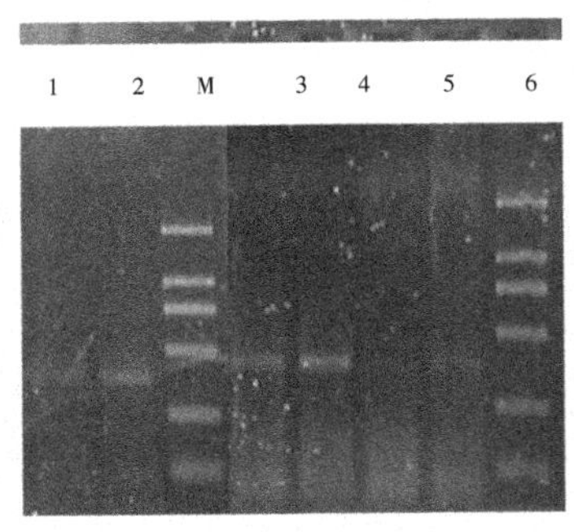

图5-7 锚定引物H-T_{11}A和随机引物②在芸芥五叶期叶片中的扩增图

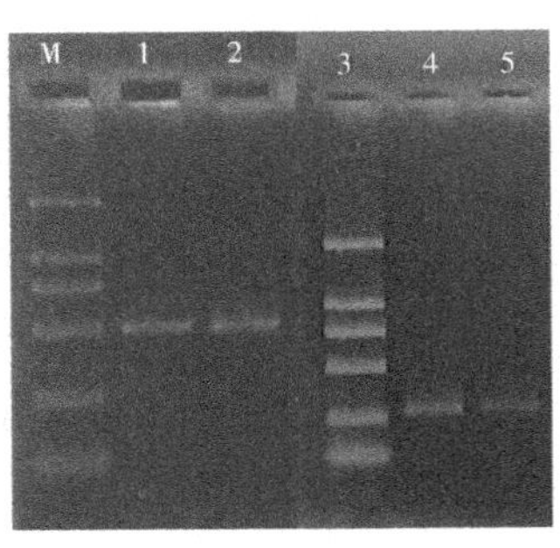

图5-8 锚定引物H-T_{11}A和随机引物⑥、锚定引物H-T_{11}A和随机引物①分别在芸芥开花前和开花当天叶片中的扩增图谱

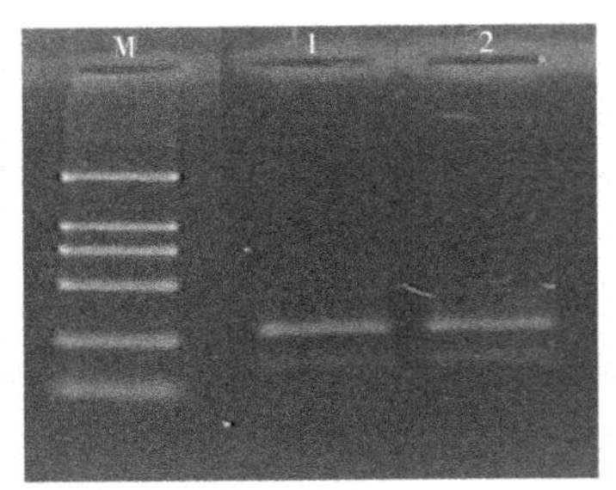

图5-9 锚定引物H-T_{11}C和随机引物③于芸芥开花当天扩增图谱

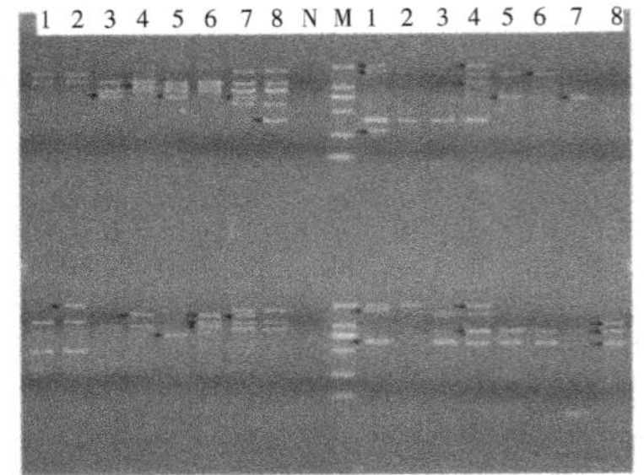

图5-10 芸芥柱头、花药DDRT-PCR扩增电泳图谱

六、芸芥自交亲和相关基因的差异显示及表达①

mRNA差异显示技术是研究细胞或组织在不同状态下基因表达的差异，了解生物体生命活动的调节机制，分离克隆新基因的有效手段，已在植物抗性、杂种优势形成机理和植物发育分化等领域得到广泛的应用。

方彦等（2014）以芸芥花药和柱头为材料，以H-T_{11}C为锚定引物和14条差异显示随机引物组成14对引物组合，分离自交亲和基因。DDRT-PCR差异显示结果表明，共获得11条差异条带。其中在芸芥SI中分离出4个差异表达基因，在SC中分离出7个差异表达基因。与拟南芥的木葡聚糖半乳糖基转移酶相对应的核苷酸序列同源性为91%。为验证SC8基因是在芸芥SC开花后花药中分离出的差异表达基因，其片段大小为687 bp，含有一个长度为519 bp的完整开放阅读框，编码172个氨基酸的蛋白质。SC8与荠菜中假设蛋白同源性为80.0%。该基因在芸芥SC和SI柱头间无差异，但在花药间表达差异显著，其

①编引自方彦，2014，芸芥自交亲和相关基因的差异显示及表达分析，中国油料作物学报。

中在芸芥SC开花后花药中表达量最大，与其他部位相比，差异显著（$P<0.05$），是SI开花后花药中的23.98倍。

SC2是在SC开花前柱头中分离得到的差异表达基因，其片段大小为476 bp，含有一个长度为321 bp的完整开放阅读框，编码106个氨基酸的蛋白质。SC2编码的蛋白与拟南芥木葡聚糖半乳糖基转移酶具有同源性（91%）。植物木葡聚糖半乳糖基转移酶具有组织和器官表达的特异性。Li等（2004）发现，木葡聚糖半乳糖基转移酶在拟南芥的叶、茎、花和根中均表达。巨桉中木葡聚糖半乳糖基转移酶的同源基因EgMUR3主要在其幼苗的延伸秆和幼叶中表达。木葡聚糖半乳糖基转移酶主要参与木葡聚糖的生物合成。相关研究表明，自交不亲和柱头决定因子在开花前表达。SC2是从SC开花前柱头中分离得到的差异表达片段，实时荧光定量分析发现其在SC开花前柱头中表达量最大，说明芸芥木葡聚糖半乳糖基转移酶可能主要通过开花前参与木葡聚糖的生物合成，进而影响了柱头细胞壁在花粉和柱头间的相互作用，参与芸芥亲和性状的调控。

果胶酸裂解酶是一种能降解植物细胞壁，导致植物组织软化的解聚酶。它能够促进花粉管的萌发、伸长，同时降解柱头表面的角质膜，使花粉管顺利到达胚囊。Nasrallah等（1994）指出，当SRK的S结构域和SLG与花粉S基因特异结合，激活SRK，形成一系列信号传导级联反应，导致花粉不能萌发或花粉管生长受阻时，植物表现为自交不亲和。当花粉S基因与雌蕊的S基因不是同一S等位基因时，花粉管正常生长，表现为自交亲和，孢子体自交不亲和反应过程中，由于一系列相关反应导致胼胝质的沉积，从而产生自交不亲和反应。花粉壁发育过程中，花粉母细胞在初生细胞壁和质膜之间会分泌产生较厚的胼胝质层。SC5编码的蛋白与果胶酸裂解酶家族蛋白基因同源性较高，SC5是在芸芥SC开花后花药中分离出的差异表达基因，它可能通过开花后促进花粉管的伸长，同时降解花粉壁胼胝质的沉积，促进花粉从柱头吸水，花粉内壁就会被柱头上的蛋白质溶解，并开始萌发，使花粉管进入柱头，芸芥表现为自交亲和。

SC8编码的蛋白与荠荠菜中假设蛋白具有一定的同源性，功能未知。SC8是在芸芥SC开花后花药中分离出的差异表达基因，实时荧光定量分析发现，该差异基因在芸芥SC开花后花药中表达量最大，初步推测该基因与芸芥自交亲和基因有关。SC3是从芸芥自交亲和系开花前柱头中获得的差异片段，为DnaJ同源基因，是一类重要的分子伴侣，通常参与蛋白质的折叠（重塑）、转运、分泌和目标蛋白的降解等，在植物的生长发育过程中起重要作用。DnaJ同源基因的表达有组织特异性，并受生物发育阶段的调节，在植物的整个生育期中起着重要的调控作用，是一类不可缺少的蛋白。

芸芥自交亲和性可能与分离得到的差异片段具有一定的关系。这些结果为揭示芸芥自交亲和的分子机理提供了一定的数据参考。由于植物的自交不亲和性与自交亲和性是由多个基因的差异表达引起的，这些片段是否真正与芸芥自交亲和基因有关，还需通过转录分析进行验证。下一步工作应利用RACE技术或其他方法获得差异基因全长，通过基因敲除或基因沉默的方法对其进行功能分析。

第六章　芸芥及近缘种组织培养

第一节　芸芥花药愈伤组织的形成①

花药培养由于具有遗传纯合快、选择效率高和遗传特性稳定等优点，在作物遗传育种中得以广泛应用。目前我国已在甘蓝型油菜、萝卜、甘蓝等作物上通过花药培养获得单倍体植株。现有研究发现，在花药培养中愈伤组织的诱导率除受植物基因型影响外，还受培养基、花粉或花药发育时期、高低温预处理、植物激素种类及其配比等诸多因素的影响。笔者（2008）选用自交亲和性高、农艺性状优良的芸芥7-5-1-1为试验材料进行花药培养，发现了影响芸芥花药愈伤组织形成的主要因素，这一研究结果能为以后培育大量花培植株构建DH群体，进行遗传性状、分子标记和基因定位研究以及迅速纯化单倍体等更好地利用该新材料打下基础。

一、激素种类及其配比对芸芥花药愈伤组织形成的影响

不同激素（表6-1）对芸芥花药愈伤组织的诱导效果明显不同，不同浓度的同一种激素对芸芥花药愈伤组织的诱导率也存在差异。由表6-2可知，培养基5对芸芥花药的诱导率最高（48.3%），愈伤组织出现的时间也最短，从接种到培养第18天即可看到在花药的一端产生黄绿色愈伤组织（图6-1a），其生长旺盛。随着诱导时间的延长，愈伤组织表面逐渐出现颗粒状的突起（图6-1b）。方差分析表明，培养基5中芸芥花药的出愈率与其他培养基中芸芥花药的出愈率之间存在极显著差异。说明MS+ 2.0 mg/L 2,4-D + 1.0 mg/L 6-BA +0.5 mg/L NAA培养基最适宜于芸芥花药愈伤组织诱导。在处理3、6、7和8中，芸芥花药出愈率由高到低依次为处理6（37.3%）、处理7（23.3%）、处理8（18.8%）和培养基3（12.6%）。由表6-1可知，在这四种培养基中，培养基6中细胞分裂素6-BA的浓度最高。结果表明，在生长素浓度一定的情况下，随着6-BA浓度的增加，芸芥花药愈伤组织的诱导率也提高。在处理4中，2,4-D浓度较其他培养基中的高，发现芸芥花药出愈率较低，这一结果证明，虽然2,4-D有助于愈伤组织的诱导，但浓度过高，反而会产生抑制作用。本研究还发现，生长较旺盛的芸芥愈伤组织表现出黄绿色，生长较差的愈伤组织绝大多数呈现淡黄色，不同颜色的愈伤组织都属于致密型，表面出现突起。在光照条件下继代培养，由于叶绿素的合成，愈伤组织迅速转绿，体积也迅速

①编引自范惠玲等，2008，诱导芸芥花药愈伤组织形成的因素研究，河西学院学报。

增加（图6-1c）。

表6-1　不同激素种类及其配比设计表

处理	培养基组成
1	MS+1.0 mg/L 2,4-D + 0.5 mg/L 6-BA+0.5 mg/L NAA
2	MS+1.5 mg/L 2,4-D + 0.5 mg/L 6-BA+0.5 mg/L NAA
3	MS+2.0 mg/L 2,4-D + 0.5 mg/L 6-BA+0.5 mg/L NAA
4	MS+2.5 mg/L 2,4-D + 0.5 mg/L 6-BA+0.5 mg/L NAA
5	MS+2.0 mg/L 2,4-D + 1.0 mg/L 6-BA+0.5 mg/L NAA
6	MS+2.0 mg/L 2,4-D + 1.5 mg/L 6-BA+0.5 mg/L NAA
7	MS+2.0 mg/L 2,4-D + 0.5 mg/L 6-BA+1.0 mg/L NAA
8	MS+2.0 mg/L 2,4-D + 0.5 mg/L 6-BA+1.5 mg/L NAA

表6-2　激素种类及其配比对芸芥花药愈伤组织的诱导

处理	接种花药数（枚/瓶）	愈伤组织形成时间(d)	产生愈伤组织数目(块/瓶)	诱导率（%）	愈伤组织生长状况
5	149	18	72	48.3 aA	致密，黄绿色，表面突起较多，生长旺盛
6	150	18	56	37.3 bB	致密，黄绿色，表面突起较多，生长旺盛
7	150	22	35	23.3 cC	致密，黄绿色，表面突起较多，生长一般
8	144	25	27	18.8 dD	致密，淡黄色，表面突起较多，生长一般
3	143	25	18	12.6 eE	致密，淡黄色，表面突起较多，生长较差
4	135	32	13	9.6 fF	致密，淡黄色，表面突起较多，生长较差
2	141	32	13	9.2 fF	致密，淡黄色，表面突起较多，生长较差
1	154	35	9	5.8 gG	致密，淡黄色，表面突起较多，生长较差

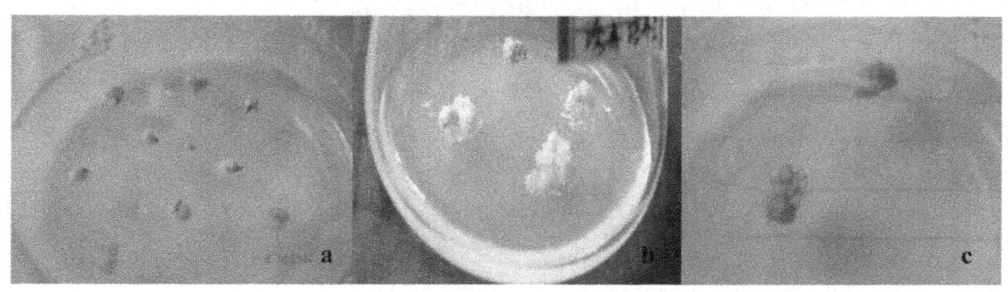

a.花药一端长出的愈上组织　b.生长旺盛、黄绿色的花药愈伤组织　c.光照下颜色转绿的花药愈伤组织

图6-1　芸芥花药愈伤组织

二、低温预处理时间对芸芥花药愈伤组织诱导的影响

采集芸芥同一植株上的花蕾，进行4 ℃的低温预处理，预处理时间如表6-3所示，接种所用的培养基为MS+2.0 mg/L 2,4-D +1.0 mg/L 6-BA +0.5 mg/L NAA。研究结果表明，不同时间4 ℃低温预处理，对芸芥花药愈伤组织的诱导率影响较大。采用短时期的低温预处理可较对照（当天采集而未经低温预处理的花药）明显提高出愈率，但当处理时间延长到4 d以上时，花药出愈率明显下降，与对照之间的差异达到极显著差异。在培养前，进行低温预处理通常能提高花药培养的成功率，而且低温预处理也能够延缓药壁组织的衰老和降低花粉的死亡率。笔者发现，芸芥花药在培养前最佳的低温预处理时间为2 d。王定康等以三七为试材研究发现，7～8 ℃低温处理6～8 d和3～4 ℃低温处理4～6 d，这两种处理都能产生较好的诱导效果。本研究结果与此不一致，原因之一可能与采用的植物材料有关，其他原因还有待进一步研究。

表6-3　低温预处理时间对芸芥花药愈伤组织的诱导

处理	温度(℃)	低温预处理时间(d)	接种总花药数(枚)	诱导率(%)
A_2	4	2	44	46.20 aA
A_1	4	1	38	37.15 bB
A_3	4	3	40	29.79 cC
CK	—	—	68	19.15 dD
A_4	4	4	33	3.09 eE
A_5	4	5	45	2.21 fE
A_6	4	6	47	1.21 gF
A_7	4	7	61	1.04 gF

三、不同发育时期对芸芥花药愈伤组织诱导的影响

以当天采集的不同发育时期的新鲜花药作为接种外植体，接种所用的培养基为MS+2.0 mg/L 2,4-D +1.0 mg/L 6-BA +0.5 mg/L NAA，研究结果如表6-4所示。处于不同发育期的花药其外观表现明显不同，如花蕾长度、花蕾和花药的颜色等，愈伤组织诱导率也明显不同，单核期花药诱导出的愈伤组织最多，诱导率也最高（47.64%）；单核前期的花药次之（10.71%）；而双核期花药仅诱导出1枚愈伤组织。由此可知，并不是任何发育时期的花药，都可以在离体培养时接受诱导产生愈伤组织，只有那些发育到特定时期的花药，对离体刺激才最敏感。本研究认为，在芸芥花药培养中，单核期的花药用于诱导愈伤组织是最适宜的。孟志卿和王定康等的研究也发现，选择单核期花药愈伤组织诱导率较高。

表6-4　花粉不同发育时期对芸芥花药愈伤组织的诱导

处理	花粉发育时期	花蕾长度(mm)	花蕾和花药颜色	接种花药数(枚)	出愈数(枚)	诱导率(%)
C_2	单核期	3～5	花蕾、花药深绿色	84	40	47.64 aA
C_1	单核前期	6～7	花蕾绿色，花药黄色	84	9	10.71 bB
C_3	双核期	9	花蕾黄绿色，花药鲜黄色	84	1	1.19 cC

四、温度和光照条件对芸芥愈伤组织诱导的影响

由表6-5、表6-6可知，在处理B_4中，只对花药进行了低温预处理，诱导率为41.11%；在处理B_2中，只对花药进行了初期暗培养，诱导率为17.29%；在处理B_3中，只对花药进行了高温预培养，诱导率为2.63%，较前两者明显降低；在处理B_1中，同时对花药进行低温预处理、高温预培养和初期暗培养，结果愈伤组织诱导率最低，仅为2.15%。由此可见，经过低温预处理、高温预培养、初期暗培养都能显著降低芸芥花药愈伤组织诱导率。因此，在花药培养初期，进行高温预培养或初期暗培养并不是提高芸芥花药出愈率的有效措施。

表6-5　不同温度和光照条件设计

处理	处理名称	方法
1	低温预处理	离体培养前对花蕾进行4 ℃低温预处理3 d
2	高温预培养	接种后的花药在30 ℃高温预培养3 d
3	初期暗培养	接种后的花药在30 ℃暗培养3 d
4	低温预处理+高温预培养+初期暗培养	离体培养前对花蕾进行4 ℃低温预处理3 d，接种后的花药在黑暗30 ℃高温条件下培养3 d

表6-6　温度和光照条件对芸芥愈伤组织的诱导

处理	低温预处理	高温预培养	初期暗培养	接种花药总数(枚)	诱导率(%)
CK	-	-	-	72	48.30 aA
B_4	+	-	-	60	41.11 bB
B_2	-	-	+	50	17.29 cC
B_3	-	+	-	38	2.63 dD
B_1	+	+	+	37	2.15 dD

注："+"表示经过处理；"-"表示未经过处理。

五、讨论和结论

激素对大多数植物花药的离体培养起关键性作用，愈伤组织的诱导不仅与激素的种

类有关，而且还与不同激素的浓度配比有关。笔者等的研究发现，芸芥花药愈伤组织诱导的适宜培养基为MS+2.0 mg/L 2,4-D +1.0 mg/L 6-BA +0.5 mg/L NAA，愈伤组织产生所需时间较短，且生长旺盛，属淡黄色致密型愈伤组织。花药发育时期、低温预处理时间都对芸芥花药的出愈率产生重要的影响：单核期是诱导愈伤组织的最适宜时期，4 ℃低温预处理2 d为最佳处理时间。庄飞云等人以胡萝卜70Q67为试材，经过4 ℃低温预处理2 d后，出愈率可达到11.25%。宋明等的研究表明，短期热激处理能显著提高观赏茄花药愈伤组织的诱导率。本研究结果发现，高温预培养或初期暗培养并不能提高芸芥花药的出愈率，具体原因尚待进一步研究。

第二节　白芥离体快繁技术体系的建立①

白芥属于十字花科白芥属春性油料作物，是芸芥的近缘植物，也是一种常用的药用植物。白芥和油菜之间的关系非常相近，具有很多优良的农艺性状，如黄籽和抗裂荚等，而且对十字花科植物的多种病虫害如病毒病、黑胫病、黑斑病和枯萎病等均有极高的抗性，是十字花科植物育种的优良种质资源。白芥子具有温肺祛痰利气、散结通络之功效，主治寒痰喘咳、胸闷胀痛、关节麻木、痰湿流注、阴疽肿痛等症。在临床上用于治疗慢性气管炎、渗出性胸膜炎、闭塞性脉管炎等呼吸道疾病，还可治疗痛痹症、寒痹症、高血压 、淋巴结结核病、老年前列腺增生等疾病。白芥主要通过种子实生繁殖，生长周期长，繁殖速度较慢，且对农艺性状和品质优良的老化种子来说，生活力、发芽率都很低，甚至用常规种子萌发技术均得不到成活幼苗或植株。利用组织培养技术，不仅提高了白芥的成活率，缩短了生育周期，而且可保留原有材料的优良性状，将优良单株快速繁殖成无性系，可在生产中推广应用。笔者等以白芥2号为材料，研究探讨了老化、低生活力白芥种子的发芽技术，白芥离体快繁过程中影响芽分化、增殖，壮苗和生根的主要因素，以期为白芥种苗的组培快繁体系提供科学依据，从而为大量扩繁和选育优良品种奠定基础。

一、不同萌发技术对老化白芥种子萌发的影响

分别采用水培法、沙培法、土培法三种方法对老化的白芥2号种子进行发芽处理。结果3种方法所得的幼苗仅有子叶没有胚根，即只获得无根苗，分别继续培养至15 d左右时，子叶一端仍没有长出胚根，子叶开始黄化，干枯（图6-2a）。老化的白芥种子接种在MS固体培养基上进行发芽处理，3 d左右长出了子叶，但没有胚根，继续培养至7 d左右时，不但长出了胚根，而且其上还长出了数条白色的细根，获得了有主根的幼苗（图6-2b）。继续培养两周后形成4 cm高的无菌幼苗（图6-2c），且幼苗生长旺盛，叶色浓绿。

①编引自范惠玲等，2012，白芥离体快繁体系的建立，甘肃农业大学学报。

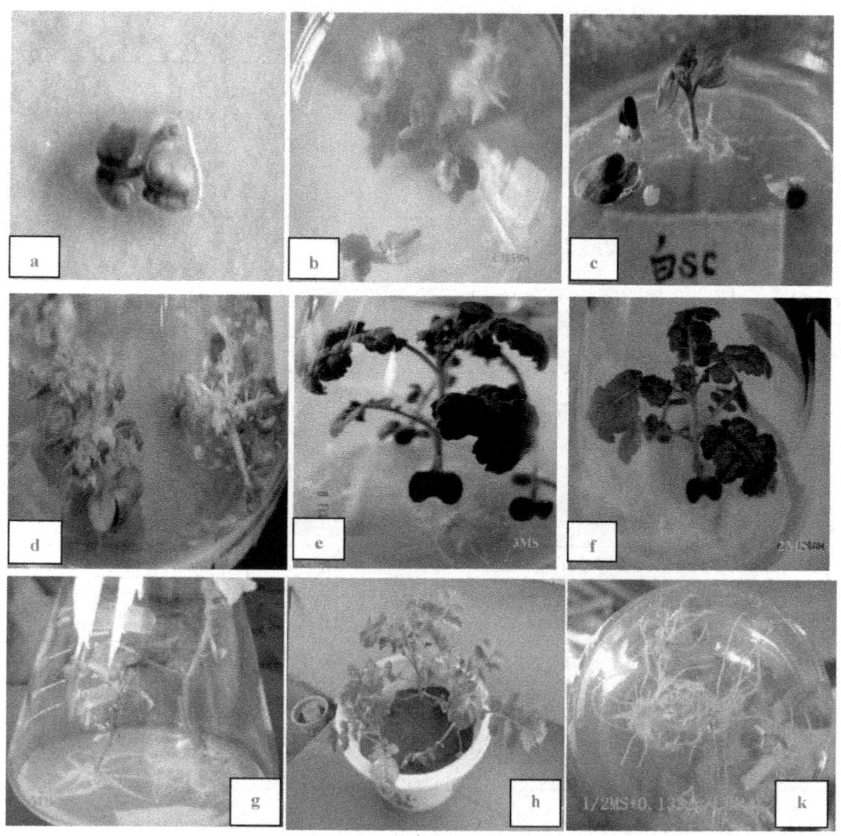

a.无根苗；b.无根苗生根；c.无菌苗；d.不定芽增殖；e、f、g.壮苗培养；h.试管苗移栽；k.芽苗生根

图6-2　白芥组织培养过程

二、不同激素及其配比对白芥不定芽增殖的影响效果

从无菌幼苗上剪取茎段为外植体，接种在不同的芽增殖培养基上（表6-7），进行继代培养，结果表明：不同种类的激素以及同一激素不同浓度对诱导白芥不定芽增殖具有不同的效果，且存在明显差异（如表6-8）。培养基2（MS+1 mg/L 6-BA+1 mg/LKT）诱导不定芽增殖的效果最好，侧芽及不定芽生长迅速且旺盛，2周后不定芽平均增殖到10个左右，与其他处理间存在极显著差异；培养基5（MS+2 mg/L 6-BA）中不定芽增殖效果次之，不定芽平均增殖7.7个，侧芽及不定芽苗表现较好；培养基4（MS+1.5 mg/L 6-BA+0.5 mg/L KT）中，细胞分裂素的总浓度也达到2 mg/L，但不定芽诱导效果较前两者差。6-BA与KT配比后的混合激素较单一激素的芽诱导效果好。本研究还表明，细胞分裂素的浓度高达2.5 mg/L时，不定芽的平均诱导数量有下降的趋势，说明高浓度的细胞分裂素对芽的诱导产生一定的抑制作用。因此，确定诱导白芥芽增殖的最佳培养基为MS+1 mg/L 6-BA+1 mg/L KT。

表6-7　不同用途培养基组成成分

培养基	芽增殖培养基						壮苗培养基			生根培养基			
基本培养基	MS						3MS	2MS	MS	1/2 MS			
	1	2	3	4	5	6	1	2	3	1	2	3	4
6-BA(mg/L)	0.5	1.0	1.0	1.5	2.0	2.5							
KT(mg/L)	1.0	1.0	0.5	0.5									
NAA(mg/L)										0.266	0.133	0.067	0.00

表6-8　不同激素及其配比对白芥不定芽增殖的诱导效果

培养基编号	接种不定芽数(个/瓶)	3周后不定芽平均数量(个/株)	差异显著性		不定芽的生长情况
			5%	1%	
2	2	10.1	a	A	不定芽生长迅速,且粗壮
5	2	7.7	b	B	不定芽表现较好
4	2	5.4	c	C	不定芽表现较好,但生长速度迟缓
6	2	5.1	d	C	侧芽较短、长势弱
1	2	3.2	e	D	不定芽长势较差
3	2	3.1	e	D	不定芽长势较差

三、不同大量元素含量对白芥组培苗壮苗培养的影响

将增殖获得的白芥不定芽与侧芽分别进行分割，接种到壮苗培养基上，经过21 d的继代培养，3MS培养基和2MS培养基中的植株茎秆粗壮，叶色浓绿，而MS培养基中的植株细弱，叶色浅绿。3MS较2MS培养基壮苗效果更显著，植株生长旺盛（图6-2e、f、g）。可见，最佳的白芥试管苗壮苗培养基为3MS。

四、不同浓度生长素对白芥试管苗生根的诱导效果

以白芥茎尖和茎段为外植体，接种在NAA浓度水平不同的1/2MS生根培养基上，培养至15 d左右时观察并统计试管苗的生根情况。结果（如表6-9）发现，在生根培养基1（1/2MS+0.266 mg/L NAA）中，主根发达，脆，粗短，根的平均数量多达15.7条左右，侧根也较多，但由于根系生长太旺盛，根冠比过高，极大地影响了茎叶的正常生长，明显地表现出植株长势缓慢，叶片由深绿色逐渐转为浅绿色；在生根培养基2（1/2MS+0.133 mg/L NAA）中，根粗细均匀且有韧性，平均达7.7条，数量适中，植株生长旺盛，叶片嫩绿（图6-2k），与其他两个处理间差异达极显著；生根培养基3和4中，不定根平均数量少，根的长势差，随着生根时间的延长，苗逐渐黄化。因而，最适宜的生根培养基为1/2MS+0.133 mg/L NAA。

表6-9　不同浓度对白芥试管苗不定根诱导的影响

编号	根的平均数量（条/个）	差异显著性		根的生长发育状况
		5%	1%	
1	15.7	a	A	根白色或淡黄色、脆，大部分为锥形根，主根发达，侧根较多，植株长势缓慢，叶片淡黄
2	7.7	b	B	根白色、有韧性，长短均匀，主根较多、细长，有侧根，植株生长旺盛，叶片嫩绿
3	2.0	c	C	根白色，长短不均匀，植株生长较差
4	0.7	c	C	仅极少数幼苗长出不定根，且较短

五、试管苗的驯化与移栽

待试管苗根长至大约2 cm时，从三角瓶中取出试管苗，洗掉根部黏附的培养基，在1 g/L的多菌灵溶液中浸泡10 min。营养钵装壤土+腐殖质+细沙（2∶1∶1）基质，浇透水后进行移栽，然后立即扣塑料杯保湿，放在单层遮阳网下生长。移栽3周后，组培苗开始长出新叶，并有新根产生，这时便可以在自然条件下正常管理。30 d后统计移栽成活率高达80%（图6-2h）。

六、讨论

白芥2号种子体积小，所含营养物质较少，在室温下储存，由于呼吸作用旺盛，养分消耗较多，再加上储存时间长达10年，种子的活力大幅度下降。采用水培法、沙培法、土培法进行发芽处理均不能生根，随着培养时间的延长，子叶干枯而不能长成完整幼苗。而用MS培养基进行发芽处理，先后长出了子叶和胚根，最终生长发育成完整的无菌幼苗，就其原因可能有两个方面：一是由于培养基中富含不同种类的金属元素和不同种类的盐类化合物，它们有助于提高淀粉酶、氧化酶、过氧化物酶和同工酶等酶的活性，使种子中的不溶或难溶性大分子物质转化成可溶性小分子物质，不仅提高了线粒体的呼吸速率和氧化磷酸化效率，也提高了电子传递速率，呼吸强度增加了，这为种子发芽提供了充足的能量。同时，这些小分子物质也可用于胚部的形态建成。二是MS培养基可以向老化种子的种胚提供的糖类、蛋白等大分子营养物质和小分子物质，从而促进胚根的形态建成，而用其他3种方法培养时，所用培养基质（如蒸馏水、细沙和土壤）却不能提供这一特殊功能。

不同激素及其配比对诱导白芥不定芽增殖具有不同的效果。低浓度的6-BA与KT配比后的混合激素较高浓度的单一激素的芽诱导效果好；高浓度的细胞分裂素，如6-BA浓度达到2.5 mg/L时对芽的诱导产生一定的抑制作用。通过本研究确定出诱导白芥芽增殖的最佳培养基为MS+1 mg/L 6-BA+1 mg/L KT。

培养基中大量元素的含量不同，壮苗的效果明显不同。本研究发现白芥的最佳壮苗培养基为3MS。低浓度的大量元素及适宜浓度的生长素（NAA）有促进细胞生根的作用，而高浓度的生长素抑制芽的生长。当1/2MS培养基中NAA的浓度高达0.266 mg/L

时，植株长势缓慢，确定最适宜的白芥试管苗生根培养基为1/2MS+0.133 mg/L NAA，每单株可达7条根。

第三节　白菜型油菜×白芥属间远缘杂交亲和性及杂交一代幼苗挽救技术①

远缘杂交是实现种（属）间基因转移的一条重要途径，在植物遗传育种中应用广泛。通过白菜型油菜与白芥属间远缘杂交可将白芥的优良基因导入栽培白菜型油菜中，并产生一些新性状，从而创造出有用的种质资源材料，对研究油菜及其近缘植物高产优质育种具有十分重要的意义。

从20世纪70年代末至今，国内外学者对芸薹属及其近缘植物的远缘杂交亲和性问题进行了研究，发现属间杂交亲和性普遍较低。同时，对杂种离体培养进行了广泛研究，以期创造优异的种质资源材料和作物品种，研究获得了各种属间或种间杂种材料，如白芥×白菜的杂交种、白芥×甘蓝型油菜属间杂种、芥菜型油菜×白菜型油菜种间杂交种等。据报道，国内外已对十字花科近30个属间和种间杂交组合的授粉子房或胚相继培养成功，并获得远缘杂交种。为了将白芥优良抗性基因导入白菜型油菜，在油菜遗传育种上实现有利性状的可持续利用，如何提高二者属间杂交亲和性，培养生根优良的杂交组培苗，保障移栽成活率并苗壮成长，搞清最佳生根和壮苗培养技术是关键。

笔者等于2014年以白菜型油菜为母本，白芥为父本进行杂交，统计分析杂交子房脱落率和杂交亲和指数，对比分析不同比例基本培养基、添加不同种类及浓度的生长素或细胞分裂素对诱导生根和壮苗培养的影响，以探明白菜型油菜与白芥属间杂交亲和性，建立白菜型油菜与白芥属间杂交后代壮苗及生根技术，为两属间有益基因转移提供理论依据和实际应用技术，同时为油菜及近缘植物高产优质育种提供优良的种质资源。

一、白菜型油菜与白芥属间杂交亲和性

由表6-10可知，杂交后的第1～7天，子房没有脱落，第8～14天，子房开始大量脱落。在所有杂交组合中，白菜型油菜×白芥14中，子房脱落率最低，仅6.85%，比平均数（12.43%）降低了5.58 %；白菜型油菜×白芥16中，杂交子房脱落率为12.41%，而白菜型油菜×白芥15中，杂交子房脱落率最高（18.04%），比平均数（12.43%）高了5.61%。由此说明，属间杂交组合不同，子房脱落率亦不同。就杂交结实率而言，白菜型油菜×白芥15的组合中结籽数最多，平均为7.3粒/角，比平均值（5粒/角）多了2.3粒/角；白菜型油菜×白芥16组合中，结籽数次之，为4.7粒/角，而白菜型油菜×白芥14组合中，结籽数最低，仅3粒/角，比平均结籽数少了2粒/角。由此可知，在白菜型油菜×白芥的属间杂交中，不同父本对杂交亲和性的高低产生了一定的影响作用。

①编引自范惠玲等，2015，白菜型油菜×白芥属间远缘杂交亲和性及杂交一代幼苗挽救技术的研究，甘肃农业大学学报。

在所有杂交组合中，只有白菜型油菜21×白芥15组合中，杂交亲和指数大于1，其他组合的杂交亲和指数均小于1。白菜型油菜21与白芥不同品系构成的组合中，结籽数都较高。由此说明，不同母本对杂交亲和性的高低也会产生明显的影响。综上，白菜型油菜与白芥属间杂交存在不亲和性，且受父、母本基因型的影响。

表6-10　白菜型油菜×白芥远缘杂交组合及杂交结果

杂交组合	平均杂交花蕾数（个）	子房脱落率（%）			结籽数（粒/角）	杂交亲和指数
		第7天	第14天	第21天		
白菜型油菜17×白芥14	10	5.00	5.00	15.00	0	0.00
白菜型油菜20×白芥14	12	0	0	0	2	0.17
白菜型油菜21×白芥14	9.5	0	4.54	5.54	7	0.74
平均	10.5	1.67	3.81	6.85	3	0.30
白菜型油菜17×白芥15	11	21.82	30.95	30.95	1	0.09
白菜型油菜20×白芥15	10.5	0	9.09	18.18	0.5	0.05
白菜型油菜21×白芥15	10	0	5	5	20.5	2.05
平均	10.5	7.27	15.01	18.04	7.3	0.73
白菜型油菜17×白芥16	9	16.66	22.22	22.22	4	0.44
白菜型油菜20×白芥16	10	0	0	0	3.5	0.35
白菜型油菜21×白芥16	10.5	0	15	15	6.5	0.62
平均	9.83	5.55	12.41	12.41	4.7	0.47
总和	92.5	43.48	91.98	111.89	45	4.51
总平均值	10.28	4.83	10.20	12.43	5	0.50

二、白菜型油菜与白芥属间杂交后代无胚根幼苗挽救

笔者等的研究结果表明，大部分杂交种子在滤纸床上萌发，能长出子叶和胚轴，胚轴长度为3～5 mm的种胚苗约占76%（图6-3a），13～15 mm的约占10%，其余14%仅有子叶（图6-3b）。可见，属间杂交种子发芽不正常，只能得到缺少胚根的种胚苗。

属间杂交种子萌发得到的无根苗在1/2MS培养基上培养时，无根苗基部很快形成愈伤组织，培养1周后陆续长出胚根，即愈伤组织生根型（图6-3c），继续培养时无根苗逐渐生长发育成完整的小植株，但是长势较弱（图6-3d）。

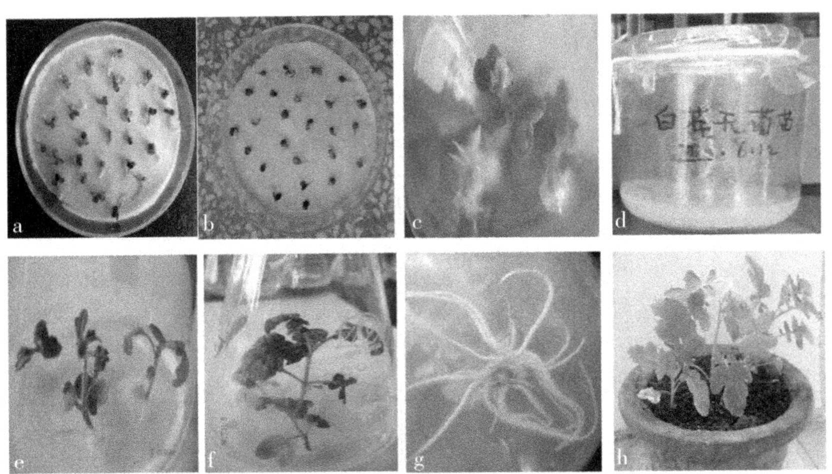

a、b. 无胚根幼苗；c. 无根苗长出胚根；d. 1/2MS培养基上的弱苗；e、f. 2MS+1.5 mg/L 6-BA+0.5 mg/L NAA上的健壮苗；g. 培养基1/2MS+0.3 mg/L IBA上的健壮根；h. 移栽到盆钵的杂交植株

图6-3　白菜型油菜与白芥属间杂交后代组织培养过程

三、白菜型油菜与白芥属间杂交后代壮苗培养

试管苗在2MS培养基上生长时表现较好，幼苗粗壮（图6-3e、f），3MS培养基上生长的幼苗表现次之，而MS培养基上的幼苗长势很弱，叶色淡绿，说明培养基中大量元素含量对杂交幼苗健壮生长有促进作用，但当其含量超过一定量时，则对幼苗的生长产生抑制作用。表6-11、表6-12表明，细胞分裂素6-BA和KT诱导幼苗变粗的效果都比PBA好，但三种细胞分裂素对诱导幼苗茎段变粗的效果未达到显著差异水平（F=1.84），因此批量培养组培苗时，从成本上考虑，建议采用6-BA，既经济又可靠；3种细胞分裂素浓度对壮苗培养的影响效果明显不同，培养基中添加1.5 mg/L的细胞分裂素，幼苗长势最佳，茎最粗，其次为1 mg/L细胞分裂素，而添加2 mg/L细胞分裂素时，幼苗长势较差。这说明，只有在一定范围内增加细胞分裂素的浓度，试管苗茎粗的增加幅度才会更加明显。

通过极差比较，得到B>A>C，即3种考察因素对壮苗培养的影响顺序为：基本培养基种类>激素种类>激素浓度。直观分析表明，壮苗培养的最佳条件为A2B2C2，即细胞分裂素为6-BA，基本培养基为2MS，细胞分裂素浓度为1.5 mg/L，在此基础上附加0.5 mg/L NAA，即培养基2MS+1.5 mg/L 6-BA+0.5 mg/L NAA是白菜型油菜与白芥属间杂交后代试管苗壮苗培养的最适宜培养基的组成。

表6-11　壮苗培养正交试验因素水平

水平	细胞分裂素种类	基本培养基种类	细胞分裂素浓度(mg/L)
1	PBA	MS	1
2	6-BA	2MS	1.5
3	KT	3MS	2

表6-12　壮苗培养优化培养基组成$L_9(3^4)$的正交试验设计及结果

序号	细胞分裂素A	基本培养基B	细胞分裂素浓度C(mg/L)	NAA浓度(mg/L)	茎粗(mm)
1	1	1	1	0.5	0.92
2	1	2	2	0.5	2.43
3	1	3	3	0.5	1.35
4	2	1	2	0.5	2.27
5	2	2	3	0.5	2.01
6	2	3	1	0.5	2.15
7	3	1	3	0.5	1.54
8	3	2	1	0.5	2.41
9	3	3	2	0.5	1.73
k_1	1.57	1.58	1.83		
k_2	2.14	2.28	2.14		
k_3	1.89	1.74	1.63		
R	0.57	0.70	0.51		
优方案	A2	B2	C2		

注：k代表平均数，R代表极差。

四、白菜型油菜与白芥属间杂交后代生根培养

对生根数和根长两个指标来说，基本培养基的极差都不是最大的，也就是说，基本培养基不是影响最大的因素，而是次要因素。对生根数来讲，基本培养基取D2最好，D3次之。对根长来讲，基本培养基取D1最好，D3次之。两个指标综合考虑，基本培养基取D3水平为好（表6-13、表6-14）；对生根量来讲，生长素种类取E1最好，E2次之。对根长来讲，生长素种类取E3最好，E1次之。两个指标综合考虑，生长素种类取E1水平为好；对生根数和根长来讲，生长素浓度的极差都是最大的，即生长素浓度是影响最大的因素。若仅考虑生根数，生长素种类取F2最好，F3次之。仅对根长来讲，生长素种类取F3最好，F1次之。两个指标综合考虑，生长素种类取F3水平为好。

通过各因素对不同指标影响的综合分析，得出最好的组合是D3E1F3，即培养基种类选取1/2MS，生长素种类选取IBA，生长素浓度选取0.5 mg/L。最终在优化培养基中，进行了白菜型油菜与白芥远缘杂交后代试管苗诱导生根培养。结果发现，根诱导效果好，平均生根数达16.8条，根长介于1.03～4.67 cm之间，幼苗生长旺盛。可见，1/2MS+0.3 mg/L IBA是白菜型油菜与白芥远缘杂交后代试管苗生根培养的最适宜培养基组合（图6-3g）。

表6-13　生根诱导正交试验因素水平

水平	基本培养基种类	生长素种类	生长素浓度(mg/L)
1	1/4MS	IBA	0.1
2	MS	NAA	0.2
3	1/2MS	IAA	0.3

表6-14　生根培养优化培养基组成$L_9(3^4)$的正交试验结果

序号		基本培养基种类D	生长素种类E	生长素浓(mg/L) F	根数(条)	根长(cm)
1		1	1	1	4.4(2.5～5.8)	0.61(0.35～0.79)
2		1	2	2	9.0(8.7～9.6)	4.02(3.50～4.06)
3		1	3	3	2.0(1.8～2.2)	9.13(8.22～9.25)
4		2	1	2	15.4(10.3～18.2)	4.67(3.20～6.13)
5		2	2	3	10.2(9.5～10.5)	2.44(2.06～2.94)
6		2	3	1	4.9(4.5～5.7)	1.03(0.84～2.10)
7		3	1	3	3.9(3.1～5.2)	7.06(6.45～7.50)
8		3	2	1	5.1(4.8～5.4)	1.84(0.95～2.24)
9		3	3	2	11.0(9.4～12.1)	3.91(3.56～4.11)
根数	k_1	5.13	8.57	4.80		
	k_2	10.83	8.10	12.46		
	k_3	6.67	5.96	5.37		
R		5.7	2.61	7.66		
优方案		D2	E1	F2		
根长	k_1	4.59	4.11	4.2		
	k_2	2.71	2.77	1.16		
	k_3	4.27	4.69	6.21		
R		1.68	1.92	5.05		
优方案		D1	E3	F3		

注：k代表平均数，R代表极差。

五、白菜型油菜与白芥属间杂交后代试管苗的驯化与移栽

在两种基质中，以草炭土+蛭石+灌漠土（1∶2∶1）成活率较高（90%）（图6-3h），腐殖质+蛭石（1∶2）成活率较低（65%）。

六、讨论和结论

（一）白菜型油菜×白芥属间杂交表现不亲和性

宋小玲等（2003）在白菜型油菜×野芥菜的远缘杂交中发现，杂交亲和指数为0.16，

杂交后代表现出了较弱的亲和性；何丽等（2013）关于白菜型油菜×芥菜型油菜种间杂交结果表明，杂交亲和指数仅为0.037，杂交后代表现出了及弱的亲和性。笔者的研究结果表明，白菜型油菜×白芥杂交时，杂交亲和指数为0.5，杂交后代也表现不亲和性。这些结果表明，以白菜型油菜为母本，以不同类型的其他油菜或油菜的近缘植物为父本进行的远缘杂交中，后代都表现杂交不亲和性。

油菜远缘杂交亲和性的大小受环境因素的影响，长日照、高温等对受精有促进作用，故本杂交试验授粉一般选在有阳光且温度较高的时段进行。亲本的基因型也影响着杂交亲和性的大小，如本试验中远缘杂交选择的母本不同时杂交所得的结果不同。因此，今后在育种实践中选择恰当亲本，将会获得更多的白菜型油菜与白芥的杂种种质，扩大白菜型油菜的遗传基础，为油菜的良种繁育提供丰富的育种材料。

有研究认为，杂交不亲和与自交不亲和在生理上可能有相似之处，将自交不亲和的研究成果引入杂交育种工作中，将对油菜远缘杂交育种工作起一些指导作用，如本研究中白菜型油菜品系21属于高度自交不亲和材料。

（二）利用试管生根技术可挽救白菜型油菜与白芥远缘杂交无胚根幼苗

笔者发现，白菜型油菜与白芥远缘杂交种子在滤纸床上萌发时都未能长出胚根，即只得到了不健全的无根苗。这是由于对远缘杂交种而言，虽然通过一些措施克服了不亲和性而产生受精卵，但由于这种受精卵与胚乳的生理机能不协调，不能发育成健全的种子，有时种子健全但发芽后不能长成正常植株。

白菜型油菜与白芥属间杂交后代的无根苗在1/2MS培养基上进行挽救培养时，最终能发育生长成完整的小植株。就其原因可能有两个方面：一是由于培养基中富含不同种类的金属元素和不同种类的有机化合物，它们有助于提高淀粉酶和过氧化物酶等酶的活性，使种子中的不溶或难溶性大分子物质转化成可溶性小分子物质，不仅提高了线粒体的呼吸速率和氧化磷酸化效率，也提高了呼吸强度，这为种子发芽提供了充足的能量；二是由于1/2MS培养基可以向种胚提供所缺少的糖类、蛋白质等营养物质，从而促进胚根的形态建成。

（三）建立了一种适宜于白菜型油菜与白芥远缘杂交一代生根和壮苗的技术

金顺福等（1995）的研究结果表明，MS培养基中大量元素加倍可使试管苗生长茁壮，叶色浓绿。而黄萍等认为，MS与1/2MS培养基培养的试管苗生长差异并不显著。因此本试验选择大量元素作为其中的一个影响因子进行研究，以便阐明在试管苗壮苗培养中大量元素的最适用量。结果表明，基本培养基种类是影响白菜型油菜与白芥试管苗壮苗培养效果的最主要因素，这与赵光磊等的研究结果一致。

6-BA是组织培养中常见的细胞分裂素，可促进细胞分裂和扩大，同时能使茎增粗。笔者研究发现，6-BA能使属间杂交试管苗的茎明显变粗。在基本培养基中添加IBA能促进试管苗的生根发育。饶雪梅等研究发现，1/2MS培养基中添加0.1 mg/L IBA对铁皮石斛试管苗的生根效果良好。而本研究确定出白菜型油菜与白芥远缘杂交一代试管苗的最佳生根培养基为基本培养基中添加0.3 mg/L IBA，这可能与植物种类不同有关。

第七章　芸芥的细胞学和分子生物学

第一节　芸芥RNA提取

提取高质量的RNA是进行Northern分析、mRNA差异显示分析、cDNA文库的构建及体外翻译等分子生物学研究的必要前提，是研究基因表达的重要环节。植物组织RNA的提取较动物和微生物困难，原因是植物细胞具有坚硬的细胞壁，同时富含多种次生代谢物，如多糖、多酚、单宁等物质。在细胞破碎后，这些物质将以不同的方式干扰RNA的提取，严重影响所提取RNA的质量和产量，如酚类物质氧化后可使RNA活性丧失，多糖可形成难溶胶状物与RNA一起沉淀等。同时柱头量少，取材困难，如何从柱头组织中获得足够量且纯度高的RNA是进行柱头组织RNA分析的前提。笔者以芸芥叶片和柱头组织为试材，对两种RNA提取方法进行了比较研究，以提出一种有效的芸芥不同组织RNA提取方法。

一、材料种植及取样

将芸芥自交亲和突变体ESC及其自交不亲和近等基因系ESI的种子摆放在带滤纸的培养皿中，浇适量的水，让其发芽并长出胚根；将培养皿中长出胚根的嫩芽小心移入装有蛭石的纸杯中，每个纸杯中移2～3个嫩芽，至长出4～5片真叶；将已经长出4～5片真叶的幼苗移栽到大田，以充分吸收光、热、水分和肥料等；开花前去雄并套袋处理；采样用的解剖刀、镊子和装样品的小管提前放在0.1%的DEPC的处理水中浸泡24 h，进行高压灭菌后才能使用，以防降解RNA。分别于五叶期、十叶期、开花前、开花当天和开花后不同生长期剪取芸芥叶片约3 g。从开花前4 d开始一直至开花后3 d（分开花前、开花当天和开花后3个不同时期）的不同生长期内，每次分别取若干克雌蕊。在无RNase的环境下于冰上切取柱头的上半部，液氮速冻后于-77 ℃保存，用于总RNA的提取。

二、用改进异硫氰酸胍法提取芸芥总RNA

参照王平等的提取方法，并对常规异硫氰酸胍法做了适当改进后提取芸芥柱头总RNA。

称0.3 g材料于用液氮冷却的研钵中，用液氮速冻后迅速充分研磨，然后转移至2 mL的离心管中，加入异硫氰酸胍溶液800 μL，将研磨成粉末状的样品完全覆盖，盖紧管盖，上下颠倒，以充分裂解。冰上静置3 min，直至样品完全裂解。加入2 mol/L（pH4.0）NaAc溶液80 μL，水饱和酚800 μL，混匀，氯仿：异戊醇（24：1）160 μL，剧烈震荡30 s混匀，冰浴15 min。4 ℃，12000 g离心20 min。取上清液，加等体积异丙醇，上下颠倒离心管数次，以充分混匀，-20 ℃，30 min。4 ℃，10000 g离心15 min。弃上清液，用0.4 mL异硫氰酸胍溶解。加水饱和酚/氯仿各150 μL，混匀置冰上（低pH的酚使RNA进入水相，而蛋白质和DNA仍在有机相）。4 ℃，9000 g离心7 min。取上清液（约450 μL），加等体积氯仿，用力振荡，直至充分乳化，冰上静置3 min（用氯仿抽提，以去除蔗糖、蛋白质等杂质，并促进水相与有机相的分离，从而达到纯化RNA的目的）。4 ℃，10000 g离心7 min，换用1.5 mL离心管，取上清液，加1/20体积3 mol/L（pH5.2）NaAc溶液混匀，再加等体积异丙醇，-20 ℃，30 min。4 ℃，9000 g离心5 min。弃上清液，加入无RNase的75%冷乙醇，将RNA沉淀振荡悬浮，使RNA沉淀中的盐离子被充分溶解。然后再离心10 min，再次沉淀RNA。离心后，小心倒掉上清液（注意不要倒出RNA沉淀），随后快速离心1～2 s，将残留在管壁上的乙醇收集到管底后，用小枪头吸净，超净工作台上风干沉淀1～2 min。（注意不要晾得太干，否则RNA沉淀不易溶解）加入适量RNase-free ddH_2O，充分溶解，-77 ℃低温保存。

三、RNA的完整性、纯度和浓度检测

采用1.2%非变性琼脂糖凝胶电泳检测总RNA的完整性。取3 μL RNA提取液，与1 μL上样缓冲液，200 V电泳5 min，检测RNA的完整性。采用Nanaphotometer核酸蛋白分析仪测定总RNA样品的纯度和浓度。OD_{260}/OD_{280}在1.9～2.1之间，说明RNA的纯度较好；OD_{260}/OD_{280}值小于1.8，表明蛋白质较多；OD_{260}/OD_{280}值大于2.2，表明RNA已经降解；OD_{260}/OD_{230}值小于2.0，表明裂解液中有异硫氰酸胍和β-巯基乙醇残留。

如图7-1所示，28S RNA和18S RNA条带的亮度之比约为2∶1，表明获得的28S RNA和18S RNA的完整性较好，无降解现象，5S条带因上样量小或其他原因而显示不清，但存在痕量DNA污染。

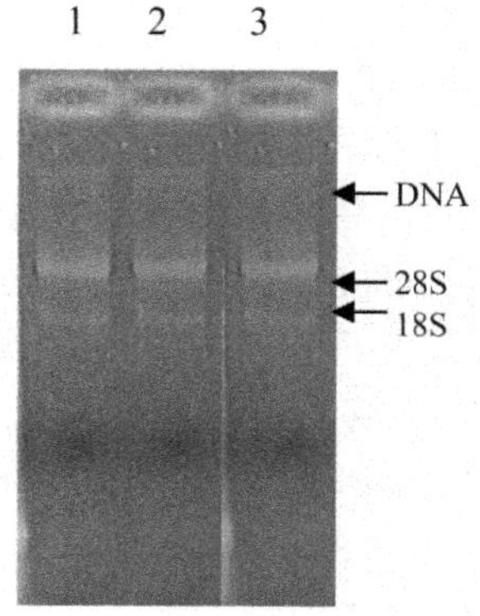

1～3分别代表不同生长期芸芥自交亲和系柱头总RNA样品

图7-1 芸芥柱头总RNA琼脂糖凝胶电泳检测结果

四、总 RNA 中痕量DNA的去除

利用DNase Ⅰ去除总RNA中的DNA污染，体系的成分如下，20 μL总RNA：2.5 μL 10×DNase Ⅰ Buffer，1 μL DNase Ⅰ（5 U/μL），0.25 μL Ribonuclease Inhibitor，1.25 μL

DEPC处理的水，37 ℃温浴30 min；加等体积水饱和酚：氯仿：异戊醇（25：24：1），充分振荡，4 ℃ 10000 r/min离心15 min；取上清液，加1/10体积3 mol/L（pH5.2）的NaAc溶液，3倍体积乙醇，-20 ℃ 2 h；4 ℃，10000 r/min离心20 min，去上清液，75%乙醇洗沉淀2次，空气中干燥，加DEPC-H_2O溶解沉淀；按以上琼脂糖检测方法检测DNA片段去除结果。

在图7-2中，用DNase Ⅰ降解总RNA样品中所污染的痕量DNA，电泳检测其去除结果，发现DNA去除较干净，且28S RNA和18S RNA条带的亮度之比仍接近于2：1，RNA没有降解，均可作为反转录底物进行第一链cDNA的合成。但RNA的总量较未纯化前有所损失。

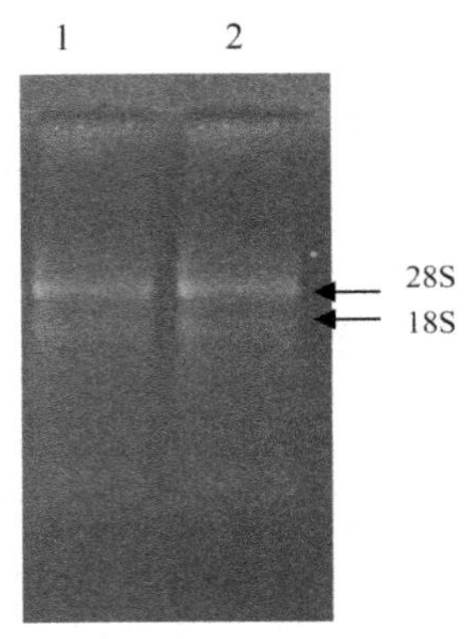

图7-2　经DNase Ⅰ纯化后的芸芥柱头总RNA电泳检测结果

五、讨论和结论

通过对不同芸芥总RNA提取方法的比较研究，确定改进的异硫氰酸胍法为较好的提取方法，能够获得完整的、均一的RNA，且产量也可满足后继试验的要求。

DDRT-PCR是一项精细的技术，对RNA的质量有一定的要求。

虽然已经证实总RNA可以代替mRNA进行操作，但是完整的和均一的RNA是DDRT-PCR分析的关键。完整的RNA提取取决于最大限度地避免纯化过程中内源和外源核糖核酸酶对RNA的降解，而均一的RNA取决于有效地去除RNA提取物中的DNA、蛋白质等杂物，污染样品的使用往往是假阳性出现的源头，增加了差异cDNA片段的筛选难度。因此，提取过程中要用无RNA酶的DNase来处理，以去除污染的痕量染色体DNA。

与DNA提取试验相比，RNA的提取试验常常较为困难。这主要是由于RNA非常容易降解。因此，从样品的储存、RNA的提取以及RNA提取完成后的保存，都须格外小心，处处防范RNase对于RNA的降解作用。

一般而言，在收集材料样品准备提取RNA时，我们首先应该选择新鲜的材料，取样后迅速液氮研磨，以保证我们所要提取材料中的RNA本身是完整的。如果收集好材料后，不能马上进行RNA的提取工作，就需要先将材料保存好，冷冻材料以保证低温储存，防止反复冻融，以保证材料中的RNA在保存过程中不被降解。提取过程中RNA的保护主要从两个方面着手：首先，液氮研磨时注意不要让液氮挥发干净，因为液氮可以充分抑制RNase，一旦液氮挥发干净，就可能造成内源RNase对RNA的降解作用；其次，选择合适的裂解液，裂解液的量要足够，裂解要充分。裂解液具有抑制RNase的作用。故在裂解液加入量一定的情况下，提取材料的量就应该严格按说明书中的比例加入，如果材料太多，会造成裂解不充分和RNase抑制不充分的双重后果，从而使RNA的得率、完整性和纯度都受到影响。

异硫氰酸根及胍离子都是很强的蛋白质变性剂，异硫氰酸胍与十二烷基肌氨酸钠合用可使核蛋白体迅速解体，与还原剂β-巯基乙醇合用使RNase活力低下，因而是制备RNA的一种常用试剂。传统的异硫氰酸胍法适用于大部分动植物材料，但对于次生代谢物较多的植物材料提取RNA效果较差；改进后的异硫氰酸胍法可同时提取多个样品，做法是将异硫氰酸胍、十二烷基肌氨酸钠和β-巯基乙醇三者合用，强有力地抑制了RNA的降解，增加了核蛋白体的解离，将大量的RNA释放到溶液中，然后用酸性酚（pH3）进行抽提，既可保证RNA的稳定，又可抑制DNA的解离，使DNA与蛋白质一起沉淀，RNA被抽提进入水相，用异丙醇沉淀RNA后，经酚/氯仿再次抽提进行纯化。最后用冷乙醇反复洗涤2～3次，所提取的RNA完整性好，也没有DNA和蛋白质等污染，完全适用于后继试验。该方法虽然费时，但对于较多材料的RNA提取来说，是行之有效的。

第二节 芸芥反转录体系和DDRT-PCR扩增体系①

差异显示技术（DDRT-PCR）是在基因产物未知的前提下，直接鉴定和克隆差异表达基因最有效的方法之一。因其操作简便，快速，一次能分析多个样品而成为分离新基因的首选方法。但是，假阳性率高和重复性低等缺陷又使得该技术的应用受到一定程度的局限。为此，许多学者不断努力，从引物的设计、PCR循环参数、非放射性标记、鉴定阳性片段的方法等方面进行了改进和优化，取得了较好效果。本文对DDRT-PCR扩增的参数、退火温度等进行了优化，试图创建一套适合于芸芥差异显示分析的反应体系及反应程序。

一、引物配置

表7-1 锚定引物和随机引物的序列

H-T_{11}A	5′AAgCTTTTTTTTTTTA3′	⑤	5′TGGTAAAGGG3′
H-T_{11}G	5′AAgCTTTTTTTTTTTG3′	⑥	5′GATCAATCGC3′
H-T_{11}C	5′AAgCTTTTTTTTTTTC3′	⑦	5′CTGCTTGATG3′
①	5′TACAACgAgg3′	⑧	5′GATCATGGTC3′
②	5′GTTTTCGCAG3′	⑨	5′TCGGTCATAG3′
③	5′TCGATACAGG3′	⑩	5′GATCTAACCG3′
④	5′GATCATAGCC3′		

①编引自范惠玲，2007，芸芥自交亲和性相关基因mRNA差异显示分析，甘肃农业大学硕士论文。

根据DDRT-PCR扩增所用引物的特点，参考闫红飞等的研究报告，共设计合成3条3′端锚定引物$H-T_{11}M$和10条10-nt随机引物（表7-1）。将TaKaRa公司合成的锚定引物和随机引物先制备成100 μmol/L的保存液，配置方法如下：DEPC-H_2O的使用量（μL）= nmol×10。稀释10×得10 μmol/L锚定引物为工作液，稀释20×得5 μmol/L随机引物为工作液。

二、cDNA第一链合成体系

（一）反转录反应体系

Microtube管中配置下列模板RNA/引物混合液，全量13.4 μL：2.27 μL $H-T_{11}M$（10 μmol/L），2 μL RNA，9.13 μL，DEPC-H_2O；70 ℃保温5 min，解开模板二级结构，冰上迅速冷却2 min，防止二级结构形成；离心数秒钟使模板RNA/引物的变性溶液聚集于Microtube管底部；在上述Microtube管中配置下列反转录反应液：5 μL M-MLV 5×Reaction Buffer，5 μL dNTPs（各2.5 mmol/L），0.6 μL Ribonuclease Inhibitor（40 U/μL），1 μL M-MLV Reverse Transcriptase，42 ℃保温60 min，95 ℃，5 min灭活M-MLV Reverse Transcriptase。

（二）反转录反应结果检测

将芸芥自交亲和系开花前、开花当天和开花后柱头总RNA反转录后，用3%琼脂糖凝胶电泳检测发现：在100～2000 bp的范围内出现连续的cDNA条带，且开花前样品中出现的cDNA条带数明显少于开花当天和开花后样品中的条带数。结果表明提取的RNA符合要求，完整性好，无蛋白质、苯酚、DNA等的污染，反转录cDNA的合成完全正常。部分电泳结果如图7-3所示。

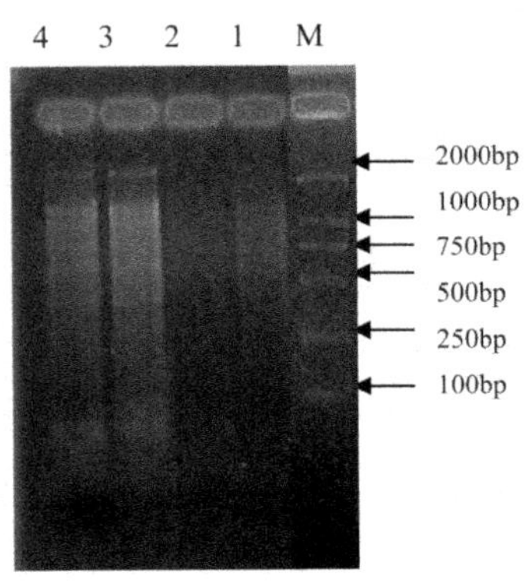

1、2均代表开花前柱头cDNA样品；3、4分别代表开花当天、开花后芸芥柱头cDNA样品

图7-3 锚定引物$H-T_{11}A$反转录的cDNA电泳检测结果

三、DDRT-PCR扩增体系

参考有关文献，在其他条件不变的情况下，分别对模板、dNTPs 、Taq DNA 聚合酶、10×PCR Buffer（含Mg^{2+}）、两种引物的浓度及退火温度进行优化筛选。

（一）反应体系中10×PCR Buffer （加Mg^{2+}）浓度要求

反应体系中Mg^{2+}的浓度非常重要。在其他反应条件一定的情况下，将10×PCR Buffer

（加 Mg^{2+}）设计成2.75、2.25、1.75、1.25、1.0、0.75、0.5、0 μL（阴性对照）共8个梯度，选择其最佳量。结果表明：在12.5 μL的反应体系中，当没有10×PCR Buffer（加 Mg^{2+}）存在时（阴性对照），扩增反应不能正常进行，即没有扩增条带出现；10×PCR Buffer（加 Mg^{2+}）量小于0.75 μL时，扩增条带减少；而当10×PCR Buffer（加 Mg^{2+}）量大于0.75 μL时，条带不够清晰，有时甚至没有条带出现；10×PCR Buffer量为0.75 μL时，能看到理想的扩增产物（图7-4）。

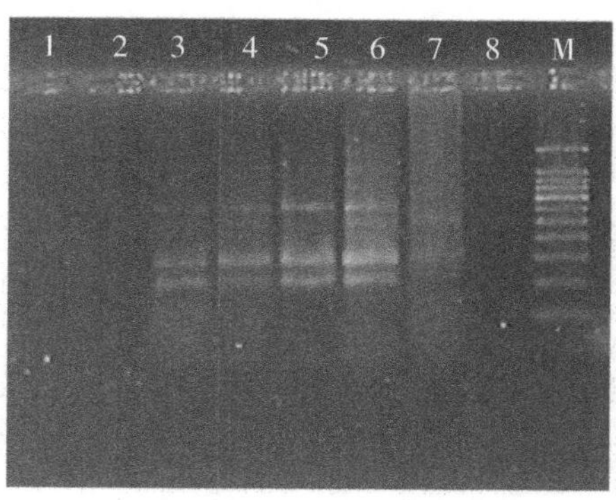

M：PCR Markers：1、2、3、4、5、6、7、8的10×PCR Buffer的量依次为2.75、2.25、1.75、1.25、1.0、0.75、0.5、0 μL

图7-4　10×PCR Buffer（含 Mg^{2+}）量优化结果

（二）反应体系中dNTPs浓度要求

dNTPs是DDRT-PCR反应的底物，当dNTPs浓度较低时，扩增产物减少；但浓度过高时，会增加碱基的错配率，并且同Taq DNA聚合酶竞争 Mg^{2+}，影响Taq DNA聚合酶的活性。在25 μL的反应体系中设计了10个不同的dNTPs梯度：3.0、2.5、2.0、1.5、1.0、0.75、0.5、0.3、0.1、0 μL（阴性对照）进行比较研究。结果表明：dNTPs量低于0.75 μL时扩增信号明显减弱，条带数目减少；dNTPs量大于或等于2.5 μL时扩增产物也减少；dNTPs量在0.75～2.0 μL时，扩增条带较清晰，当其量达2.0 μL时，扩增效果最好（图7-5）。

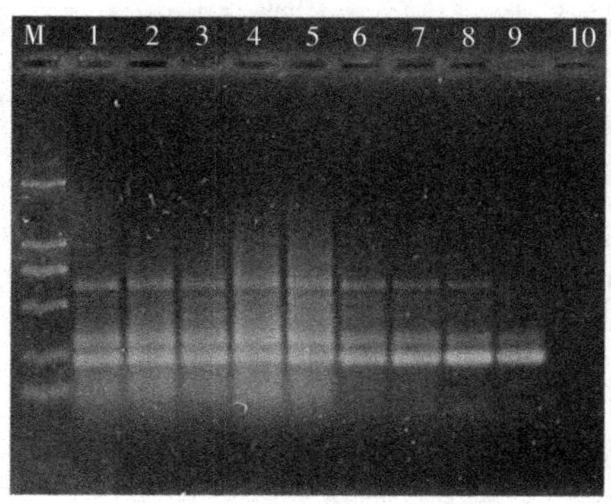

1、2、3、4、5、6、7、8、9、10的dNTPs的量依次为3.0、2.5、2.0、1.5、1.0、0.75、0.5、0.3、0.1、0 μL

图7-5　dNTPs量优化结果

（三）反应体系中引物浓度要求

为选择合适的DDRT-PCR扩增时锚定引物的用量，设计了3.0、2.5、2.0、1.5、1.0、0.5、0 μL（阴性对照）共7个梯度。结果表明：锚定引物用量在1.0 μL或1.5 μL时都可扩增出条带，但其量较低（小于或等于0.5 μL）时条带明显较少；锚定引物量较高（大于或等于2.0 μL）时，扩增条带数也较少，所以在12.5 μL的反应体系中，锚定引物用量以1.0 μL左右为宜（图7-6）。

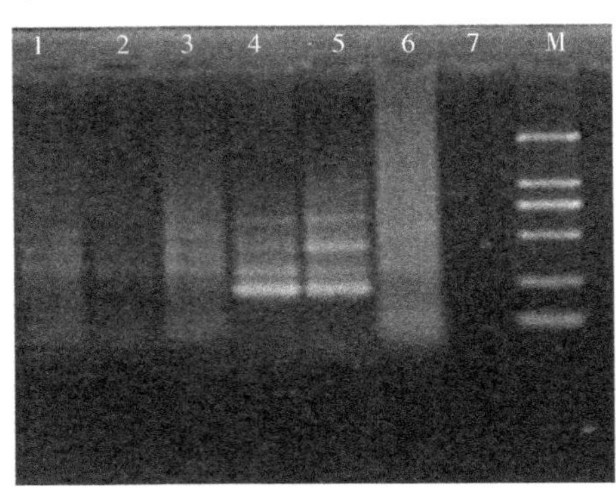

1、2、3、4、5、6、7的锚定引物的量依次为3.0、2.5、2.0、1.5、1.0、0.5、0 μL

图7-6　锚定引物量优化结果

另外，在本研究中，对随机引物的浓度也进行了优化，设计成3.0、2.5、2.0、1.0、1.25、0.75、0.5、0.25 μL共8个梯度。结果表明：在0.25～3.0 μL之间都可扩增出条带，但随机引物量较低（小于0.75 μL）时扩增条带明显减少；随机引物量在1.25～3.0 μL之间时，扩增条带的效果无明显差异，考虑到经济问题，在12.5 μL的反应体系中，选随机引物量以1.0 μL左右为好（图7-7）。

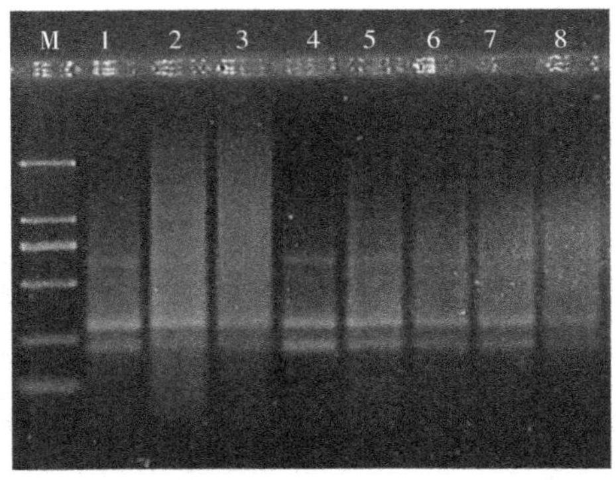

1、2、3、4、5、6、7的随机引物的量依次为3.0、2.5、2.0、1.0、1.25、0.75、0.5、0.25 μL

图7-7　随机引物量优化结果

（四）反应体系中Taq DNA聚合酶浓度要求

Taq DNA聚合酶在PCR反应体系中至关重要，Taq DNA聚合酶的量直接影响扩增反应的进行和扩增结果。将Taq DNA聚合酶设计成0.2、0.3、0.4、0.6、0.8、1.0、1.2、0 μL（阴性对照）共8个梯度。结果表明：在25 μL反应体系中，当Taq DNA聚合酶用量小于或等于0.6 μL时，扩增条带较暗；当Taq DNA聚合酶用量大于或等于0.8 μL时，扩增条带都较亮，且差异不大，考虑到成本，最终选择0.8 μL作为其最佳扩增用量（图7-8）。

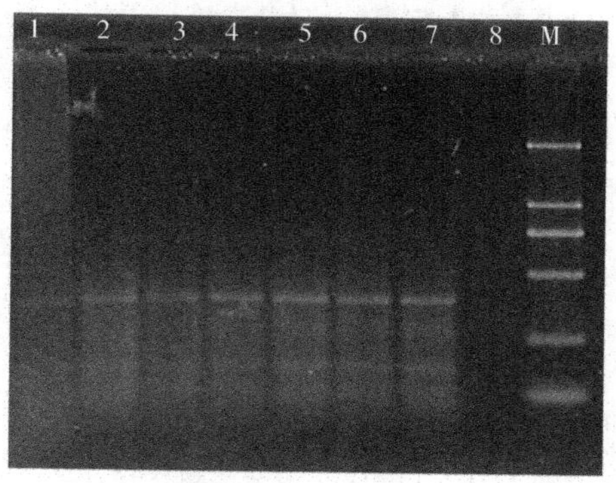

1、2、3、4、5、6、7的Tap DNA聚合酶的量依次为0.2、0.3、0.4、0.6、0.8、1.0、1.2、0 μL

图7-8　Taq DNA聚合酶量优化结果

（五）反应体系中模板cDNA浓度要求

为了确定DDRT-PCR扩增时模板cDNA的适宜量，进行了9个不同梯度（3.0、2.5、2.0、1.5、1.0、0.75、0.5、0.25、0 μL）的比较试验。结果表明，在12.5 μL反应体系中，cDNA模板量在0.25～3.0 μL变化都有扩增产物出现，但当模板浓度大于0.75 μL时，条带出现弥散状态（图7-9）。因DDRT-PCR方法灵敏度高，为了避免cDNA模板浓度的影响，在12.5 μL反应体系中用0.75 μL的cDNA较为合适。

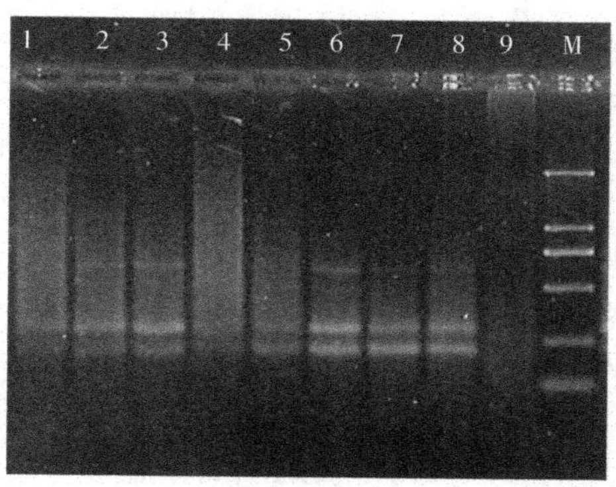

1、2、3、4、5、6、7、8、9的模板cDNA的量依次为3.0、2.5、2.0、1.5、1.0、0.75、0.5、0.25、0 μL

图7-9　模板cDNA量优化结果

（六）DDRT-PCR扩增反应中对退火温度的要求

退火温度的控制对试验的准确性、重复性非常重要。为选择理想的DDRT-PCR扩增退火温度，试验过程中分别使用43.5 ℃、42.1 ℃、40.4 ℃、38.3 ℃、36 ℃共5个温度梯度进行扩增。根据扩增产物电泳结果可以发现：当退火温度较高（大于或等于42.1 ℃）时，扩增条带较少；当退火温度为36 ℃时，扩增条带数目较多。为了减少非特异带的出现，选用42 ℃作为反应的最佳退火温度（图7-10）。

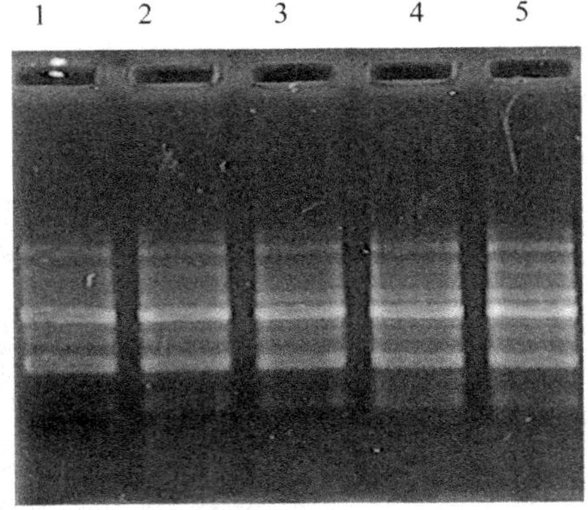

1、2、3、4、5的退火温度依次为43.5 ℃、42.1 ℃、40.4 ℃、38.3 ℃、36 ℃

图7-10　Taq DNA聚合酶量优化结果

四、讨论

（一）建立了一套较好的反转录反应体系，反转录cDNA的合成完全正常

为了严格保证DDRT-PCR产物是来源于cDNA，而不是来源于组织细胞染色体DNA，在反转录反应之前须用DNase Ⅰ消除RNA样品中可能污染的染色体DNA。

为了最大限度地减少合成cDNA第一链时所用试剂和溶液受到RNA酶污染而产生的破坏作用，同时增加cDNA合成的长度和产量，在反转录反应体系中经常加入RNase抑制剂。RNase抑制剂要在第一链合成反应中，且在缓冲液和还原剂存在的条件下加入，因为cDNA合成前的过程会使抑制剂变性，从而释放结合的可以降解RNA的RNase。RNA酶与这种蛋白抑制剂非共价结合，形成由等摩尔RNA酶和抑制剂组成的无酶活性的复合物。蛋白RNase抑制剂仅防止RNase A、B、C对RNA的降解，并不能防止皮肤上的RNase对RNA的降解，因此，尽管使用了这些抑制剂，也要小心不要从手上引入RNase。

较高的保温温度有助于RNA二级结构的打开，增加了反应的产量。对于多数RNA模板，在没有缓冲液或盐的条件下，将RNA和引物在65 ℃保温，然后迅速置于冰上冷却，可以消除大多数二级结构，从而使引物与模板有效地结合。本研究还发现，使用PCR仪可以简化反转录反应时所需的多种温度切换程序。

第一链cDNA合成的起始可以使用不同的方法，各种方法的相对特异性影响了所合成cDNA的量和种类。随机引物法是各种方法中特异性最低的。引物在整个转录本的多个位点退火，产生短的、部分长度的cDNA。本试验采用Oligo（dT）起始，该起始方法比用随机引物起始的特异性要高。它同大多数真核细胞mRNA3′端所发生的Poly（A）尾杂交。因为Poly（A）+RNA占总RNA的1%～2%，所以与使用随机引物相比，cDNA的数量和复杂度要少得多。

（二）确立了一套适合于芸芥差异显示分析的反应体系及程序

在DDRT-PCR应用中，人们首先关注的核心问题是它的可重复性，其次是扩增产物质和量的问题，这两大问题都会影响分析的准确性。由于众多因素的影响和现有技术的不完善，对以上两方面都会产生影响。因此，在进行PCR扩增之前，需要对如下各关键影响因素进行优化：

1.cDNA模板浓度

一般认为，在一定范围内，cDNA模板浓度的变化对PCR结果无明显的影响。模板浓度过低，分子碰撞的概率低，偶然性高，扩增产物无或不稳定；浓度过高，会相应增加非专一性扩增产物。研究发现，反应中最佳的cDNA模板浓度变化较大，从3 ng到400 ng不等。在进行正式PCR扩增之前，都应做cDNA模板浓度的梯度试验，以选取最佳的模板浓度。在PCR反应中加入合适的cDNA浓度对于产生一个富含信息的DDRT-PCR图谱是必要的，只有理想的cDNA浓度才能产生可重复性的DDRT-PCR图谱。

2.引物的浓度

引物浓度对PCR扩增效果的影响很大。引物浓度主要影响带的出现和强度。当模板cDNA浓度相对恒定时，引物量的变化、扩增效率与扩增片段的大小三者之间存在紧密的关系；但在引物浓度过低时，与模板结合的概率降低，扩增受到影响；引物浓度过高时，引起错配和非特异性扩增，产生很小的片段，且可增加引物之间形成二聚体的机会。

3.Mg^{2+}浓度

反应混合物中的离子浓度，尤其是Mg^{2+}浓度对PCR反应的特异性和扩增效率均有显著的影响。Mg^{2+}浓度变化可以导致带型的改变。Mg^{2+}是Taq DNA聚合酶的激活剂，Mg^{2+}不足时，Taq DNA聚合酶的作用效率低，而且dNTPs也竞争Mg^{2+}，Mg^{2+}的总产量也受dNTPs总量的影响。Mg^{2+}浓度过低会使扩增条带减少，电泳谱带不明显；Mg^{2+}浓度过高会增加非特异性扩增产物，出现弥散状而使条带不清晰。

4.dNTPs浓度

一般认为，在较大范围内，dNTPs浓度变化对PCR结果影响不大。dNTPs是PCR反应的底物，当dNTPs不足时DNA合成速率较低，扩增效果差，扩增产物减少；但dNTPs浓度过高时，则易拖尾，识别并去除错配碱基的概率下降，导致错误率升高，并且同Taq DNA聚合酶竞争Mg^{2+}，影响Taq DNA聚合酶的活性。

5.Taq DNA聚合酶用量及纯度

研究发现，使用同一商标的Taq DNA聚合酶对获得重复性扩增条带是必要的。另外，使用较纯的Taq DNA聚合酶也是保证重复性的一个重要因素。Taq DNA聚合酶的用量在很大程度上影响反应结果：酶量过大，非特异性产物大量增加，使PCR稳定性降低，甚至出现拖尾现象；酶量过小，则扩增效率低。模板cDNA中聚合酶抑制物的浓度、Taq DNA聚合酶活性高低会影响Taq DNA聚合酶的用量，当模板cDNA中聚合酶抑制物的浓度越低时，Taq DNA聚合酶活性越高，Taq DNA聚合酶的用量就越少。一般在25 μL反应体系中，0.5～2.5 U便可以得到可重复的清晰条带，但在具体试验中要摸索Taq DNA聚合酶的最佳用量。

6.扩增的条件

扩增条件涉及PCR所用的程序：变性、复性和延伸的温度，扩增时间以及循环次数等。理论上扩增能够无限制地长期进行，但实际上受各种因素的限制。姜自锋认为，经过35次循环后，由于长时间的高温，Taq DNA聚合酶活性已很低，反应产物基本不会增加，且有一定程度的非特异性扩增。因此，应尽可能进行较少次数的循环。但当循环次数较少时，扩增产物的量太少，电泳条带较淡；当循环次数过多时，扩增的量并不随扩增次数的增多而增加。

变性的温度和时间也影响PCR扩增。在陈宏的试验中，曾用94 ℃和95 ℃ 2种变性温度进行检测，结果在94 ℃时取得了较好的扩增结果。Bielawski等对于Streifenbrasse的DNA测定了不同的变性时间（60 s、30 s、10 s和5 s），结果表明一些扩增产物的强度随变性时间的减少而增加，这个结果与Yu等的结果一致。然而，随着变性时间的减少会出现错误的扩增，比如，高分子量的带不再出现。所以，30 s的变性时间对于PCR图谱较好，一个太短的变性时间对于大基因组DNA分子的变性是不充分的。在大部分发表的文献中，通常应用94 ℃的变性温度和30 s的变性时间，本研究通过采用这一扩增条件，也得到了较好的试验结果。

退火温度是影响PCR反应灵敏度最重要的条件之一。降低退火温度，可在很大程度上增加PCR反应的敏感性。升高退火温度，可以提高扩增产物的特异性，有效减少非特异扩增带的数量，减少随后回收、鉴定的工作量，并可增加PCR的稳定性，提高PCR结果的可信度。其退火时间不易太长，一般为45～60 s。如果退火时间太长，则发生特异性配对，增加非特异性扩增产物。通常理想的退火温度也依赖于所用引物的长度和核苷酸序列。因此，理想的退火温度需通过试验来确定。Bielawski等的试验证明，不同的延伸时间（30 s、60 s和120 s）都会导致带谱出现差异。扩增产物最大片段的大小和强度随延伸时间的加长而增加。

由于DDRT-PCR扩增时所用模板为cDNA，故采用两步法进行扩增：第一步退火温度较低，以保证能够产生较多的模板；第二步提高退火温度，以提高扩增的特异性。

7.PCR仪

PCR仪的性能对PCR结果有细微影响。性能优越的PCR仪有较快的温度变化率和在特定温度上的稳定性，这样在比较短的时间内能达到设定温度并且波动幅度比较小。由于各种PCR仪在技术参数上的差异，也会导致一定PCR带谱的改变。一些研究者测验了PCR仪对带谱可重复性的影响并发现：4个引物中的1个因PCR仪而改变了扩增产物，这表明不同的引物对于技术的边缘条件有不同的敏感性。因此，许多学者认为，在不同PCR仪中产生的一致性带谱的引物可用于不同实验室数据的比较。不过，近年来科学技术的发展使得PCR仪的生产技术和工艺不断提高，有可能从根本上解决这一问题。PCR反应管的管壁厚薄直接影响传热性能，从而影响反应体系的反应温度。本试验中，从始到终都用Bio-RAD热循环扩增仪进行DDRT-PCR。

8.技术操作和方法

任何一个试验都需要熟练的操作技能，否则不可能得到理想的试验结果，在分子生物学试验中尤其如此。在PCR试验中，一些细微的技巧如果不注意也会影响PCR带纹图谱，尤其是初学者。所以，初次进入实验室的人员，必须进行一定的技术训练，掌握其基本技能和方法。由于配置PCR反应混合物都是微量操作，稍不注意加入量就不准确，从而影响PCR扩增结果。在研究生的分子生物学实验中，大家都用相同的试剂、药品，按相同的实验程序、方法操作，但常会得出不同的结果。这说明，科学、规范且熟练的操作，对于PCR应用也是很必要的。加样顺序不影响扩增结果，为了避免污染，应最后加模板。吸取样品时动作要轻柔，避免样品溅出或污染加样器。为使加样量准确，应使用误差小的加样器。在加样过程中，应将反应器置于冰水混合物上，以防止引物多聚体的形成及引物与模板的非特异性结合等不必要的反应。

9.污染问题

由于采用较低的退火温度及较短的随机引物，DDRT-PCR对污染非常敏感。共生物、寄生物以及样品保存过程中所出现的难以预料的变化，都可能影响PCR结果。加样过程中要注意防止污染，最好在加模板之前对反应混合物进行几分钟紫外线照射；生产过程中Taq DNA聚合酶可能含有的细菌DNA也会影响到试验的真实性。在正式试验之前，有必要对Taq DNA聚合酶的纯度进行验证。试验中应设阴性或空白对照试验，以排除系统误差。

10.取样及样本保存方式

取样代表性是一个需注意的问题。取样时要根据试验目的来选择一定的样本数量。-77℃超低温冰箱保存或液氮冻存是目前最好的保存方法，100%的酒精保存以及硅胶、临界点干燥或者在干燥器中直接干燥等快速干燥方法也是有效的保存方法，但不宜长期保存。此外，最好一直低温保存一定数量的样品，必要时可重复试验，以验证结果。

第三节　芸芥总DNA提取方法及RAPD扩增体系①

芸芥总DNA提取方法及RAPD扩增体系研究，对在分子水平上探讨芸芥类型、遗传多样性等十分重要。高盐沉淀法通过SDS（十二烷基硫酸钠）破坏细胞膜、核膜，使蛋白质变性，从而游离出核酸。该方法操作简单，易重复，可依需要量扩大反应体系，使DNA质量得以轻松控制，具有其他方法无可比拟的优点。笔者主要采用SDS法来提取芸芥总DNA，在前人研究的基础上，通过改变离心时间，减少重复步骤等，进行芸芥总DNA提取方法的研究。

RAPD标记是由Williams等和Welsh等在PCR技术基础上发展起来的一种分子标记。其原理是采用人工合成的10个碱基的寡聚核苷酸作为随机引物，以基因组DNA为模板，94 ℃左右变性后，在较低温度下分别与DNA的两条单链发生退火反应，在DNA聚合酶的作用下对基因组特定的DNA区域进行反复扩增，最后通过琼脂糖凝胶电泳检测扩增片断的差异。RAPD技术的优点是自动化程度高，费用低，无放射性污染，信息量较大及简便快速等。该技术已应用于遗传多样性分析，物种进化，品种鉴定、分类等研究领域。但由于RAPD技术扩增结果的稳定性和重复性较差，对反应条件比较敏感，因而其应用受到一定的限制。为了充分利用RAPD技术，科研人员进行了大量的试验，结果表明：虽然RAPD的扩增结果会因反应体系中各成分及热循环程序等许多因素的改变而改变，但在高度重复的RAPD反应条件确定的前提下，不同研究者、不同研究室完全可

①编引自范惠玲等，2007，芸芥总DNA提取方法及RAPD扩增体系研究，西北农业学报。

以获得高度一致的试验结果。为了更好地利用RAPD技术对芸芥进行研究，笔者等以芸芥9370 DNA为材料，对影响RAPD扩增的因素进行了比较研究，确定了各反应物的适宜量和最佳循环次数。

一、芸芥总DNA提取

采0.5 g新鲜叶片（若采完样后，不能快速提取DNA，须冷冻于-77 ℃条件下），置液氮中研磨成粉（研钵要预冷，研磨速度要快，并保证研磨成细小粉末）。将冻粉大致平均分配到2个1.5 mL的离心管中，各加入提取缓冲液900 μL，轻轻搅动，使粉末充分散开。各加入100 μL 10%SDS（提前在水浴中加热至溶液变得清亮方可用），充分混匀，于65 ℃水浴中保温10～15 min（间隔晃动2～3次）。各加入160 μL 5 mol/L乙酸钾，充分混匀，冰浴中放置30 min（加入乙酸钾之前，第三步中混合液不必冷却）。4 ℃下12000 r/min离心10 min（王关林SDS法15 min）。上清液转入新离心管中，加入等体积的氯仿/异戊醇（24∶1），轻轻颠倒离心管数次，放置片刻。于4 ℃下8000 r/min离心10 min。上清液转入另一离心管中，加入2/3倍体积、-20 ℃预冷的异丙醇，混匀，-20 ℃放置30 min（多于30 min最好，从冰箱中取出后，缓慢转动离心管，发现透明丝状物），观察DNA沉淀的生成。于4 ℃下8000 r/min离心10 min，倾去上清液，将离心管倒置于吸水纸上，控干上清液（动作缓慢，以防透明状DNA流出管外）。用80%的乙醇洗涤沉淀，即12000 r/min离心1 min。吹干10 min（不必很干）。将300 μL TE与3 μL RNase酶液混合，然后平均分装于各管，于37 ℃保温1 h。

二、芸芥总DNA纯化

加入等体积的氯仿/异戊醇，混匀，放置几分钟后10000 r/min离心5 min（王关林SDS法要重复该步骤）。转移并量出上清液的体积，置新离心管中，加入1/5倍体积的3 mol/L NaAc，混匀，加入2.5倍体积的无水乙醇（沉淀核酸），轻缓混匀，室温放置数分钟（2～3 min）。10000 r/min离心5 min（王关林SDS法5～10 min），倾去上清液，将离心管倒置于吸水纸上，控干上清液。用80%乙醇洗涤沉淀（方法同上）1次（王关林SDS法2～3次），吹干（一定要吹得很干）。加入40 μL ddH_2O溶解DNA，-20 ℃保存，以备用。以上操作均在冰上进行。

三、琼脂糖凝胶电泳检测

取0.4 μL所提取DNA液，通过琼脂糖凝胶电泳检测DNA，观察到带型清晰，无拖尾且未发生降解现象（图7-11）。

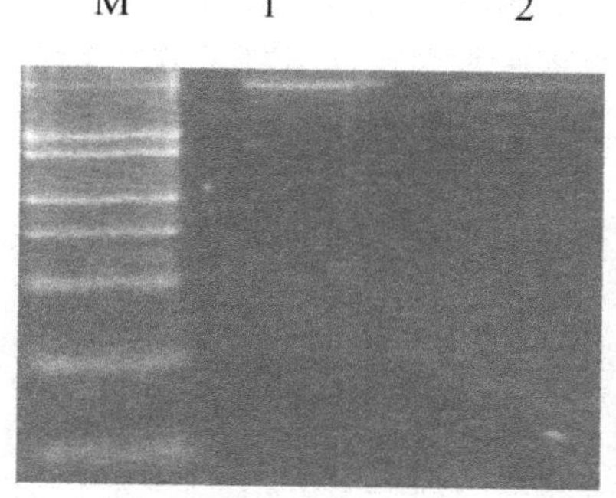

M为Marker DL2000；1为9370；2为和田芸芥

图7-11　芸芥总DNA琼脂糖凝胶电泳

四、RAPD扩增体系中适宜DNA模板用量

为了确定RAPD分析的DNA量，在2.5 μL反应体系中进行了6个不同梯度（0.1、0.5、1、1.5、2.0、0 μL）的比较试验。结果表明，在2.5 μL反应体系中，DNA模板量为0.1～1.5 μL对RAPD扩增产物没有明显的影响，但当模板浓度超过1.5 μL时，出现了较多的非特异性扩增并出现一些弥散状态（图7-12）。说明RAPD技术对模板DNA量要求不严格，但因RAPD方法灵活度高，为了避免DNA模板的影响，在25 μL反应体系中用1 μL的模板DNA较为合适。

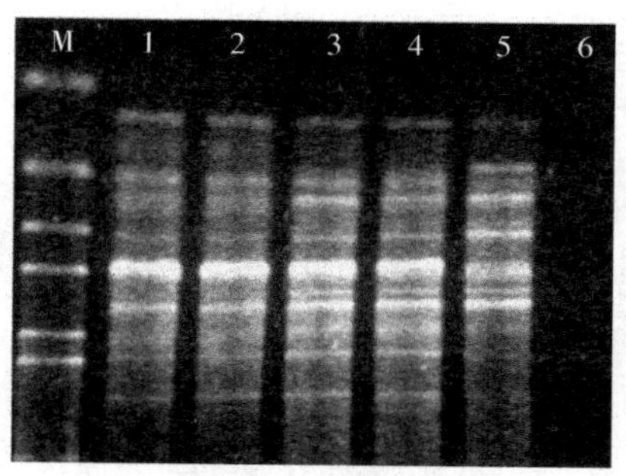

M、1、2、3、4、5、6的模板浓度量为0.1、0.5、1、1.5、2.0、0 μL；引物为S391；模板DNA来自9370

图7-12　DNA模板量对RAPD扩增的影响

五、RAPD扩增体系中适宜10×PCR Buffer（主要含Mg^{2+}）用量

反应混合物中的离子浓度，尤其是Mg^{2+}浓度对RAPD反应的特异性和扩增效率均有显著的影响。Mg^{2+}浓度过高会使非特异性扩增产物增加，Mg^{2+}浓度过低会使扩增产物减少；并且Mg^{2+}是Taq DNA聚合酶的激活剂，Mg^{2+}不足时Taq DNA聚合酶的作用效率降低；再者dNTPs也竞争Mg^{2+}，Mg^{2+}的总产量也受dNTPs总量的影响。因此，反应体系中Mg^{2+}的浓度非常重要。在其他反应条件一定的情况下，设计了10×PCR Buffer量为0、1.0、1.5、2.0、2.5、3.0 μL共6个梯度。结果表明，当反应体系中没有10×PCR Buffer存

在时，扩增反应不能进行；10×PCR Buffer小于2 μL时，扩增条带减少；而当10×PCR Buffer大于2.0 μL时，出现弥散状态，条带不清；10×PCR Buffer量为2.0 μL时，能看到理想的扩增产物（图7-13）。

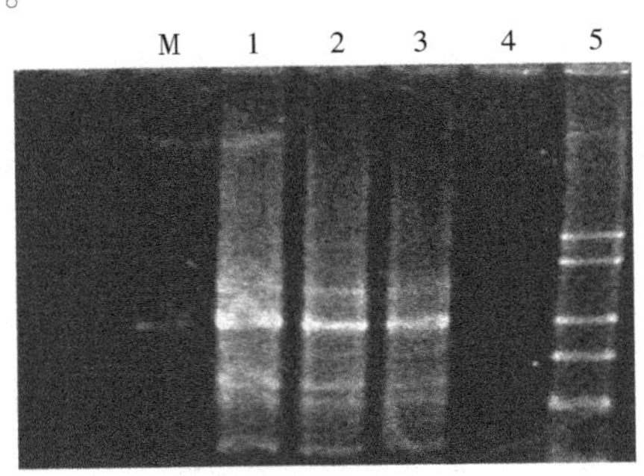

M、1、2、3、4、5的10×PCR Buffer量分别为0、1.0、1.5、2.0、2.5、3.0 μL；引物为D391；模板DNA来自9370

图7-13　10×PCR Buffer量对RAPD扩增的影响

六、RAPD扩增体系中适宜dNTPs用量

dNTPs是RAPD反应的底物，当dNTPs不足时扩增产物减少；但浓度过高时，会增加碱基的错配率，并且同Taq DNA聚合酶竞争Mg^{2+}，影响Taq DNA酶的活性。为此设计了不同的dNTPs浓度（1.0、1.5、2.0、2.5、3.0、0 μL）进行比较研究。结果表明，dNTPs量低于1.5 μL时，扩增信号明显减弱；dNTPs量为3.0 μL时，扩增产物减少且出现弥散状态；dNTPs量在1.5～2.5 μL时，扩增产物条带清晰（图7-14）。

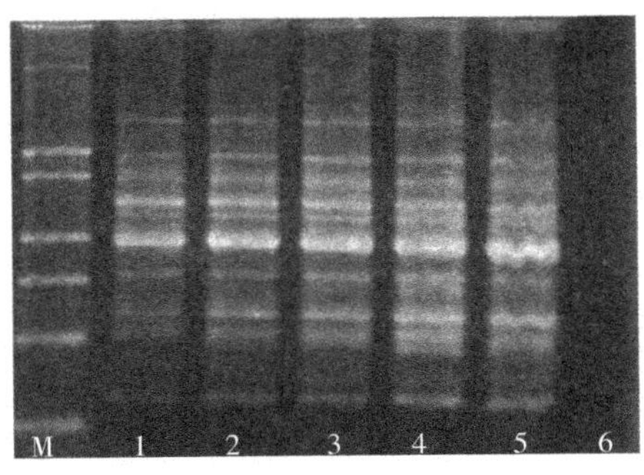

M为PCR Markers；1、2、3、4、5、6的dNTPs的量分别为1.0、1.5、2.0、2.5、3.0、0 μL；引物为S391；模板DNA来自9370

图7-14　dNTPs量对RAPD扩增的影响

七、RAPD扩增体系中适宜引物用量

引物浓度对RAPD扩增的效果也很大，因为RAPD反应开始时，首先必须使双链DNA解离为单链，使之与引物相结合，在Taq DNA聚合酶的催化下以引物为复制起点进行DNA链的延伸。引物浓度过低时，与模板结合概率降低，扩增受到影响；引物浓度过

高时，引起错配和非特异性扩增，且可增加引物之间形成二聚体或多聚体的机会。为选择合适的RAPD引物量，设计了0、0.1、0.5、1、1.5、2.0、2.5 μL 7个梯度。结果表明：在0.1～1.5 μL之间都可扩增出条带，但引物量较低（<1 μL）时条带较少；引物量较高（≥2 μL）时，引物自身会配对出现一些二聚体及多聚体，所以引物浓度以1 μL左右为宜（图7-15）。

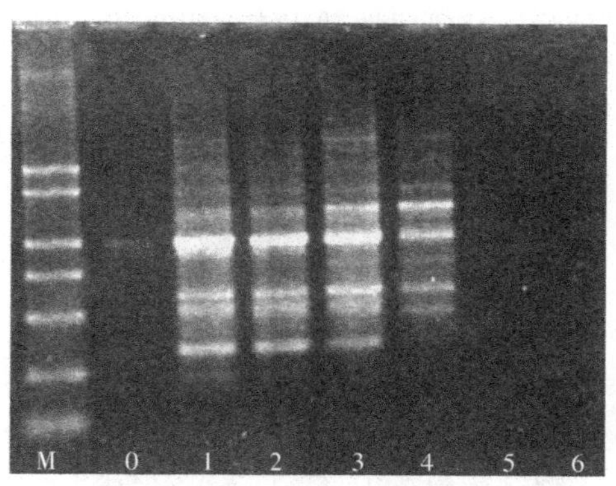

M为PCR Markers；0、1、2、3、4、5、6的引物量分别为0、0.1、0.5、1、1.5、2.0、2.5 μL；引物为S391；模板DNA来自9370

图7-15　引物量对RAPD扩增的影响

八、RAPD扩增体系中适宜Taq DNA聚合酶用量

Taq DNA聚合酶在PCR反应体系中至关重要，Taq DNA聚合酶的量直接影响扩增反应的进行和扩增结果。本试验将Taq DNA聚合酶设计了0、0.1、0.5、1、1.5、2 μL共6个梯度（25 μL反应体系中）。结果表明：在25 μL反应体系中，当Taq DNA聚合酶用量在0.5～1.5 μL时，扩增带型稳定，且均能得到理想的扩增产物；当Taq DNA聚合酶用量较少时，扩增条带较少；当Taq DNA聚合酶用量较大时（1.5 μL），扩增产物出现弥散状（图7-16）。

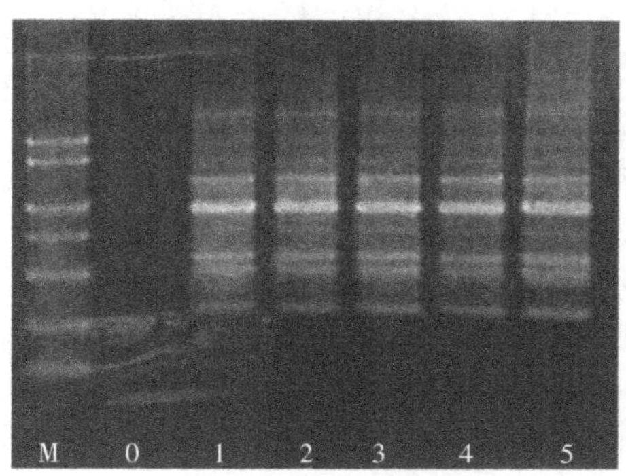

M为PCR Markers；0、1、2、3、4、5的Tap DNA聚合酶用量分别为0、0.1、0.5、1、1.5、2.0 μL；引物为S391；模板DNA来自9370

图7-16　Tap DNA聚合酶对RAPD扩增的影响

九、RAPD扩增反应中适宜的循环次数

为选择合适的PCR扩增循环次数，试验过程中分别使用了30、35、40、45、50次循环的RAPD扩增（图7-17）。根据扩增产物电泳结果可以看出：当循环次数较少（30～35）时，RAPD扩增产物较少，电泳条带较淡；从40个循环至45个循环都可以得到一致性较好的扩增带。为了省时并提高仪器的利用率，循环周期以40为较好。

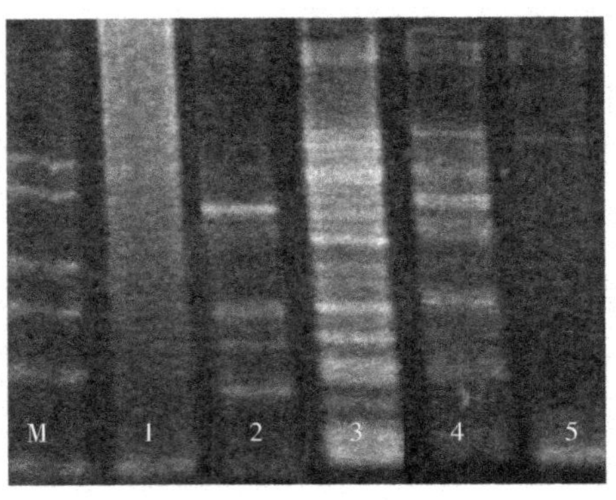

M为PCR Markers；1、2、3、4、5、6的循环次数分别是30、35、40、45、50；引物为S_{351}；模板DNA来自和田芸芥

图7-17　循环次数对RAPD扩增的影响

十、讨论和结论

本研究在王关林的SDS法的基础上，根据RAPD标记技术对DNA质量或纯度要求较低的原理，对离心时间、操作步骤等做了适当改变后来提取芸芥总DNA。如第（5）步中，12000 r/min离心15 min减少到12000 r/min离心10 min；第（10）和（15）步中，向沉淀中加入80%乙醇后，12000 r/min离心15 min，以快速高效地达到洗涤目的；第（11）步中，TE与RNase酶液混合后再分装，既避免了因RNase酶液量少而造成的损失，又缩短了提取时间；第（13）步只做一次，无须重复；第（14）步中10000 r/min离心5 min即可。总之，本方法操作较简单，结果稳定，用时短，对仪器要求低，所用药品是一些常规药品，与其他方法相比，成本较低，而且所得的DNA完全能达到RAPD标记的要求和芸芥DNA分子生物学研究的要求。

钟军（2000）以天水芸芥等8份芸芥为试材，采用SDS法分离提取了叶片中的基因组DNA，供试芸芥材料基因组DNA的OD_{260}/OD_{280}的比值一般在1.7～1.9之间，表明提取的DNA比较纯，其蛋白质含量较少。$OD_{260}/OD_{280}>1.7$，$OD_{260}/OD_{280}>2.0$，说明DNA和RNA中蛋白质和酚的含量低。用该方法提取的DNA，其产量平均为7.5 μg/g（每克新鲜叶片所含的DNA量）；如按此产量稀释，即使从分离群体单个植株中提取的DNA量，已足以供RAPD分析。供试芸芥材料基因组DNA的电泳结果显示：DNA主带清晰，降解较少，其片段大小（Marker为对照）为50 kb左右，未发生降解。

总而言之，DNA的提取质量往往是决定RAPD分析成功与否的关键。CTAB法虽然是DNA提取的经典方法，但成本高，且操作烦琐；而SDS法在模板DNA质量要求不高的

RAPD分析中采用的较多。SDS法不仅快速，简单，成本低，分离的DNA可满足特定研究的要求，而且在植物育种、分子群体遗传等研究领域具有较广泛的应用前景。

SDS为离子去污剂，在裂解细胞的同时，也能使蛋白质和多糖等杂质形成沉淀而除去，另外在提取缓冲液中加入10%的β-Me，结果表明，能有效地抵抗氧化作用，防止多糖、多酚等次生代谢物的生成。而RNA或蛋白质等大分子物质一般不影响RAPD扩增，不用RNA酶去除RNA也能得到稳定一致的RAPD扩增结果。

通过对芸芥RAPD反应体系和反应条件的优化研究表明，只要反应条件不变，反应体系中各种试剂和浓度保持一致，并严格控制反应程序的各个环节，(尤其是加样步骤，据笔者研究，按ddH_2O、10×Buffer、dNTPs、Primer、Template、Taq酶依次加好后，在3000 r/min离心数秒，最后覆上10 μL的液状石蜡）重复性是可以做到的。但是，RAPD分析的扩增反应体系和反应条件因所用的研究材料、不同来源的试剂、不同的扩增仪器等而产生差异。同时，RAPD扩增的效果还与模板DNA的提取方法、提取质量及DNA的纯度和完整性有着密切的关系。

第四节　芸芥及其近缘植物干种子DNA高产优质提取方法

高丰度、高纯度DNA分离提取往往是对农业上许多重要性状进行遗传分析的限制因素。干燥种子由于DNA与组蛋白等紧密结合，导致提取高质量、高丰度DNA具有一定的难度。从含有大量蛋白质、多糖类物质的干种子中，分离出高质量DNA的难度则更大（许殊，2014)。DNA样品中混杂的酚类、色素、多糖和蛋白质等还会干扰一些生物酶的活性，如DNA聚合酶、连接酶和限制性核酸内切酶等（ Zhan et al，2012） ，进而干扰后续试验的进行。解决这类问题的关键则是在DNA提取过程中有效去除蛋白质、多糖、色素等杂质。基于这一问题的出现，目前关于从种子中提取DNA的大量试验方法见诸报端，如Chunwongse等（1993）发明了从水稻和小麦中用半粒种子提取DNA的方法；Mcdonald等（1994）和Kang等（1998） 发展了从棉花、花生、大豆等作物种子中提取DNA的方法；国内也有很多学者相继发展了一些从种子中提取DNA的方法（许殊，2014；王惠等，2013；匡猛等，2010；刘峰等，2010；谭君等，2009；魏琦超等，2009；张伟，2007；杨少辉等，2003)。尽管这些方法在不同的植物种子上都取得了较好的提取效果，但对于油菜及其近缘植物干种子DNA的提取存在或多或少的不足。至今，关于油菜及其近缘植物干种子DNA提取的文献报道较少。谢景梅等（2012）以黑籽和黄籽甘蓝型油菜为材料，用改良的CTAB法提取了基因组DNA，DNA样品液A_{260}/A_{280}的值介于1.47～1.66之间，低于1.8，表明DNA样品的纯度并不理想。丹巴等（2011）用SDS法和CTAB法提取了西藏黄籽油菜干种子的DNA，所提DNA样品液适用于SSR分析，但只用了甘蓝型油菜，未涉及其他两类型油菜乃至油菜近缘植物。沙爱华等（2005）分别以油菜、水稻、玉米和棉花的干种子为试材，建立了一种DNA提取的简便方法，结果分离到了一定量的DNA且可用于RAPD和SSR分析，但DNA样品的纯度较低。

针对油菜、芸芥和白芥籽粒中贮藏较多的脂肪、蛋白质、糖类和次生代谢物等的特点，笔者等结合已报道的从植物干燥材料中分离基因组DNA的不同方法，探索出了一种从干种子中分离DNA的有效方法，同时用油菜总DNA的纯化提取法（周延清，2005）作为对照，以期建立一种能够适用于油菜及其近缘植物干种子的高质量DNA提取方法，为快速、高效地对科研和商场购买的杂交种纯度的鉴定、种质资源的遗传多样性分析等工作奠定分子基础。

一、干种子基因组DNA提取及检测

将干种子0.5 g置于研钵中，用研棒压破，加几颗石英砂后研磨成颗粒状，加入700 μL提取液（3% CTAB，1% 二硫苏糖醇，2% PEG，50 mmol /L EDTA），再次研磨成匀浆；匀浆转入离心管中，并置于65 ℃水浴中保温15 min，其间每间隔5 min轻轻摇动离心管1次，以充分裂解；离心管置冰浴冷却后，加入500 μL氯仿-异戊醇，混匀后，12000 r/min离心5 min，得到上清液（A）；在300 μL上清液A中加入100 μL 3 mol/L的NaCl溶液，摇匀后加入600 μL预冷无水乙醇，冰浴静置10 min；低温下12000 r/min离心10 min，得到沉淀物（A）；在沉淀物A中加入300 μL 1 mol/L的NaCl溶液，待沉淀物溶解后再加入300 μL氯仿-异戊醇，轻轻混匀，低温下12000 r/min离心5 min，得到上清液（B）；在300 μL上清液B中依次加入30 μL 1 mol/L 的NaCl溶液和600 μL预冷无水乙醇，冰浴静置10 min，在4 ℃的条件下12000 r/min的离心10 min，得到沉淀物（B）；向沉淀物B中加入75%的乙醇300 μL，洗涤沉淀2次，自然风干该沉淀物；加入100 μL pH=8的TE缓冲液，充分溶解后得基因组DNA样品液，-20 ℃保存备用。

对照：参照周延清（2005）的方法提取油菜及其近缘植物干种子基因组DNA。

从图7-18可以看出，第1、2、3、7、9泳道中的DNA带型清晰，无拖尾现象，表明DNA未发生降解；第4、5、6泳道中，DNA主带模糊不清，出现明显的地毯带，表明DNA样品已严重降解且内含杂质。第8和第10条泳道中，DNA主带虽较清楚，但带型成锯齿状，且泳道中出现一定的拖尾现象，表明DNA有轻微的降解现象，并含有一定量的杂质。

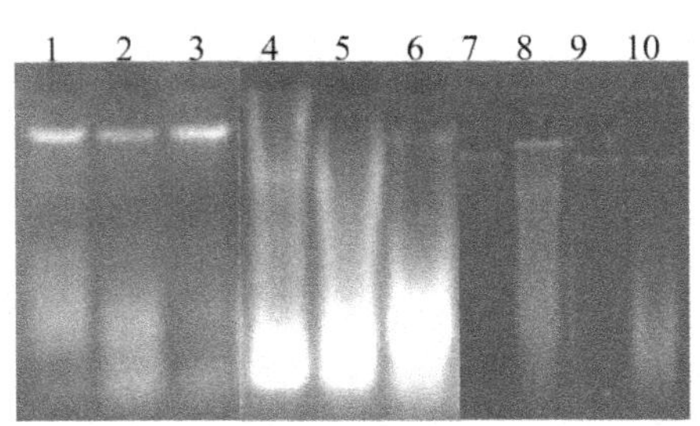

1～3：用改进方法提取的甘蓝型油菜、白菜型油菜和芥菜型油菜DNA；4～6：用已有文献方法提取的甘蓝型油菜、白菜型油菜和芥菜型油菜DNA；7和9：用改进方法提取的白芥和芸芥DNA；8和10：用文献方法提取的白芥和芸芥DNA

图7-18　三种类型油菜及其近缘植物干种子基因组DNA琼脂糖凝胶电泳图

表7-2　不同提取方法所得油菜及其近缘植物干种子基因组DNA纯度和浓度

方法	材料	OD_{260}/OD_{230}	OD_{320}	OD_{260}/OD_{280}	DNA浓度(μg/mL)
本研究方法	甘蓝型油菜(陇油2号)	2.261	0.000	1.903	1130
	白菜型油菜(天油5号)	2.281	0.001	1.842	830
	芥菜型油菜(靖油1号)	2.175	0.001	1.905	975
	白芥(武威毛角系)	2.004	0.002	1.792	641
	芸芥(和田芸芥)	2.161	0.000	1.864	495
均值		2.175	0.0008	1.861	814
文献法(对照)	甘蓝型油菜(陇油2号)	1.509	0.010	1.677	925
	白菜型油菜(天油5号)	0.934	0.012	1.250	1046
	芥菜型油菜(靖油1号)	1.297	0.008	1.409	735
	白芥(武威毛角系)	1.416	0.053	1.365	608
	芸芥(和田芸芥)	1.721	0.048	1.418	523
均值		1.375	0.026	1.424	767

OD_{320}为检测DNA样品溶液的浊度和其他干扰因子，该值应该接近0。由表2可知，当采用本试验的方法提取时，OD_{320}的测定值介于0.000～0.002之间，其平均值为0.0008，接近于0，表明所抽提DNA样品中悬浮物的量较少；当采用对照方法提取时，OD_{320}的值介于0.008～0.010之间，均值为0.0262，明显大于0.000，表明所抽提DNA样品中含有一定量的悬浮物。

若所测DNA样品的$OD_{260}/OD_{280} \approx 1.8$，说明所提取的DNA样品纯度较高，无蛋白质污染。当用对照方法提取时，OD_{260}/OD_{280}的值为1.250～1.677，均值为1.4238，明显小于1.8，表明所提取DNA样品的纯度较低，有蛋白质等杂质污染；而当用本试验的方法提取时，三大类型油菜及其近缘植物的OD_{260}/OD_{280}的值在1.792～1.905之间，均值为1.861，表明所提取DNA样品的纯度较高。

较纯净的核酸其OD_{260}/OD_{230}的值大于2.0。若比值小于2.0，表明样品被糖类等污染。当用对照方法提取时，五种材料DNA样品液的OD_{260}/OD_{230}的值介于0.934～1.721之间，均值为1.375，明显小于2.0，表明所提取DNA样品已被碳水化合物、盐类或有机溶剂污染；当用本试验的方法提取时，所有材料的DNA样品液其OD_{260}/OD_{230}的值均大于2.0，均值为2.175，表明所提取DNA样品液没有被碳水化合物、盐类所污染。

就基因组DNA样品的浓度而言，当用本试验的方法提取时，从甘蓝型油菜和芥菜型油菜干种子中所得的DNA样品液的浓度较高，分别为1130 μg/mL和975 μg/mL，而白菜型油菜的较低。五种材料的DNA样品液其平均浓度为814 μg/mL；当用文献法提取时，所有材料DNA样品的平均浓度为767 μg/mL，DNA样品的浓度在523～1046 μg/mL之间变化。表7-2结果还表明，从芸芥和白芥这两种油菜近缘植物干种子中分离出的DNA样品液其浓度明显低于三大类型油菜的。综上可见，采用本试验的方法，可以从三大类型油菜及其近缘植物干种子中分离提取出一定浓度且纯度较高的基因组DNA样品。

二、PCR扩增反应及结果检测

针对前面叙述的DNA提取方法获得的甘蓝型油菜、白菜型油菜、芥菜型油菜、白芥和芸芥五份DNA，利用10条随机引物分别对他们进行扩增。反应总体积为25 μL：18.5 μL ddH_2O、2.5 μL 10×Buffer（含20 mmol/L Mg^{2+}）、1 U Taq DNA聚合酶、1 μL引物、1 μL模板DNA。PCR扩增反应在My cyclerTM热循环仪上进行。扩增程序为：94 ℃预变性4 min，94 ℃变性45 s，37 ℃退火1 min，72 ℃延伸2 min，扩增35个循环，最后72 ℃延伸10 min。

DNA质量的好坏决定着下游试验的顺利与否。用改进提取方法获得的基因组DNA做模板，通过PCR扩增反应，琼脂糖凝胶电泳能够顺利完成，扩增产物亦清晰可辨，通过多条引物的扩增，能够实现多态性片段的分离。所用10条随机引物中，有6条在5份基因组DNA样品中均能扩增出谱带，图7-19和图7-20只是部分扩增结果。这些结果表明，使用前述方法提取的DNA能够胜任RAPD扩增试验。

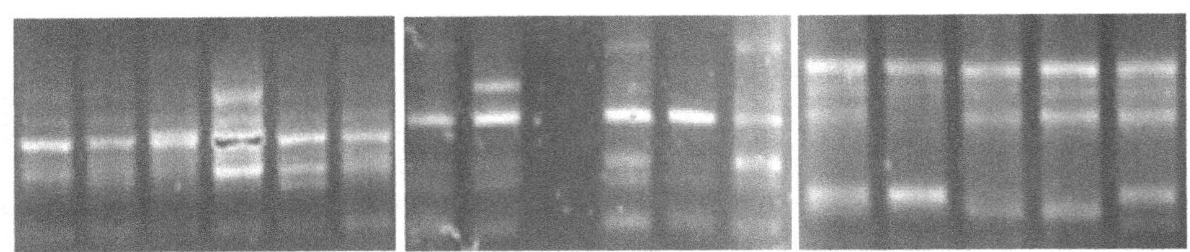

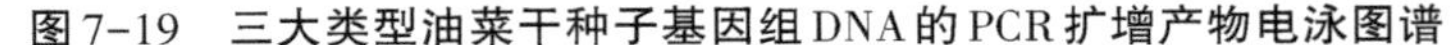

左：甘蓝型油菜，引物S121；中：白菜型油菜，引物66；右：芥菜型油菜，引物170

图7-19　三大类型油菜干种子基因组DNA的PCR扩增产物电泳图谱

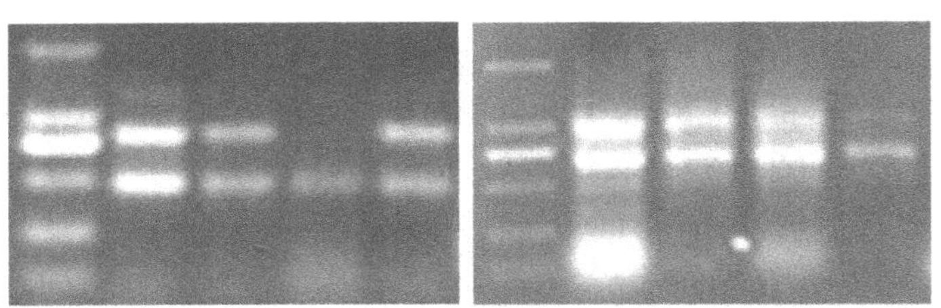

图7-20　芸芥及近缘植物干种子DNA的PCR扩增产物电泳图谱

三、讨论

以种子为材料进行DNA提取在小麦（杨俊宝等，2006；魏琦超等，2009）、玉米（谭君等，2009；郭景伦等，1997）、棉花（匡猛等，2010；刘峰等，2010）、水稻（王惠等，2013）、大豆（张伟等，2007；田苗苗等，2005）、菜心（乔爱民等，1999）等作物上均有报道。而油菜、芸芥和白芥的种皮和籽粒中因贮藏较多的脂肪、蛋白质、糖类等大分子干扰物质（谢景梅等，2012），同时油菜籽中还含有黄酮、花色素苷、香豆素、鞣质等小分子次生物质，其中含有酚羟基的化合物，氧化后要与DNA结合，引起DNA降解。通过采用改进的提取方法，从三大类型油菜及其两种近缘植物的干种子中分离提取到了一定量的基因组DNA，且纯度较高。

与其他从种子中提取DNA的方法相比，改进方法主要有以下几点不同：（1）提取液中EDTA的浓度提高到50 mmol/L，能保护种子内DNA不被内源核酸酶降解，保证得到完整性较好的DNA；（2）种子和CTAB提取液之间的质量体积比为0.5～700，不仅降低了多糖对提取DNA的干扰作用，而且CTAB与核酸复合物沉淀容易产生，得到的DNA不宜降解；（3）提取液中CTAB浓度提高到3×CTAB提取液，且在用乙醇沉淀DNA时采用高盐法，使多糖保留在溶液中，有效除去种子中的多糖，使$2.0<OD_{260}/OD_{230}<2.5$，从而获得无多糖污染的DNA样品；（4）提取液中加入1 %的二硫苏糖醇和2%的PEG，不但起到防止酚类氧化的作用，还可防止酚类与DNA结合，完全保护DNA的完整性；（5）本试验通过氯仿-异戊醇混合液对先后得到的上清液进行两次抽提，然后用预冷乙醇对上清液中的DNA进行两次沉淀，能有效除去种子中贮藏的蛋白质，将蛋白质污染降到最低；（6）直接以油菜及其近缘植物干种子为材料进行DNA提取，相比现有常用方法中以叶片为材料的提取方法，不仅简单快速，省去了育苗过程，在降低试验成本的同时大大降低了工作量；（7）在适量提取液中研样，不需液氮中冷冻研样，也能防止DNA的降解，解决了河西走廊油菜主产地区制造液氮及提供液氮的场地较少的问题。总之，用该方法来提取DNA，可避免商业试剂盒在提取高质量DNA中所付出的昂贵代价，并且该方法不需要液氮和幼苗培养过程。

当以白芥和芸芥为试材时，所得DNA样品液的浓度低于三大类型油菜的，其原因主要是材料本身的问题，芸芥和白芥的含油量低于油菜，但二者种子中蛋白质、糖类的含量相对高于油菜的，导致DNA提取难度更大。另外，基因组靶向定位诱导损伤技术（Targeting Induced Local Lesions In Genomes，TILLING）已经成为一种越来越受欢迎的可在已知基因序列的基础上鉴别突变系列的反向遗传学研究工具（Slade et al，2005；Till et al，2004），利用本研究方法提取的基因组DNA能否胜任该技术对高丰度、高纯度DNA的严格要求，还需进一步研究。

上述改进提取方法的材料易得，操作简便、实用，易于实施，在保证DNA提取量的前提下能够快速提取纯度较高、完整性较好的基因组DNA，在油菜种质资源分析、种子纯度鉴定乃至种子分子机理探索等方面具有重要意义。

第八章　芸芥优良农艺性状及雄性不育性

第一节　10份芸芥品系优良性状鉴定与选择

笔者等于2016年通过比较10份不同芸芥品系的农艺性状和产量性状，包括株高、主花序有效长度、主花序有效角果数、第一次有效分枝数、角果长度、角粒数、全株有效角果数、主花序有效角果密度、千粒重和单株生产力，来选择适宜于张掖市乃至河西走廊中部地带种植的综合性状较好的芸芥品系，并根据株高等8个性状与单株生产力间的相关程度发现影响芸芥单株生产力的主要因素，以便在育种过程中较准确地从产量因素入手，来选育出高产的品系。

一、芸芥不同品系株高和主花序有效长度

10个芸芥品系间株高差异较明显（表8-1）。品系2的株高达最大值，为103 cm，较所有品系的平均值高出18.4 cm，较对照高出39.7 cm。该品系与7、8和16三个品系间的株高差异性达到5%水平，与对照品种间的株高差异达到1%水平。品系3的株高次之，为99.5 cm，该品系与7、8和16三个品系间的株高差异达到5%水平，与对照品种间的株高差异也达到1%水平。品系2和3的标准差也较小，说明这两个品系的株高性状在不同单株间的变异较小，即性状较为稳定。

参试10个芸芥品系中，品系17的主花序有效长度达最大值，为73 cm，与品系16和对照间的差异分别达到5%和1%的差异显著水平。品系14的主花序有效长度位于第二位，为69.67 cm，较对照（43.5 cm）长26.17 cm。品系3的主花序有效长度为68 cm，与对照品种间的差异达1%的极显著水平。

表8-1　不同芸芥品系的株高和主花序有效长度差异

株高(cm)			主花序有效长度(cm)		
品系	均值±标准差	差异显著性	品系	均值±标准差	差异显著性
2	103.00±5.57	Aa	17	73.00±20.66	Aac
3	99.50±4.95	Aab	14	69.67±9.50	ABa
17	95.50±14.29	ABabc	3	68.00±11.31	ABa

续表

株高(cm)			主花序有效长度(cm)		
品系	均值±标准差	差异显著性	品系	均值±标准差	差异显著性
14	90.30±12.01	ABabc	2	64.33±12.10	ABab
6	87.67±4.04	ABabcd	15	63.67±13.50	ABabc
15	87.67±20.40	ABabcd	6	59.00±4.58	ABabc
7	77.33±4.62	ABbcd	8	56.33±8.50	ABabc
8	73.33±13.01	ABcd	7	55.33±5.03	ABabc
16	71.33±18.58	ABcd	16	48.00±11.36	ABbc
11(CK)	63.33±17.95	Bd	11(CK)	43.50±7.40	Bc
平均值	84.60±11.54			59.81±10.39	

注：小写字母表示0.05的差异显著水平，大写字母表示0.01的极显著差异水平，以下同。

二、芸芥不同品系第一次有效分枝数和主花序有效角果数

10份参试芸芥品系中，第一次有效分枝数位于前3位的依次是：品系14（12.0个）>品系6（11.7个）>品系2（11.0个），它们的平均值均高于对照（7.7个），也高于所有参试材料的平均数（9.7个），但与对照间没有达到显著性差异水平（表8-2）。所有供试材料中，品系17和品系2的主花序有效角果数较多，分别为31.7个和30.3个，分别比对照多了10.7个和9.3个。所有品系间无显著差异。

表8-2　不同芸芥品系第一次有效分枝数和主花序有效角果数的差异

第一次有效分枝数(个)			主花序有效角果数(个)		
品系	均值±标准差	差异显著性	品系	均值±标准差	差异显著性
14	12.0±4.00	Aa	17	31.7±1.53	Aa
6	11.7±1.15	Aab	2	30.3±2.52	Aa
2	11.0±2.65	Aab	7	30.0±3.46	Aa
16	10.3±3.51	Aab	14	29.3±13.32	Aa
15	10.0±3.46	Aab	15	28.3±7.37	Aa
17	9.3±0.58	Aab	6	28.0±4.00	Aa
7	9.0±2.65	Aab	3	26.5±10.61	Aa
3	8.5±0.50	Aab	16	22.0±8.25	Aa
11(CK)	7.7±1.53	Aab	8	21.0±2.65	Aa
8	7.0±1.73	Ab	11(CK)	20.7±4.51	Aa
平均值	9.7±2.18			26.8±5.82	

三、芸芥不同品系角果长度和角粒数

10份芸芥品系中，品系2的角果长度达最大值，为2.32 cm，较对照的角果长度多了0.48 cm，较所有参试品系的平均角果长度多了0.4 cm，与其他品系间的差异达到1%的极显著水平。位于第二位的是品系3，角果长度为2.14 cm，较对照的角果长度多了0.3 cm，较所有参试品系的平均角果长度多了0.22 cm。就每个角果中平均角粒数而言，品系15的最多，每角平均19.3粒，品系2和17的较多，分别为15.3和15粒，而品系16的最少，仅10粒。所有品系的角粒数在5%和1%水平均无显著差异（表8-3）。

表8-3　不同芸芥品系角果长度和角粒数差异

角果长度(cm)			角粒数(粒)		
品系	平均值±标准差	差异显著性	品系	平均值±标准差	差异显著性
2	2.32±0.52	Aa	15	19.3±2.08	Aa
3	2.14±0.38	Aab	2	15.3±3.06	Aa
15	1.99±0.23	Aab	17	15.0±1.73	Aa
7	1.93±0.09	Aab	6	14.7±8.74	Aa
17	1.90±0.29	Aab	3	14.3±7.57	Aa
14	1.87±0.30	Aab	7	13.3±2.89	Aa
11(CK)	1.84±0.17	Aab	14	13.0±6.56	Aa
6	1.79±0.31	Aab	8	12.5±4.95	Aa
8	1.78±0.40	Aab	11(CK)	10.7±4.8	Aa
16	1.69±0.28	Ab	16	10.0±1.73	Aa
总均值	1.92±0.30			13.9±4.41	

四、芸芥不同品系千粒重和单株生产力

10份芸芥品系中，品系8的千粒重达最大值，为3.99 g，比对照高了1.3 g，二者间达到5%的差异水平。品系2的千粒重居第二位，为3.92 g，比品系8低了0.07 g，比对照品种高了1.23 g，二者间达到5%的差异水平。品系14的千粒重最低，仅2.96 g。

就单株生产力而言，品系2的单株生产力达最大值，为26.61 g，比所有参试品系的平均值多了15.28 g，比对照品种多了22.7 g，与品系6、14、15、16和17间达到极显著差异性。品系6的单株生产力为17.12 g，比品系2的少了9.49 g，比对照多了13.21 g，与对照间达到5%差异水平。品系17的单株生产力居第三位，为15.03 g，比对照多了11.12 g（表8-4）。

表 8-4　不同芸芥品系千粒重和单株生产力差异

千粒重(g)			单株生产力(g)		
品系	均值±标准差	差异显著性	品系	均值±标准差	差异显著性
8	3.99±0.25	Aa	2	26.61±2.93	Aa
2	3.92±0.49	Aa	6	17.12±0.53	ABab
3	3.85±0.36	Aa	17	17.10±0.60	ABab
7	3.65±0.63	Aab	3	15.03±1.89	ABabc
16	3.63±0.30	Aab	7	13.27±1.75	ABbc
17	3.33±0.47	Aab	16	7.97±0.33	Bbc
15	3.28±0.64	Aab	15	7.17±1.62	Bbc
6	3.18±0.59	Aab	14	5.54±0.66	Bbc
14	2.96±0.53	Aab	8	5.32±1.24	Bbc
11(CK)	2.69±0.83	Ab	11(CK)	3.91±2.12	Bc
平均值	3.40±0.53			11.33±5.89	

五、芸芥不同品系全株有效角果数和角果密度

10份芸芥品系的全株有效角果数差异很大。品系2的全株有效角果数最多（849.7个），较对照多了569.7个，比所有品系的平均值多了427.8个，该品系与其他品系间的差异达到5%水平，与品系8、3、11、15和16在1%水平有差异显著性。品系14、17和6这三个品系的全株有效角果数差异不大，且与对照品种间的差异很大，均达到1%水平的差异显著性。而品系8的全株有效角果数最少，仅140.7个，比对照少了139.3个（表8-5）。

就主花序有效角果密度而言，品系7的最多，为0.54个/cm，比对照品种（0.47个/cm）多了0.07个/cm，与其他所有品系间达到5%的差异显著性。品系6、2、15这三个品系的主花序有效角果密度一样多，都为0.47个/cm，且与对照品种一样多。

表 8-5　不同芸芥品系全株有效角果数和角果密度差异

全株有效角果数(个)			主花序有效角果密度(个/cm)		
品系	平均值±标准差	差异显著性	品系	平均值±标准差	差异显著性
2	849.7±8.6	Aac	7	0.54±0.09	Aa
14	518±5.7	ABb	6	0.47±0.05	Aab
17	509.3±1.1	ABb	2	0.47±0.06	Aab
6	505.7±8.8	ABb	11(CK)	0.47±0.05	Aab
7	423.3±5.6	ABbc	15	0.47±0.19	Aab
16	344±3.4	Bbc	16	0.46±0.05	Aab
15	327±5.9	Bbc	17	0.43±0.11	Aab
3	304.5±7.6	Bbc	14	0.42±0.15	Aab
11(CK)	280±1.6	Bbc	3	0.39±0.09	Aab
8	140.7±3.2	Bc	8	0.37±0.09	Aab
总均值	421.9±5.1		总均值	0.45±0.09	

六、芸芥8个不同性状与单株生产力间的相关性分析

双变数的相关程度决定于$|r|$，$|r|$越接近于1，相关越密切；越接近于0，越可能无相关。r的正负表示相关的性质，正相关表示y随x的增大而增大，负相关即y随x的增大而降低。将r与r^2结合起来，即由r的正负表示相关的性质，由r^2的大小表示相关的程度。

从表8-6可以看出，在株高、主花序有效长度和第一次有效分枝数这三个农艺性状中，主花序有效长度与单株生产力间呈负相关关系，这表明不能根据主花序有效长度的大小来选择芸芥单株生产力。第一次有效分枝数和株高与单株生产力间都是正相关关系，但第一次有效分枝数与单株生产力间的相关程度明显大于株高的，这表明根据第一次有效分枝数比根据株高性状来选择单株生产力更可靠些。五个产量性状，主花序有效角果数、全株有效角果数、角果长度、角粒数和千粒重与单株生产力间都呈正相关关系，相关程度依次为：全株有效角果数＞千粒重＞角粒数＞角果长度＞主花序有效角果数，这表明在生产上凭借全株有效角果数和千粒重来选择单株生产力，选择结果将会更准确。

表8-6　芸芥8个性状与单株生产力间的相关性(r)和相关程度(r^2)

性状	单株生产力		
	r	r^2	位次
株高	0.29	0.084	6
主花序有效长度	-0.15	0.023	8
第一次有效分枝数	0.46	0.212	3
主花序有效角果数	0.17	0.029	7
全株有效角果数	0.84	0.706	1
角果长度	0.31	0.096	5
角粒数	0.35	0.122	4
千粒重	0.61	0.372	2

七、讨论和结论

单株产量是决定芸芥产量的最主要因素，同时也是芸芥株高、第一次有效分枝数、主花序有效长度、主花序有效角果数、全株有效角果数、角果长度、角粒数、千粒重等性状的综合表现。在油菜中，通常认为单株有效角果数、每果角粒数和千粒重是油菜产量构成的主要因素，这些因素中以单株有效角果数对产量的影响最大，每果角粒数次之，千粒重则相对稳定；各相关性状对直播油菜产量直接影响的大小（影响系数的绝对值越大对因素的影响越大）顺序为单株有效角果数＞根茎粗＞叶痕数株高＞分枝数＞每角果粒数＞分枝位高度＞千粒重；油菜的产量和全株有效角果数、株高的关联度较高。影响芸芥单株生产力的决定因素按其相关系数的大小依次是全株有效角果数＞千粒重＞第一次有效分枝数＞角粒数＞角果长度＞株高＞主花序有效角果数＞主花序有效长度；

全株有效角果数、千粒重、第一次有效分枝数这些性状与芸芥产量的相关程度比较高，是影响芸芥产量的关键因子。芸芥的产量及其相关的农艺性状除了受到自身遗传因素的影响，还受环境因子、生物因子、农艺因子的影响，要想更好地运用芸芥品系的选择与鉴定结果，还应该在不同生态环境下多做点异地试验。

侯树敏研究油菜时指出，一次有效分枝数、千粒重、单株角果数可作为选育高产品种的重要指标，植株苗期、蕾薹期和角果期是影响油菜产量性状的关键生育期，日平均温差、日平均温度、降水量、日照时数是影响植株性状的关键，植株性状、气象因子、生理因素、基因型及病害等对油菜产量和品质都有一定的影响；不同生态区由于光照、温度、降水等气象因子的差异，对油菜干物质积累、籽粒产量和品质也有一定程度的影响。因此在芸芥优良品系的选择鉴定中要对各因素加以综合考虑，才有可能获得更佳的选择效果，进而为选出优良品种乃至为创造更高产量找出主攻方向。

第二节　芸芥及其近缘种雄性不育性

一、芸芥雄性不育性

雄性不育是高等植物中普遍存在的一种现象，也是目前国内外利用杂种优势的重要途径之一，十字花科芸薹属作物具有明显的杂种优势，采用雄性不育系制种是此作物利用杂种优势的主要途径。自发现雄性不育以来，先后在芸薹属作物中发现了数十个雄性不育材料，其中比较重要的有PolCMS、PLCMS、 OguCMS、陕2A、Nsa以及新近报道的NCa等。其中玻里马雄性不育系（polCMS）和萝卜质雄性不育系（OguCMS）是目前芸薹属植物三系法杂种优势利用的主要种质资源。

2009年笔者在张掖市河西学院教学科研试验基地繁殖芸芥的过程中，通过对芸芥花器形态特征观察、花粉育性检测，发现了一株芸芥雄性不育株，经与另一株芸芥可育株杂交繁殖可产生种子，第二年继续播种观察，仍表现不育特征，为此，确定其为芸芥不育系，此结果在芸芥及芸薹属植物杂种优势利用中具有重要的生产价值。

二、芸芥雄性不育株花器形态特征

从花器形态观察，08芸芥SC_2-1不育花与其正常花之间存在明显的区别。从图8-1中可以看出，不育花花蕾呈三角形，较小，松软，花瓣不够平展，颜色灰白，雌蕊明显高于雄蕊，柱头乳白色，花药近灰白色；而可育花花蕾呈圆柱形，较大，硬实，花瓣平展，颜色黄色，雌蕊明显低于雄蕊，柱头黄色，花药黄色；通过显微镜对不育花和可育花的观察发现，不育花无论花蕾还是已开放的花朵都看不见散粉的花粉粒，基本属于花粉败育型。另外，从表8-7中可以看出，不育花花蕾的大小，花朵的花瓣长度、宽度，以及雄蕊长度、花柱长度都明显小于可育花；除此之外，不育花四强雄蕊的长度明显小于其雌蕊的长度，而可育花四强雄蕊的长度明显高于其雌蕊的长度。综上，可以初步得出芸芥雄性不育系败育彻底。

表8-7　芸芥不育株和正常株的花器特征

测定项目	植株育性	测定花朵数			平均值
		1	2	3	
花蕾的大小（长×宽）	不育株 可育株	0.63 0.80	0.60 0.76	0.60 0.628	0.61 0.729
花瓣长度	不育株 可育株	1.40 1.65	1.40 1.65	1.41 1.70	1.403 1.666
花瓣宽度	不育株 可育株	0.50 0.60	0.50 0.51	0.40 0.50	0.466 0.536
花冠开展度	不育株 可育株	1.02 1.24	0.96. 1.12	1.12 1.35	1.033 1.236
花柱及子房总长	不育株 可育株	0.80 0.90	1.00 1.00	1.02 1.20	0.940 1.033
四强雄蕊花丝长短	不育株 可育株	0.60 1.10	0.60 1.10	0.71 1.00	0.636 1.066
二弱雄蕊花丝长短	不育株 可育株	0.40 1.00	0.48 1.10	0.57 1.00	0.483 1.033
四强雄蕊花药长短	不育株 可育株	0.20 0.30	0.20 0.32	0.20 0.20	0.200 0.273
二弱雄蕊花药长短	不育株 可育株	0.20 0.20	0.20 0.30	0.20 0.30	0.200 0.266
雄蕊数目	不育株 可育株	6 6	6 6	6 6	6 6
花丝的状态	不育株 可育株	直立 直立	直立 直立	直立 直立	直立 直立
花蕾的性状	不育株 可育株	三角形 圆柱形	三角形 圆柱形	三角形 圆柱形	三角形 圆柱形
花蕾松软度	不育株 可育株	松软 硬实	松软 硬实	松软 硬实	松软 硬实
花瓣颜色	不育株 可育株	灰白 黄色	灰白 黄色	灰白 黄色	灰白 黄色
花粉有无	不育株 可育株	无 有	无 有	无 有	无 有

芸芥可育花（左）和不育花（有）

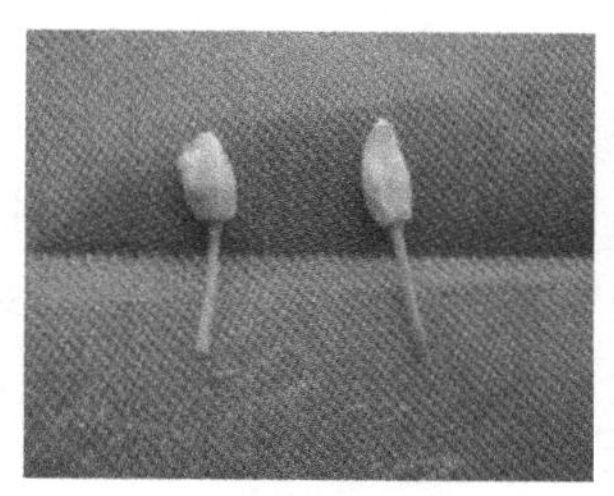
芸芥可育花蕾（左）和不育花蕾（右）

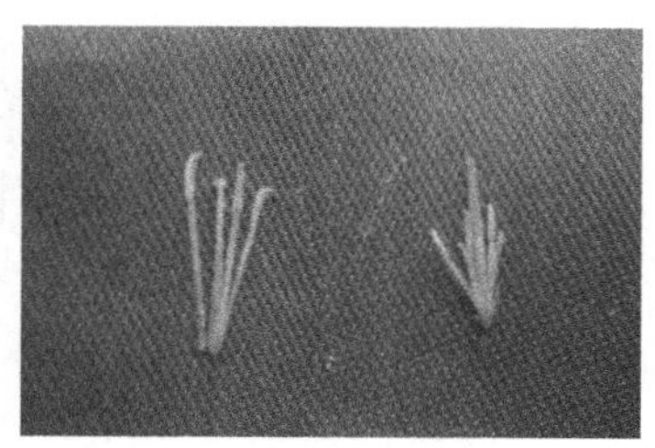
芸芥可育花药（左）和不育花药（左）

图8-1 芸芥雄性不育花、花蕾、雄蕊

三、芸芥雄性不育株花粉的育性

多数植物正常花粉呈规则形状，如圆球形或椭球形、多面体等，并积累淀粉较多，通常1% I_2-KI可将其染成蓝色。发育不良的花粉常呈畸形，往往不含淀粉或积累淀粉较少，用1% I_2-KI染色，往往呈现黄褐色。凡被染成蓝色的为含有淀粉的活力较强的花粉粒，呈黄褐色的为发育不良的花粉粒。在用1% I_2-KI溶液染色法测定花粉活力的过程中，观察到花朵中的花粉粒仅仅被染成黄褐色和淡黄色的花粉粒，有活力的花粉粒不到1%（表8-8）。

表8-8 1% I_2-KI溶液染色法测定花粉活力

染色	视野			平均值
	1	2	3	
蓝色	2	0	1	1.5
淡黄色	27	20	19	22
黄褐色	71	80	80	77.5

TTC（2,3,5—三苯基氯化四氮唑）的氧化态是无色的，可被氢还原成不溶性的红色三苯甲潜（TTF）。用TTC的水溶液浸泡花粉，使之渗入花粉内，如果花粉具有生命力，其中的脱氢酶就可以将TTC作为受氢体，使之还原成为红色的TTF；如果花粉死亡便不能染色；花粉生命力衰退或部分丧失生活力，则染色较浅或局部被染色。因此，可以根据花粉染色的深浅程度鉴定种子的生命力。在用0.2% TTC染液测定花粉活力的过程中，发现3个视野中没有被染成红色的花粉粒，仅有几个被染成浅红色的花粉粒（表8-9）。

表8-9 0.2% TTC溶液染色法测定花粉活力

染色	视野			平均值
	1	2	3	
红色	0	0	0	0
浅红色	8	10	11	9.5
无色	92	90	89	90.5

四、讨论和结论

在关于玻里马细胞质雄性不育的研究中，杨光圣表明：polCMS的花冠小，花瓣窄小，皱缩，相互分离，雌蕊明显高于雄蕊，在相对较高温度或较低温度条件下易出现微量的花粉。

OguCMS是日本的Ogura在日本的萝卜群体中发现的天然雄性不育株。杨光圣、傅廷栋在环境条件对油菜细胞质雄性不育的影响研究中表明：OguCMS花瓣较宽，平展不皱缩；四强雄蕊占雌蕊高度的2/3以上，花药较大，败育彻底，无微量花粉。

甘蓝型油菜大花雄性不育系在植物形态学特征上表现为花冠、花瓣大，花瓣平展；四强雄蕊明显低于柱头，花药呈褐色，瘦小，戟形，空瘪无花粉。

在对08芸芥SC_2-1材料花器形态特征研究中发现，不育花花蕾呈三角形，较小，松软，花瓣不够平展，颜色发白，雌蕊明显高于雄蕊，柱头乳白色，花药近灰白色，花丝皱缩；而正常花花蕾呈圆柱形，较大，硬实，花瓣平展，颜色黄色，雌蕊明显低于雄蕊，柱头黄色，花药黄色，花丝无皱缩；不育花四强雄蕊的长度明显低于其雌蕊的长度，而正常花四强雄蕊的长度明显高于其雌蕊的长度。此外，在观察不育花花药中的花粉时，几乎没有发现黄色的花粉粒；在测定花粉活力的试验中，也没有发现具有较强活力的花粉粒，这可能是因为在雄蕊发育的过程中没有形成花粉粒或者在形成花粉粒的过程中败育，导致雄性不育。

总之，从上述研究中我们发现，不育花雌蕊柱头明显高于雄蕊花药，并且雄蕊花药中的花粉粒几乎不具生活力，使其不能正常授粉，是造成雄性不育的重要原因。通过以上4种方法的验证，说明芸芥花粉败育彻底，08芸芥SC_2-1是十字花科芝麻菜属的一种新型不育类型。

第三节　芸芥近缘种甘蓝型油菜新型雄性不育系的鉴定和分类①

雄性不育材料的创制已成为油菜遗传改良和杂种优势利用的有效手段之一。通过甘蓝型油菜品种PF与陇油2号的杂交，在后代中发现了植物学形态特征不同于玻里马（PolCMS）的雄性不育材料PLCMS。为了明确PLCMS不育系是否为一种不同于现有雄性不育系的新型不育材料，笔者等以两种常见的甘蓝型油菜不育系，PolCMS和萝卜不育系（OguCMS）为对照，分别从花器表型特征、不育性、恢保关系和DNA分子标记这四个方面进行了对比分析。

一、三种CMS雄性不育系的花器形态特征

L04-05A和Pol5A表现出了相同的外部花器形态，四个花萼和四个花瓣，且呈十字

①编引自范惠玲等，2016，Identification and Characterization of a New Cytoplasmic Nuclear Male Sterile Line in *Brassica napus* L.，农业生物技术学报。

形（图8-2A）。L04-05A和Pol5A的每一朵花有六个雄蕊，大田低温条件下，Pol5A上存在微量花粉。油菜雄性不育系PLCMS在植物学形态特征上表现为花冠、花瓣大，如花瓣直径平均为1.8 cm，比其他不育材料的花瓣直径长1.2～0.7 cm（表8-10）。花瓣平展，侧叠，开花流畅；柱头、蜜腺发育正常；无闭蕾死蕾现象；花药呈褐色，瘦小，畸形，空秕无花粉；初花期、盛花期镜检花药，均未发现花粉粒。PLCMS中没有发现死蕾和闭蕾现象，但在PolCMS中存在。Pol5A系与PLCMS的株型相似，但花器不同，如花瓣皱缩，相互分离（图8-2）。

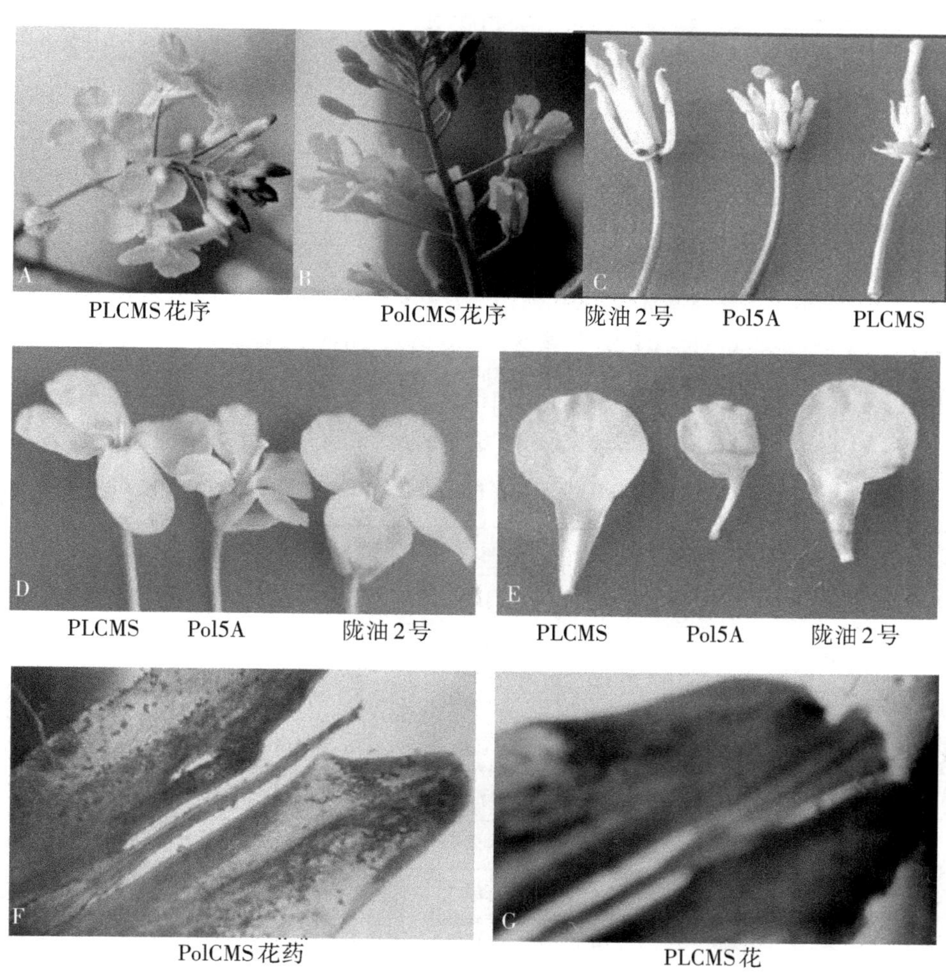

A. bar=5 mm；B、C、D.bars =1 cm；E、F、G. bars =5 cm

图8-2　PLCMS和PolCMS花器形态特征

表8-10 三类CMS雄性不育材料的花器特征

性状	雄性不育类型		
	PLCMS	PolCMS	OguCMS
花冠直径(cm)	1.80	1.50	1.70
花瓣长度(cm)	1.20	1.00	1.10
花瓣宽度(cm)	0.70	0.60	0.65
雄蕊长(cm)	0.50	0.65	0.45
花丝长(cm)	0.25	0.40	0.20
花药长(cm)	0.25	0.25	0.25
柱头长(cm)	1.00	0.90	1.00
雄蕊长/柱头长	0.50	0.67	0.45
花瓣	平展	皱缩	平展

二、甘蓝型油菜CMS雄性不育系的不育度和不育株率

PLCMS的不育株率和不育度都达到了100%，而OguCMS的不育株率和不育度分别是98.5%、99.71%，Pol5A的不育株率和不育度分别是93.84%、99.35%（表8-11）。

表8-11 甘蓝型油菜雄性不育系的不育度和不育株率(2010—2012)

CMS系	地点	调查植株数	不育株	不育株率(%)	调查花数(3年)	有效角果	不育度(%)
L04-05A (PLCMS)	兰州	300	300	100	4500	0	100
	张掖	300	300	100	4500	0	100
均值				100			100
0053A (OguCMS)	兰州	300	300	100	4500	9	99.80
	张掖	300	291	97.00	4500	17	99.62
均值				98.5			99.71
Pol5A (PolCMS)	兰州	300	284	94.67	4500	23	99.49
	张掖	300	279	93.00	4500	35	99.22
均值				93.84			99.36

三、甘蓝型油菜CMS雄性不育系的恢保关系

PLCMS的恢保关系与PolCMS、OguCMS的完全不同。PolCMS的保持系和恢复系都是PLCMS和OguCMS的保持系，而PLCMS的恢复系是PolCMS和OguCMS的保持系，PLCMS的育性只能被Ebolite-04冬134和Ebleme-04冬151恢复，即这两个材料仅是PLCMS的恢复系。Huaxie1C、Kengyou1C、9801C、331C、305C和Hyola42 C是PolCMS唯

一的恢复系。9801B、Long you2、2014B、L04-05B、L04-01B和L04-04B是三种不育系共同的保持系（表8-12）。

表8-12 不同恢复系和保持系对三种CMS系的恢保能力(3年)

杂交组合		总株数	可育株	不育株	可育株百分比(%)	不育株百分比(%)
母本	父本					
PL CMS	华协 1C	150	0	150	0.0	100.0
	垦油 1C	150	0	150	0.0	100.0
	9801C	150	0	150	0.0	100.0
	331C	150	0	150	0.0	100.0
	305C	150	0	150	0.0	100.0
	Hyola42 C	150	0	150	0.0	100.0
	Ebolite-04 winter 134	150	150	0	100	0
	Ebleme-04 winter 151	150	150	0	100	0
	陇油 2	150	0	150	0.0	100.0
	L04-05 B	150	0	150	0.0	100.0
	L04-01 B	150	0	150	0.0	100.0
	L04-04 B	150	0	150	0.0	100.0
	9801B	150	0	150	0.0	100.0
	2004 B	150	0	150	0.0	100.0
Pol CMS	华协 1 C	150	150	0	100.0	0.0
	垦油 1 C	150	150	0	100.0	0.0
	9801 C	150	150	0	100.0	0.0
	331 C	150	150	0	100.0	0.0
	305 C	150	150	0	100.0	0.0
	Hyola42 C	150	150	0	100.0	0.0
	Ebolite-04 winter 134	150	0	150	0.0	100.0
	Ebleme-04 winter 151	150	0	150	0.0	100.0
	9801 B	150	0	150	0.0	100.0
	Long you2	150	0	150	0.0	100.0
	L04-05 B	150	0	150	0.0	100.0
	L04-01 B	150	0	150	0.0	100.0
	L04-04 B	150	0	150	0.0	100.0
	2014 B	150	0	150	0.0	100.0

续表

杂交组合		总株数	可育株	不育株	可育株百分比(%)	不育株百分比(%)
母本	父本					
Ogu CMS	华协1C	150	0	150	0.0	100.0
	垦油1C	150	0	150	0.0	100.0
	9801C	150	0	150	0.0	100.0
	331C	150	0	150	0.0	100.0
	305C	150	0	150	0.0	100.0
	Hyola42 C	150	0	150	0.0	100.0
	Ebolite-04 winter 134	150	0	150	0.0	100.0
	Ebleme-04 winter 151	150	0	150	0.0	100.0
	9801B	150	0	150	0.0	100.0
	陇油2	150	0	150	0.0	100.0
	L04-05B	150	0	150	0.0	100.0
	L04-01B	150	0	150	0.0	100.0
	L04-04B	150	0	150	0.0	100.0
	2014B	150	0	150	0.0	100.0

四、甘蓝型油菜CMS雄性不育系的RAPD带型和树状图分析

采用23条RAPD随机引物对3种CMS雄性不育系和7种保持系进行扩增。结果在这10种基因型中共扩增出132条多态性条带。扩增带的大小介于250～2000 bp范围内。用引物S124和S151扩增得到的条带最多，共9条，而用S66、S170和S195引物扩增得到的条带最少，仅3条。每一条引物扩增得到的条带平均为6条。这些结果表明，这10份材料中基于mtDNA碱基序列的多态性是较高的，用S157扩增得到了特异带，其大小为750～1000 bp，这些条带只在0053A中出现，而在其余9种材料中没有出现。这些DNA片段可作为分子标记来区分特异CMS不育系。

基于UPGMA分析的树状图将10份材料分成5组，Jaccard′s相似性系数介于0.0392～0.1715之间（图8-3）。A组包括两个亚组A1和A2，A1有L04-02A和L04-05A，A2有L04-01A；B组分B1和B2两个亚组，其中B1有Pol5A和Pol2A，B2组有Pol1A；C组有两个亚组C1和C2，C1有保持系L04-01B，C2有保持系L04-05B；D组有L04-04B；E组有0053A。可见，具有相同来源的材料首先被聚在同一个组，例如，A组（L04-02A、L04-05A和L04-01A）为PLCMS不育系，B组（Pol2A、Pol1A和Pol5A）为PolCMS不育系，E组（0053A）是OguCMS不育系。

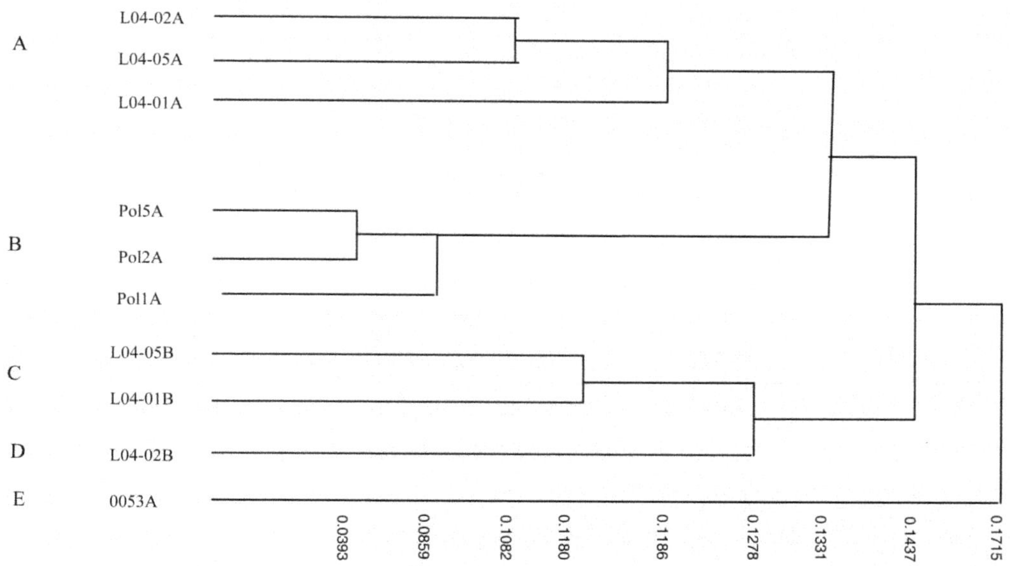

L04-02A、L04-05和L04-01A：PLCMS
Pol5A、Pol2A和Pol1A：PolCMS
0053A：OguCMS
L04-04B、L04-01B和L04-05B：PLCMS的3个保持系
0.0392-0.1715：Jaccar's similarity coefficient
A：L04-02A、L04-05A、L04-01A；B：Pol5A、Pol2A、PolA；
C：L04-05B、L04-01B；D：L04-02B；E：0053A

图8-3　甘蓝型油菜10份材料基于RAPD数据的树状图

综上，mtDNA的RAPD标记结果中，PLCMS、PolCMS和OguCMS三类不育系被聚为三组，这表明PLCMS为一种不同于Pol CMS和OguCMS的新型不育系，这一结果为扩大油菜的不育种质资源提供了有用的信息。

第九章　芸芥及其近缘植物远缘杂交研究

远缘杂交在芸薹属作物育种上得到广泛应用，并取得了显著成效。如用白菜型油菜与甘蓝型油菜杂交，改良甘蓝型油菜的熟性；以PolCMS为母本，结球白菜为父本杂交，然后回交，将甘蓝型油菜PolCMS的基因转育到结球白菜上；萝卜细胞质雄性不育基因被转育到芸薹属的各种作物上。

芸芥是一种重要的十字花科油料作物和蔬菜作物，具有优异的抗逆性，诸如抗旱、耐瘠薄、抗白粉病、耐低温、耐蚜虫、耐（抗）盐碱等，而且芸芥与芸薹属有一定亲缘关系。进行芸芥与芸薹属的远缘杂交研究，以期通过远缘杂交的方法将芸芥的优良性状导入油用芸薹属种，增强芸薹属的抗旱等抗逆性能，无疑对干旱、半干旱地区的油料作物生产和育种具有重要意义。

第一节　芸芥与不同芸薹属植物间远缘杂交的亲和性

芸薹属植物的远缘杂交已涉及芸薹属的各个栽培种之间、栽培种与野生种之间，以及芸薹属植物与十字花科的芸芥（*Eruca sativa*）、白芥（*Sinapis alba*）、萝卜（*Raphanus sativus*）、独行菜（*Lepidum*）、羽衣甘蓝（*Brassica kale*）、诸葛菜（*Orychophragmus violaceua*）、蔊菜（*Rorippa*）和海甘蓝（*Crambe*）等属种间。有关芸薹属植物的种属间杂交亲和性，许多学者研究表明，除了甘蓝型油菜×白菜型油菜和芥菜型油菜×甘蓝型油菜等少数几个杂交组合杂交亲和性强外，一般种间杂交100朵花只能得到少数几粒或几十粒种子；属间杂交更困难，每杂交100朵花只能获得很少几粒种子，真杂种更少，属于高度不亲和。

一、白菜型油菜与芸芥属间杂交亲和性

孙万仓（2005）用白菜型油菜和芸芥组配了15个正、反杂交组合。10个白菜型油菜×芸芥正交组合，共杂交7010朵花，均获得了杂交角果，共得到866个角果，结角率12.35%，亲和指数0.06。收获后考种，平均每角果肉眼可见败育胚残迹1.39个；5个反交组合，共杂交2200朵花，获得3角果，结角率0.14%，亲和指数0.002，败育胚残迹罕见，而且只有在以靖远芸芥为母本的两个组合中得到了角果。正交的结角率、亲和指数分别为反交的10倍和30倍，平均每角果肉眼可见败育胚残迹数正交亦远远大于反交。如武威小油菜×广河芸芥，结角率7.56%，亲和指数0.080，平均每角果败育胚残迹数0.76

个，而反交组合广河芸芥×武威小油菜，3项指标均为0。上述结果表明，芸芥与白菜型油菜杂交，以白菜型油菜做母本、芸芥做父本的杂交组合，易获得种子；反之，则很难获得杂交角果。

就白菜型油菜为母本的正交组合而言，结角率和亲和指数因杂交组合不同差异亦较大。如97CF41×榆中芸芥、陇油3号×榆中芸芥、97Q-6×靖远芸芥、陇油4号×靖远芸芥的结角率、亲和指数与败育胚残迹数较高，而97m189×广河芸芥、97Q-6×广河芸芥的较低。另外，父本对杂交结角率与亲和指数影响也很大，如97Q-6×靖远芸芥的结角率与亲和指数远远高于97Q-6×广河芸芥。在靖远芸芥与陇油4号组配的杂交组合中，无论陇油4号×靖远芸芥的正交组合还是靖远芸芥×陇油4号的反交组合，均获得了角果与败育胚残迹，亲和程度较高，说明靖远芸芥是一个比较好的父本，也是一个好的母本。这些研究结果表明，杂交亲和程度与亲本基因型有很大关系。

与以正常雄性可育白菜型油菜做母本的杂交组合相比较，以白菜型油菜细胞质雄性不育材料做母本与芸芥杂交，结角率等有一定提高。

二、芥菜型油菜与芸芥属间杂交亲和性

孙万仓（2005）以芸芥和芥菜型油菜为材料共组配5个正、反交组合。3个芥菜型油菜×芸芥的正交组合，共授粉1700个柱头，结角率8.12%，亲和指数0.068，平均每角果败育胚残迹数0.82个。2个芸芥×芥菜型油菜的反交组合，授粉1470朵花，获得33个角果，54粒种子，结角率2.24%，亲和指数0.037，平均每角果败育胚残迹数0.55个。可见，芸芥与芥菜型油菜杂交，正、反交也有很大差异，芥菜型油菜做母本的正交组合的结角率、亲和指数分别为反交的4倍和2倍，败育胚残迹数亦远远高于反交组合。

三、甘蓝型油菜与芸芥属间杂交亲和性

2003年戴林建以甘蓝型油菜为母本的正交组合在结角率、结籽率、平均角粒数都比反交高。但不论是正交还是反交，不同亲本基因型的亲和性差异较大。在正交中，母本相同，4个不同的父本，以柴门芸芥的亲和性最高，迈边芸芥的亲和性相对较低。如以湘油15号为母本，柴门芸芥、青城芸芥、郭城芸芥、迈边芸芥为父本，结角率分别为5.85%、2.80%、2.28%、1.71%，结籽率分别为2.55%、1.17%、0.83%、0.38。在以571抗倒和742特做母本的组合中，也得到相类似的结果。在以芸芥为母本的反交中，柴门芸芥为母本，湘油15号和571抗倒为父本的结角率和结籽率最高，结角率分别为3.16 %、2.25%，结籽率分别为1.45%、1.29。以上结果表明，柴门芸芥做父本或是做母本与甘蓝型油菜的亲和性均是最高，这一结果在后面芸薹属植物与芸芥杂交时花粉与柱头相互作用研究中也得到了证实。另外，用湘油15号、571抗倒、742特3个甘蓝型油菜品种与其他12个芸芥品种进行了正、反交，共授粉11020朵花，只获得43个角果，11粒饱满籽粒。

2005孙万仓以芸芥和甘蓝型油菜为材料，共组配7个正、反交组合。5个甘蓝型油菜做母本的正交组合，共授粉2810个柱头，获得207个角果，结角率7.37%，亲和指数0.044，平均每角果败育胚残迹数0.39个。所获得的角果中绝大多数为空角果。其中3个

以甘蓝型油菜细胞质雄性不育材料G851A做母本的杂交组合，结角率、亲和指数均高于以普通甘蓝型油菜做母本的杂交组合。两个反交组合共授粉800个柱头，获得10个角果，结角率1.25%，亲和指数0.013，败育胚残迹数0.5个；结角率、亲和指数及败育胚残迹数均低于以甘蓝型油菜做母本的正交组合。

2005年，朱缘和林良斌以甘蓝型油菜为母本，芸芥为父本进行远缘杂交，结果表明：甘蓝型油菜和芸芥远缘杂交亲和性很低，亲和性最高的湘油15号、三营芸芥为0.19，亲和性最低的J-2、东郊芸芥为0.11。其远缘杂交亲和性与亲本材料有关，强弱依次是湘油15号×三营、湘油15号×东郊、中油821×东郊、中油821×三营、J-2 ×三营、J-2×东郊、说明不同基因型的甘蓝型油菜和芸芥杂交亲和性有差异。

四、其他芸薹属种与芸芥间杂交的亲和性

戴林建（2003）用其他芸薹属种做母本与芸芥杂交，组配了6个杂交组合，授粉2477朵花，获得44个角果，24粒饱满种子，8粒空秕粒，平均结角率为1.80，平均结籽率0.99%，平均角粒数为0.49。在6个杂交组合中，均得到了杂交角果，结角率1.23%～3.14%，结籽率0.26%～0.75%。不同杂交组合的杂交亲和性差异较大，以红叶芥×柴门芸芥结角率和结籽率最高，分别为3.14%和2.37%。尤嫩斯×青城芸芥结角率最低，为1.23%，野油×青城芸芥结籽率最低，仅为0.26%。4个芸芥×其他芸茎属种组合，授粉2075朵花，获得14个角果，9粒种子，平均结角率0.67%，平均结籽率0.42%，平均角粒数为0.38。

芸芥与其他芸薹属种做母本，芸芥做父本杂交的结籽率高于其反交。如红叶芥×柴门芸芥与柴门芸芥×红叶芥，红叶芥×青城芸芥与青城芸芥×红叶芥，新疆野生油菜×柴门芸芥与柴门芸芥×新疆野生油菜等，正交结实率均大于其反交。正交结角率几乎是反交结角率的3倍，但反交也都能获得饱满种子，只是不同组合差异甚大。亲和性也因组合而异。从正反交结果可看出，以红叶芥×柴门芸芥组合的杂交亲和性最强。芸芥与其他芸薹属种杂交时，亲和性很大程度上受母本基因型的影响，但也不能忽视父本的作用。5个芸薹属种×芸芥的结角率和结籽率与甘蓝型油菜×芸芥相比，都相对较低。如前者正交的结角率和结籽率分别是1.80%、0.99%，而甘蓝型油菜与芸芥杂交正交的结角率和结籽率分别为2.73%、1.21%；前者反交的结角率和结籽率分别是1.63%、0.74%，而后者反交的结角率和结籽率分别为0.67%、0.42%。

五、讨论和结论

芸芥与芸薹属间远缘杂交存在高度不亲和性

戴林建、孙万仓和朱缘等的属间远缘杂交结果均证明，芸芥与三类油菜间的属间杂交均存在高度不亲和性。Nishi（1954）在白菜型油菜×芸芥、Enink（1974，1975）在甘蓝×芸芥的研究中也获得了类似的结果。异源花粉被授到雌蕊柱头上以后，要经历吸水、萌发、花粉管伸长进入柱头、伸进花柱、穿过胚珠的珠孔等一系列步骤，精子才有可能与卵细胞融合而实现受精。在这个“漫长而艰难”的历程中，任一阶段发生的不亲和

性，都可能导致受精失败。就其原因，主要有两个方面：其一为受精前不亲和，即异源花粉落到柱头表面，由于柱头乳突细胞内会产生大量胼胝质，对异源花粉产生特异性拒绝反应，因而导致受精前不亲和；其二为受精后不亲和，即幼胚、胚乳和子房组织之间缺乏协调性，特别是胚乳发育不正常，影响了胚的发育，导致胚部分或完全坏死，因而导致受精后不亲和。

据王爱云的报道（2005）分析，远缘杂交中存在的不亲和问题主要表现如下：

1.远缘杂交受精前不亲和

油菜远缘杂交受精前不亲和主要是由于杂交时，异源花粉很难在柱头上黏合和萌发，而且花粉黏合到柱头上的时间也较自交大大延迟；即使有少量花粉粒萌发，由于在花粉黏合的部位及其附近柱头乳突细胞内产生大量胼胝质，花粉管很难生长进入柱头，造成受精困难。远缘杂交授粉后，柱头乳突细胞内沉积的大量胼胝质是远缘杂交时柱头对异源花粉的一种特异性拒绝反应，其反应强弱与杂交亲本的亲缘程度相关（Dumas et al，1983；Kerhoas et al，1983）。孟金陵在以甘蓝型油菜为母本，与白菜、甘蓝、黑芥、埃塞俄比亚芥和芥菜型油菜做父本的远缘杂交（孟金陵，1987；孟金陵等，1992；孟金陵，1990），巩振辉等（1992）在甘蓝与白菜、白芥与白菜的远缘杂交（巩振辉等，1994），王幼平等（1997）在诸葛菜与白菜型油菜和芥菜型油菜的远缘杂交，戴林建等（2003）在油菜与芸芥的远缘杂交，魏琴和周黎军等（2000）在比较芸薹族6种油料作物与油菜萝卜胞质不育系OguCMS杂交，以及孙万仓（2005）在芸芥与芸薹属3个油用种的远缘杂交中都发现了类似现象，如花粉黏合程度降低，花粉黏合时间推迟，异源花粉柱头上萌发缓慢，花粉管生长迟缓，且发生严重扭曲、分叉畸形，与花粉管接触的柱头乳突细胞与花粉管中普遍产生胼胝质，花粉管常常难以穿入柱头等现象，导致杂交不亲和（Dumas et al，1983）。

2.远缘杂交受精后不亲和

油菜远缘杂交受精后的不亲和主要表现在胚胎发育障碍，从而引起杂交不结实或结实率极低。杂种胚不发育、发育不正常或中途停止发育以及胚乳的不正常发育是远缘杂交不结实的主要原因之一。

胡金良等（1997）在同源四倍体矮脚黄白菜与甘蓝型油菜杂交的胚胎学研究中观察到胚和胚乳的早期发育基本正常，但与四倍体白菜自交相比，胚和胚乳的发育进程较缓慢。由于杂种胚发育缓慢，在胚乳细胞发生退化时，多数杂种胚处于球形、心形或鱼雷形阶段。随着胚乳细胞的消失，杂种胚停止发育并最终解体。

孟金陵等（1998）研究表明，甘蓝型油菜与芥菜型油菜杂交，授粉后1 d，大约有10%卵细胞受精，但胚和胚乳发育缓慢，授粉后10～12 d胚发育至心形期或早鱼雷期，随后停止发育，授粉后24～25 d胚发生败育，胚乳仍停留在游离细胞阶段，并退化解体。芥×甘杂交中，授粉后10 d仍有50%以上的卵细胞未受精，杂种胚胎发育进程远远落后于芥菜型油菜自交，约有15%的杂种胚最终不能发育成为有活力的种子。

3.芸芥与芸薹属间远缘杂交的亲和性存在一定程度的单向性

当以芸薹属为母本，芸芥为父本杂交时，亲和指数和败育胚残迹数等均大于芸芥做母本、芸薹属做父本的反交组合。在其他许多植物中，如芸薹、番茄、辣椒、曼陀罗、烟草、亚麻等，均发现种间杂交时存在单向不亲和性，即栽培种或染色体数目多的种做母本的组合，亲和性大于野生种或染色体数目少的种做母本的组合（Sampson，1962）。

4.芸芥与芸薹属的杂交亲和性大小与两个杂交亲本的亲缘关系亲疏及亲本基因型有关

以结角率、亲和指数及败育胚残迹数来衡量芸薹属与芸芥的杂交亲和性，则亲和性大小次序为白菜型油菜＞芥菜型油菜＞甘蓝型油菜。芸芥的EE基因组与白菜型油菜AA基因组亲缘关系最近（官春云等，1999），虽然甘蓝型油菜的AACC基因组与芥菜型油菜的AABB基因组中也含有AA基因组，但由于他们在长期的系统进化过程中，与白菜型油菜AA基因组已经形成了一定差异，即亚基因组间的差异，这种差异可能是芸芥与白菜型油菜的杂交亲和性大于其他两种油菜的原因之一。

杂交亲和性还与亲本的基因型有关，在孙万仓（2005）的研究中，与靖远芸芥有关的杂交组合，如陇油4号×靖远芸芥、97Q-6×靖远芸芥杂交亲和性显著高于其他组合，而且陇油4号×靖远芸芥，无论正、反交，均获得了较多的杂交角果与败育胚残迹。显然，靖远芸芥是良好的杂交亲本。孟金陵等（1992）在甘蓝型油菜与芥菜型油菜的远缘杂交中也发现，亲本基因型分别控制受精指数高低和结实性强弱。

第二节　三种类型油菜×白芥远缘杂交亲和性研究

白芥属十字花科白芥属植物，具高抗十字花科植物多种病虫害，也能抗高温及干旱胁迫，是十字花科植物育种的优良种质资源。将白芥的优良性状及较强抗性基因转入油菜中，对油菜种质基础及产量和品质将有很大改善。

一、芥菜型油菜×白芥远缘杂交亲和性

（一）不同品系芥菜型油菜×白芥远缘杂交亲和性

由表9-1可知，芥菜型油菜×白芥杂交后第7天、第16天和第24天的子房脱落率依次为4.83%、10.2%、12.43%，角果平均结籽数为5粒，杂交亲和指数仅为0.5，表现杂交不亲和。由此表明，随着杂交时间的延长，子房脱落率逐渐升高，但在杂交第16天后，其升高趋势较缓慢。用芥菜型油菜品系17、品系20和品系21分别做母本，同时与不同品系白芥，如白芥14-1、白芥15-2和白芥16-1进行远缘杂交，杂交后第24天统计子房脱落率。笔者的研究结果发现，芥菜型油菜品系20×白芥杂交的平均子房脱落率最低（6.06%），比总平均数（12.43%）低了6.37%，芥菜型油菜21×白芥杂交的子房脱落率较高，为8.51%，而芥菜型油菜17×白芥杂交的子房脱落率最高，达到22.72%；就杂交角果结籽数而言，芥菜型油菜21×白芥杂交的结籽数最高，平均每角果为11.3粒，比总平均值（5粒/角果）多了6.3粒，虽然芥菜型油菜20×白芥杂交后的平均子房脱落率最低，但其远缘杂交结籽数也最低，只有2粒/角果。就亲和指数来说，只有芥菜型油菜×白芥的亲和指数大于1（1.14），表现出亲和现象，其余均未达到亲和性。

表9-1　芥菜型油菜(♀)×白芥(♂)远缘杂交不同指标的差异

杂交组合	杂交花蕾数	子房脱落率(%)			结籽数(粒/角果)	杂交亲和指数
		第7天	第16天	第24天		
12芥菜型油菜17-1×12白芥16-1	9	16.66	22.22	22.22	4	0.44
12芥菜型油菜17-2×12白芥14-1	10	5.00	5.00	15.00	0	0
12芥菜型油菜17-4×12白芥15-2	11	21.82	30.95	30.95	1	0.09
平均	10.2	14.49	19.39	22.72	1.7	0.18
12芥菜型油菜20-6×12白芥16-1	10	0	0	0	3.5	0.35
12芥菜型油菜20-8×12白芥15-2	10.5	0	9.09	18.18	0.5	0.05
12芥菜型油菜20-9×12白芥14-1	12	0	0	0	2	0.17
平均	10.83	0	3.03	6.06	2	0.19
12芥菜型油菜21-3×12白芥14-1	9.5	0	4.54	5.54	7	0.74
12芥菜型油菜21-4×12白芥15-2	10	0	5.00	5.00	20.5	2.05
12芥菜型油菜21-6×12白芥16-1	10.5	0	15.00	15.00	6.5	0.62
平均	10.5	0	8.18	8.51	11.3	1.14
总平均值	10.28	4.83	10.20	12.43	5	0.50

由上可知，杂交子房脱落率与成熟期角果中的结籽数并没有直接的影响关系，要提高芥菜型油菜×白芥远缘杂交的亲和性，选择好杂交组合的母本是至关重要的。

（二）不同品系白芥×芥菜型油菜远缘杂交亲和性

由表9-2可知，用白芥品系14、品系15和品系16分别做父本，同时与不同品系芥菜型油菜，如芥菜型油菜17-2、芥菜型油菜20-9和芥菜型油菜21-3进行远缘杂交，杂交后第24天统计子房脱落率。结果表明，白芥品系14与芥菜型油菜杂交的子房脱落率最低，为6.85%，比总平均数（12.43%）降低了5.58%，白芥16与芥菜型油菜杂交后的子房脱落率较高，为12.41%，而白芥15×芥菜型油菜杂交获得的子房脱落率最高(18.04%)。

就杂交角果结籽数而言，虽然白芥15与芥菜型油菜杂交的子房脱落率最高，但其结籽数也达最高，平均为7.3粒，比总平均值（5粒/角果）多了2.3粒，白芥14与芥菜型油菜杂交的子房脱落和结籽数都很低。由此可知，在芥菜型油菜×白芥进行的远缘杂交中，不同的父本对其杂交亲和性的高低会产生明显的影响。

综上，在所有杂交组合中，芥菜型油菜21×白芥组配的远缘杂交组合中，其杂交角果的平均结籽数最高；芥菜型油菜×白芥15组配的远缘杂交组合中，杂交角果的平均结籽数最高。由此说明，其杂交结籽数受双亲基因型的影响。

表9-2　白芥(♂)×芥菜型油菜(♀)远缘杂交不同指标的差异

杂交组合	杂交花蕾数	子房脱落率(%)			结籽数(粒/角果)	杂交亲和指数
		第7天	第16天	第24天		
12白芥14-1×12芥菜型油菜17-2	10	5.00	5.00	15.00	0	0.00
12白芥14-1×12芥菜型油菜20-9	12	0	0	0	2	0.17
12白芥14-1×12芥菜型油菜21-3	9.5	0	4.54	5.54	7	0.74
平均	10.5	1.67	3.81	6.85	3	0.30
12白芥15-2×12芥菜型油菜17-4	11	21.82	30.95	30.95	1	0.09
12白芥15-2×12芥菜型油菜20-8	10.5	0	9.09	18.18	0.5	0.05
12白芥15-2×12芥菜型油菜21-4	10	0	5.00	5.00	20.5	2.05
平均	10.5	7.27	15.01	18.04	7.3	0.73
12白芥16-1×12芥菜型油菜20-6	10	0	0	0	3.5	0.35
12白芥16-1×12芥菜型油菜17-1	9	16.66	22.22	22.22	4	0.44
12白芥16-1×12芥菜型油菜21-6	10.5	0	15.00	15.00	6.5	0.62
平均	9.83	5.55	12.41	12.41	4.7	0.47
总平均值	10.28	4.83	10.20	12.43	5	0.50

二、白菜型油菜×白芥远缘杂交亲和性

详见第六章第三节。

三、甘蓝型油菜×白芥远缘杂交亲和性

由表9-3可知，甘蓝型油菜×白芥杂交后第16天和第24天的子房脱落率依次为47.70%、49.03%，平均结籽数为0.045，杂交亲和指数为0.0046。这表明，杂交子房脱落率较高，但随着杂交时间的延长其变化并不显著，且杂交角果表现高度不亲和性。

用甘蓝型油菜品系49、50和51等分别做母本，同时与不同白芥14-1、15-3和16-1等进行远缘杂交，杂交后第24天统计子房脱落率。结果发现，甘蓝型油菜×白芥杂交后子房脱落率高低顺序依次为甘蓝型油菜51×白芥（68.71%）＞甘蓝型油菜50（65.84%）＞甘蓝型油菜49×白芥（59.49%）＞甘蓝型油菜52×白芥（44.44%）＞甘蓝型油菜53×白芥（42.01%）＞甘蓝型油菜54×白芥（40.21%）＞甘蓝型油菜56×白芥（34.14%）＞甘蓝型油菜55×白芥（32.27%）。就杂交结籽数而言，选用甘蓝型油菜49和52做杂交组合的母本时，分别获得了杂交种子，但平均值较低，分别为0.17粒和0.33粒。在44个组合中，仅甘蓝型油菜49-2×白芥15-3和甘蓝型油菜52-2×白芥15-3的杂交组合中，分别获得1粒杂交种子，其余44个杂交组合中都没有结种子，这两个组合（配）的父本都是白芥15-3。由此可知，要提高甘蓝型油菜×白芥远缘杂交的亲和性，选

择好杂交组合（配）的父本是试验成功的第一步。

表9-3　甘蓝型油菜(♀)×白芥(♂)远缘杂交不同指标差异

杂交组合	杂交花蕾数	子房脱落率(%)		结籽数（粒/角果）	杂交亲和指数
		第16天	第24天		
12甘蓝型油菜49-1×12白芥14-6	7	57.14	57.14	0	0
12甘蓝型油菜49-1×12白芥16-5	9	88.89	88.89	0	0
12甘蓝型油菜49-2×12白芥14-1	11	27.27	27.27	0	0
12甘蓝型油菜49-2×12白芥15-3	10	40.00	40.00	1	0
12甘蓝型油菜49-2×12白芥15-6	11	63.64	63.64	0	0
12甘蓝型油菜49-2×12白芥16-1	10	80.00	80.00	0	0
平均	9.67	59.49	59.49	0.17	0.02
12甘蓝型油菜50-1×12白芥14-6	9	77.78	88.89	0	0
12甘蓝型油菜50-1×12白芥15-6	12	41.67	41.67	0	0
12甘蓝型油菜50-1×12白芥16-2	7	71.42	71.42	0	0
12甘蓝型油菜50-2×12白芥15-3	9	22.22	22.22	0	0
12甘蓝型油菜50-2×12白芥16-1	8	87.50	87.50	0	0
12甘蓝型油菜50-3×12白芥14-1	12	83.33	83.33	0	0
平均	9.5	63.99	65.84	0	0
12甘蓝型油菜51-1×12白芥15-6	10	50.00	50.00	0	0
12甘蓝型油菜51-2×12白芥14-1	14	71.43	71.43	0	0
12甘蓝型油菜51-2×12白芥14-6	8	62.50	87.50	0	0
12甘蓝型油菜51-2×12白芥16-1	9	77.78	77.78	0	0
12甘蓝型油菜51-3×12白芥15-3	9	44.44	55.56	0	0
12甘蓝型油菜51-5×12白芥16-8	10	70.00	70.00	0	0
平均	10	62.69	68.71	0	0
12甘蓝型油菜52-1×12白芥15-3	10	20.00	20.00	0	0
12甘蓝型油菜52-2×12白芥14-1	10	80.00	80.00	0	0
12甘蓝型油菜52-2×12白芥15-3	9	33.33	33.33	1	0.11
平均	9.67	44.44	44.44	0.33	0.03
12甘蓝型油菜53-1×12白芥16-1	9	33.33	44.44	0	0
12甘蓝型油菜53-2×12白芥14-2	8	37.50	37.50	0	0
12甘蓝型油菜53-2×12白芥16-8	9	33.33	33.33	0	0

续表

杂交组合	杂交花蕾数	子房脱落率(%)		结籽数（粒/角果）	杂交亲和指数
		第16天	第24天		
12甘蓝型油菜53-3×12白芥14-1	11	81.82	81.82	0	0
12甘蓝型油菜53-3×12白芥14-9	10	30.00	30.00	0	0
12甘蓝型油菜53-3×12白芥15-3	8	25.00	25.00	0	0
平均	9.17	40.16	42.01	0	0
12甘蓝型油菜54-1×12白芥14-2	8	50.00	50.00	0	0
12甘蓝型油菜54-2×12白芥16-1	8	62.50	62.50	0	0
12甘蓝型油菜54-3×12白芥14-1	12	41.67	41.67	0	0
12甘蓝型油菜54-3×12白芥14-2	11	45.45	45.45	0	0
12甘蓝型油菜54-3×12白芥15-5	10	0	0	0	0
12甘蓝型油菜54-5×12白芥14-9	12	41.67	41.67	0	0
平均	10.17	40.21	40.21	0	0
12甘蓝型油菜55-1×12白芥16-1	8	37.50	37.50	0	0
12甘蓝型油菜55-2×12白芥15-5	8	0	0	0	0
12甘蓝型油菜55-3×12白芥15-3	8	62.50	62.50	0	0
12甘蓝型油菜55-4×12白芥14-2	11	36.36	36.36	0	0
12甘蓝型油菜55-4×12白芥14-9	12	25.00	25.00	0	0
平均	9.4	32.27	32.27	0	0
12甘蓝型油菜56-1×12白芥15-5	9	11.11	11.11	0	0
12甘蓝型油菜56-1×12白芥16-2	12	58.33	58.33	0	0
12甘蓝型油菜56-1×12白芥16-8	12	25.00	25.00	0	0
12甘蓝型油菜56-2×12白芥14-2	11	18.18	18.18	0	0
12甘蓝型油菜56-2×12白芥14-9	9	22.22	22.22	0	0
12甘蓝型油菜56-2×12白芥15-3	10	70.00	70.00	0	0
平均	10.5	34.14	34.14	0	0
总平均值	9.77	47.70	49.03	0.045	0.0046

四、讨论和结论

芥菜型油菜、白菜型油菜和甘蓝型油菜与白芥远缘杂交表现出高度不亲和性，这与孙万仓等（2005）研究的芸薹属×芸芥属间杂交不亲和的结果相似。

三种类型油菜×白芥的远缘杂交，以亲和指数来衡量，亲和性高低次序为芥菜型油菜×白芥>甘蓝型油菜×白芥>白菜型油菜×白芥。白芥和芥菜型油菜的起源中心较近，而且白芥（SS，2n=2x=24）的SS基因组与芥菜型油菜（AABB，2n=4x=36）的BB基因组染色体数目都是12或亲缘关系较近，与甘蓝型油菜（AACC，2n=4x=38）和白菜型油菜（CC，2n=2x=20）基因组亲缘关系较远。本研究还表明，杂交亲和性还与基因型相关，如芥菜型油菜17×白芥的杂交亲和指数（0.18）远低于芥菜型油菜21×白芥的杂交亲和指数（1.14）。笔者的这些结果也证明，远缘杂交亲和性取决于杂交亲本的亲缘关系及基因型。

笔者的研究结果表明，虽然三种类型油菜×白芥杂交表现高度不亲和，但仍能收获到少量杂交种子，说明如果扩大杂交组合的数量，有可能会发现杂交亲和性更高的组合（配）。因此选择恰当亲本，有望获得油菜-白芥杂种及其可遗传后代。使得远缘杂交能够在植株水平上通过有性杂交导入外源基因，扩大栽培油菜的遗传基础，产生一些新的性状，从而创造出一大批有用的育种材料，在未来的油菜育种中将得到广泛的应用。为了使该技术更好地应用于油菜育种中，今后应在已有的研究基础上加强对影响子房、胚珠和胚培养各因素及其相互关系的研究，使日趋成熟的胚胎挽救技术成为油菜常规育种的重要辅助手段。

第三节　芸芥与芸薹属远缘杂交花粉-柱头识别反应

一、花粉粒在柱头表面的黏合

油菜是干燥型柱头，芸芥花粉粒较小，外壁在沟处变薄，内、外壁在沟处几乎断裂，外壁为网状纹饰，网眼较小而不规则。在杂交过程中，花粉与柱头间乳突细胞表面发生水合作用而黏合在柱头上，是相互识别反应的第一步。花粉粒在柱头表面黏合的速度和数量，反映柱头和花粉粒相互作用的强弱，也是评价两者亲和性的重要指标。孙万仓（2006）的研究结果表明，不同的甘蓝型油菜自交2 h后就有大量花粉粒在柱头上附着，并有少数花粉粒萌发，平均每个柱头上黏合的花粉粒达到69粒；6～12 h柱头上黏合的花粉粒接近高峰，平均达到200粒。甘蓝型油菜×芸芥的远缘杂交组合，花粉较难在柱头上附着，即使附着在柱头上，花粉附着的时间也较甘蓝型油菜自交滞后，多数柱头上难以见到花粉粒。6～16 h花粉粒附着数量明显增多，但远较甘蓝型油菜自交为少。反交组合芸芥×甘蓝型油菜，花粉更难在柱头上附着，而且附着在柱头上的花粉粒数变异很大，多数柱头上只有少量花粉粒。对芸芥进行剥蕾授粉自交，花粉在柱头上的附着情况与甘蓝型油菜和芸芥杂交的现象类似。与甘蓝型油菜自交相比，在相同时期，芸芥自交黏合在柱头上的花粉粒远远低于甘蓝型油菜自交。

戴林建等（2003）的研究结果表明，不同的基因型具有较大的差别，以柴门芸芥为父本的组合花粉的黏合速度和数量较高，柴门芸芥授粉12 h后黏附在湘油15号、742特、571抗倒、681A、新疆野生油菜等5个母本柱头上的花粉数量平均分别为109.8、90.2、112.2、109.3、20.3粒；而大同芸芥在相对应的母本柱头上分别仅为55.1、48.3、

40.1、57.3、12.4粒，相差近一半左右，其主要原因可能与自交不亲和性有关。而自交不亲和的大同芸芥，自花花粉粒在同花花柱上较难附着和黏合，在异属的柱头上也难以发生水合作用而黏合。孟金陵（1987）、魏琴等（2001）也报道称，在种属间杂交中异源花粉难以在柱头上黏合的事实。

戴林建等（2003）的研究结果还表明，不同基因型的雌蕊对相同花粉粒的黏合速度和数量有较大差别。不育系681A及3个甘蓝型油菜品种授粉2 h后就有大量花粉粒在母本柱头上附着，平均达到38.3粒；12 h后接近最高值，平均达89.7粒。在5个亲本中，黏合的速度和数量从大到小依次为：681A、571抗倒、湘油15号、742特、新疆野生油菜。可见681A黏合的速度最快，数量最多，24 h后平均达114.8粒，而新疆野生油菜平均只有24.0粒。说明油菜不育系比正常油菜与芸芥杂交的亲和性强，表现出油菜雄性不育系远缘杂交亲和性。

二、花粉粒萌发及花粉管与柱头表面相互作用

黏合在柱头上的花粉粒能否萌发，以及萌发的花粉管能否穿入柱头是芸薹属植物的柱头与芸芥的花粉粒相互作用极为重要的环节。柱头上萌发的花粉粒及穿入柱头的花粉管数量反映了花粉与柱头的亲和能力。

孙万仓（2005）在甘蓝型油菜×芸芥的杂交中发现，花粉几乎难以在异属柱头上萌发，除在授粉24 h的柱头观察到少量几个萌发的花粉粒外，其余时段均未观察到萌发的花粉粒，但观察到在花粉与柱头接触的部位有大量胼胝质，胼胝质在荧光显微镜下发出黄绿色荧光。芸芥×甘蓝型油菜，花粉同样在柱头上难以萌发，仅在授粉24 h时观察到少数几例花粉萌发的现象，并在花粉-柱头相接触的部位产生大量的胼胝质。

戴林建等（2003）的研究发现，甘蓝型油菜自花授粉后2 h，柱头即有少量花粉萌发；4～8 h时有50%的花粉萌发；8～12 h时，几乎全部花粉萌发。在甘蓝型油菜自交时，发现柱头乳突细胞有胼胝质产生，这种现象与甘蓝型油菜有弱的自交不亲和性有关。与甘蓝型油菜自交相比，芸芥自交时花粉粒萌发明显推迟，花粉粒萌发数量明显少于同期的甘蓝型油菜。授粉6 h才见到少量花粉粒萌发，8 h左右有较多花粉粒开始萌发，24～48 h左右，花粉粒开始萌发。由此可见。芸芥自交时花粉萌发的推迟，显然与其自交不亲和性有关。

甘蓝型油菜742特自花授粉2 h后有少量的花粉萌发，4 h后有大量的花粉萌发，12 h后几乎全部萌发并纷纷穿入柱头乳突细胞，花粉管无任何异常现象，但发现柱头乳突细胞有弱的胼胝质反应（戴林建等，2003）。这与孙万仓（2000）的研究结果一致，其原因可能与芸薹属植物的自交不亲和性有关。Cornich 等（1987）研究表明，在芸薹属植物（孢子体不亲和）中，S基因只在柱头区域表达。在花粉粒或萌发的花粉管中没有检测到这种S基因的RNA和糖蛋白（SD-locus Specific glycoprotein，SLSG），即在花粉粒中未表达。柴门芸芥在母本柱头上授粉4 h后可见少量花粉粒萌发，随着时间的后移，萌发的花粉粒数量增加，24 h左右达到峰值。异源花粉萌发后，仅能伸出很短的花粉管，其长度一般不超过花粉粒的直径。授粉24 h后，花粉管仍然不能伸入乳突细胞。花粉管的尖端常膨大，并伴随有胼胝质积累，有的花粉管则在柱头表面缠绕弯曲。而且，由于母本

基因型的不同，柴门芸芥花粉粒萌发的数量也存在较大的差别。柴门芸芥花粉粒在甘蓝型油菜的柱头上都能萌发；681A花粉粒萌发的数量最多，24 h后平均达到69.9粒；742特花粉粒萌发的数量较少，24 h后平均只有22.6粒；而在新疆野生油菜的柱头上未见花粉粒的萌发。异源花粉粒在不同母本的柱头上萌发的数量从多到少依次为：681A、湘油15号、571抗倒、742特、新疆野生油菜。这与花粉粒在不同基因型的柱头上黏合的速度和数量的结果相比，存在一定的相关性，说明异源花粉粒在柱头上黏合的速度越快，黏合的数量越多，花粉粒在柱头上萌发的数量也越多，这可能与亲本间的亲缘关系远近有关。

三、不同交配方式进入柱头的花粉管数

孙万仓（2005）在芸芥×甘蓝型油菜的杂交组合研究中发现，花粉管很难穿入柱头组织，但也曾观察到少数几例花粉管穿入柱头组织的现象，同时发现有大量胼胝质产生。甘蓝型油菜自交，6 h左右时便有比较多的花粉管穿入柱头；8～12 h时，花粉管纷纷穿入柱头；24 h～48 h时，花粉管基本全部穿入柱头，进入花柱组织，很少有胼胝质产生。芸芥自交后8 h左右时，可观察到有少量花粉管穿入柱头；24～48 h时，有比较多的花粉管穿入柱头，并有花粉管进入花柱组织。

四、萌发花粉粒及柱头胼胝质反应

远缘杂交授粉后花粉粒在柱头乳突细胞内会不同程度地沉积胼胝质，胼胝质在荧光显微镜下激发出明亮的黄绿色荧光。戴林建等（2003）的研究发现，甘蓝型油菜742特花粉粒的萌发引起弱的胼胝质反应，花粉管内有点状分布的胼胝质。芸芥的花粉粒在甘蓝型油菜的柱头上，授粉12 h后花粉管进入乳突细胞，引起弱的胼胝质反应； 24 h后导致乳突细胞强烈的胼胝质反应； 48 h后乳突细胞的胼胝质反应更加强烈，且花粉管的尖端常膨大，伴随有较多的胼胝质积累。有的花粉管则在柱头表面缠绕弯曲，伴随有连续的强烈的胼胝质反应；72 h后大多数花粉管萎缩，只有少量的花粉管发出弱的荧光，但乳突细胞仍然有连续的强烈的胼胝质反应。正是由于强烈的胼胝质反应，芸芥萌发的花粉管几乎未进入花柱继而直接进入胚囊，只有柴门芸芥与681A的组合中可见少量的花粉管进入胚囊。可见，远缘杂交不亲和反应和自交不亲和反应，在形态解剖上具有相似性，异源花粉受阻于柱头表面，乳突细胞内产生大量胼胝质（魏琴等，2001；孟金陵，1987；巩振辉等，1994；王幼平等，1997）。

第四节　芸芥及其近缘植物远缘杂种的鉴定与选择

对远缘杂种进行早期鉴定与选择是远缘杂交育种的一个重要环节。鉴定体细胞杂种的常用方法有形态学比较、细胞学方法、同工酶分析和分子标记技术。尽管形态学比较和同工酶分析这2种方法简便、易行，但在亲缘关系较近的种间融合杂种的鉴定上有些困难，并且在植株的早期，也不易通过形态学特征鉴定。Southern杂交分析是DNA水平

上的鉴定方法，但需用较多的组织和器官，分析过程比较烦琐。而分子标记技术则是在DNA水平上迅速、有效的鉴定体细胞杂种的简便方法，并且能在苗期进行，这样可节省大量的时间和精力。

一、芸芥与芸薹属属间杂交种F_1的形态学和育性特征

芸芥与芸薹属属间杂交所得杂交种普遍表现偏母性，真杂种的比例非常小。据Eenink（1975）报道，用芸芥给芸薹属植物授粉，所得种子为偏母种子，而非真杂种，这是由于假受精所导致的。另外，Eenink又以甘蓝的无性系Kolos为母本与芸芥品系69022杂交，以甘蓝品系69002为母本与芸芥品系69039杂交，结果均获得了偏母种子。Nishi等（1964）用芸芥与*B. campestris*杂交，获得的种子中偏母种子居多，真杂种所占比例较小。

Nagaharu等（1937）研究表明，芸芥与甘蓝的远缘杂种F_1植株形态表现为双亲的中间型，其丛生叶有蜡质，深绿色，类似甘蓝，但有深的缺刻。F_1植株总体形态基本与芝麻菜相似，特别是花冠，窄花瓣，肉色，具有明亮的红色脉纹等。

戴林建（2005）等对甘蓝型油菜×芸芥属间杂交种的24株幼苗的根尖进行了压片观察，13%（3株）与母本染色体数目相同，即2n=22，36.87%（21株）幼苗染色体数目介于母本和父本之间，即2n=30，2n=30的个体可初步定为杂种幼苗。24株花粉育性的鉴定，其中21株花粉育性降低，通过FDA鉴定，有活力的花粉占15%～25%，平均为20.4%。

孙万仓（2005）对芸芥×油菜杂交种子及其亲本的形态变异情况进行比较鉴定得出，711粒正、反交F_1种子全部播种，获得675个各类杂交的F_1植株。从植物学形态看，幼苗、叶片、花器都倾向于母本，没有表现出中间性状或带有父本性状的植株。它们的育性与其母本完全一致，即母本为可育株时，F_1全部为可育株；母本植株为雄性不育株时，F_1全部为雄性不育株，初步判断这些植株至少在形态上属于偏母植株。F_1代材料开花后进行自交，F_1雄性不育株用相应的白菜型油菜和甘蓝型油菜授粉，结实正常。此后继续播种F_1种子，结果F_2植株没有出现任何性状分离现象，也未出现带有中间性状的植株，证明杂交所获种子全部为假杂种。

张涛等（2003）的研究结果发现，芝麻菜与芸薹属属间远缘杂交种F_1开花后，花器表现畸形，雌蕊不完全，花柱弯曲，雄蕊普遍退化，花药空秕。

朱缘等（2005）对甘蓝型油菜×芸芥的属间杂交种进行了研究，发现F_1植株多数生长缓慢，大多数在幼苗期就死亡，成活植株部分表现出植株矮小，不同组合杂种植株长势和形态特征有一定的差异，同F_1群体内株间也有一定的差异，这可能与亲本遗传基础的异质性有关。

Agnihotri等（1998）的研究表明，由芸芥×白菜型油菜杂种胚形成的小植株表现出双亲的形态，染色体数目2n= 42，为异源四倍体。杂种总DNA与2个探针（白菜型油菜顺接重复DNA和小麦18S核糖体DNA）杂交结果表明，其来源于2个亲本染色体组，杂种自交可育，A_3世代仍保持较高育性水平。

二、甘蓝型油菜与芸薹属间杂交种F_1的成苗表现

朱缘等（2005）将获得的杂种表面消毒后接种到MS培养基上发芽。结果在供试组合中，不同组合所得种子成苗率X×S、X×D、Z×S、Z×D、J×S、J×D分别为0.67、0.58、0.49、0.51、0.43和0.39；真杂种苗数的得率分别为0.19、0.18、0.16、0.18、0.13和0.12；真杂种苗数占成苗数的概率分别为0.29、0.30、0.33、0.35、0.29和0.31。由此可见，在杂交所得的种子中发芽率是较低的，这可能是因为所得的种子中含有大量的半饱满和干瘪的种子，而这些种子是由胚败育造成的；而在成苗数中又含有大量的假杂种苗数，这可能是因为在杂交时去雄不尽，或外来花粉污染等因素造成的。

三、芸芥与芸薹属属间杂交种F_1的细胞学特征

细胞学方法的观察主要是从F_1代的花粉母细胞的减数分裂方面进行观察的，真杂种F_1代花粉母细胞减数分裂紊乱，不论是染色体数目还是染色体的行为，都表现出远缘杂交的特征。

曾令和等（1986）在对萝卜×芥菜属间杂种F_1代的花粉母细胞的减数分裂情况进行观察时发现，F_1代的花粉母细胞分裂不同步，同一花药内，有的细胞正进入小孢子时期，有的则仍停留在第一次分裂的前期或中期。染色体的数目变化较大，少则15个，多则32个。中期Ⅰ染色体配对异常，有单价体、双价体和三价体存在，偶尔还可以见到四价体。

根据张涛等（2003）的报道，芝麻菜与芸薹属属间远缘杂交种F_1杂种的染色体观察发现，减数分裂终变期染色体数目变化很大，分布在17～20之间，少数为明显的二价体，染色体构型为（0～3）Ⅱ+（17～20）Ⅰ，中期Ⅰ的染色体配对为45%三价体、31%二价体、15%一价体。二价体位于赤道区，很容易同单价体区分开来，在整个纺锤体上单价体的分布是随机的。单价体染色体行为明显不正常，有些单价体随着分到两极的二价体走向纺锤体最近的一极，有些则保持原状，形成额外的间期状的核。

第五节 克服芸芥及其近缘植物远缘杂交不亲和性的方法①

一、选择适当亲本，并组配恰当的正反交组合

已报道的大量研究均表明，对于不同的杂交组合，其亲和性程度有较大差异；同一组合用不同的品种或植株做父母本（即正反交），其亲和性可能亦不同；亲本基因型、杂交方向以及植物的生长环境均对杂交亲和性强弱产生明显影响（孟金陵等，1992；魏琴等，2000；刘忠松，1994）。

许多研究表明，油菜远缘杂交存在单向不亲和性，换言之，用染色体数目多的种或栽培种做母本的，杂交亲和性大于染色体数目少或野生种做母本的组合。孙万仓

①编引自王爱云等，2005，油菜远缘杂交育种研究进展，西北农业学报。

(2001）发现，在芸芥×油菜杂交时，亲和程度存在一定单向性。即当以油菜为母本，芸芥为父本时（正交），柱头上黏合的花粉粒数、萌发的花粉粒数、亲和指数和败育残迹数均大于芸芥做母本、油菜做父本的反交组合，花粉黏合到柱头的速度亦正交大于反交。Schróder-pontoppidan（1999）用甘蓝型油菜与*Lesquerella fendleri*进行体细胞杂交，在B_1世代（回交一代）中发现了芥酸、花生酸以及蓖麻酸含量均较高的种子，但在反交组合中，其杂种后代种子不含花生酸和蓖麻酸。

二、蕾期授粉、重复授粉

如果不亲和反应在开花前出现，则采取在开花前对未成熟柱头授粉的措施，花粉管可顺利生长和有效受精（王幼平等，1997）。吴俊等（1999）用开花前2～5 d的花蕾授粉，其花粉附着量大，萌发数多，也有花粉管能进入花柱。肖成汉等（1993）采用重复授粉（在第1次授粉后的第2天上午再授粉一次），对克服属间杂交不亲和、提高结籽率效果较好。

三、用化学物质处理柱头

用化学物质处理柱头，也许能增强柱头上的物质代谢，诱发多种酶的合成，尤其活化淀粉酶，当花粉管向前生长的时候，淀粉水解为糖以支持花粉管伸长。赵云（1993）发现赤霉素对克服油菜与诸葛菜杂交障碍有较好的效果。

四、改变植株生长和杂交条件

刘忠松（1994）发现，在植株生长期间适当提高温度，延长光照时间，受精胚发育成种子的比例和杂交亲和性由开花早期到晚期显著递减，昆明夏繁配组的甘芥杂交亲和性比长沙春季配组显著提高。

五、体细胞融合

体细胞融合可以克服远缘种属因性隔离而造成的不亲和性，从而绕过性过程使亲本基因得以结合在一起，创造自然界没有的新类型。Hu（2002）用甘蓝型油菜与诸葛菜和新疆野生油菜，Skarzhinskaya（1995）用甘蓝型油菜与*Lesquerella fendler*，Ieino（2004）用甘蓝型油菜与拟南芥进行体细胞杂交，得到了杂种植株。

综上，芝麻菜与芸薹属间具有一定的亲缘关系，将芝麻菜的优异性状导入芸薹属种具有一定的可行性。同时，现代生物技术如体细胞融合、染色体工程的发展为不同物种之间的基因转移提供了强有力的手段。因此，通过远缘杂交等途径将芝麻菜的抗旱、抗病、耐盐碱等优异性状导入油菜或将油菜的丰产优质性状导入芝麻菜，是一项具有重要科学意义和生产价值的研究工作，对我国北方干旱地区的油料作物生产具有十分重要的意义。

第十章　芸芥的耐重金属性①

第一节　三种植物必需金属对芸芥种子和幼苗的毒性效应

土壤、水和空气中的重金属污染给生物和环境造成了严重的问题（Xiong，1998；Peralta et al，2001；Munzuroglu et al，2002）。一些重金属，如铜、锌、锰、镍和钼，是植物必需的微量元素，但在高浓度时，所有金属对生物体都是有毒的（Munzuroglu et al，2002；Rout et al，2003；Demchenko，2005）。镉、钴、汞、铅、锌和铜是土壤和水中含量最丰富的金属，对不同植物的种子发芽和生长（Peralta et al，2001；Munzuroglu et al，2002；Ayaz et al，1997；Peralta et al，2004；Weiqiang et al，2005；Seregi et al，2005）以及不同物种的花粉萌发有抑制作用（Munzurogluet al，2000；Gür et al，2005）。

金属对植物发育和繁殖的影响首先可以通过测定种子的发芽特性来量化（Munzuroglu et al，2002）。重金属对种子萌发的影响取决于其穿透种皮和干扰种子萌发过程中各种生理过程的能力（Peralta et al，2001；Kozhevnikova，2005；Wierzbicka et al，1998；Khattab，2004；Faheed，2005；Wang et al，2005）。在高浓度Cu、Pb、Cd和Zn的存在下，魏强等（2005）、Munzuroglu等（2002）研究发现，在拟南芥（模式植物）、小麦和黄瓜中，虽然金属的浓度对幼苗生长会产生很强的毒性，但种子仍能发芽。

研究表明，大多数植物的种皮是金属的主要障碍，能防止胚受到污染，直到种皮被萌发的胚根分裂开；然而，有些植物的种皮对铅、钡等金属是可渗透的（Munzuroglu et al，2002；Weiqiang et al，2005；Wierzbicka et al，1998）。

大多数芸薹族植物具有吸收和积累高度或中度重金属的能力（Xiong，1998；Faheed，2005；Citterio，2003；Del et al，2006；Gisbert et al，2006）。世界各地均有芸芥栽培，其对重金属的响应水平尚不清楚（高度/中度耐性、敏感或超积累）。

Yasemin等（2009）研究了必需金属，包括Cu、Ni和Zn以及非必需金属，包括Cd和Pb，对芸芥种子萌发和幼苗生长（根和下胚轴生长）的影响结果，如表10-1和表10-2所示。芸芥种子的发芽率随金属种类以及重金属浓度的不同而变化。虽然在研究的最高金属浓度下，种子能萌发，但根和下胚轴并没有继续生长。萌发期芸芥种子对重金属的忍耐水平高于早期幼苗的忍耐水平。

①编译自Yuan et al,2015,Influence of Heavy Metals on Seed Germination and Early Seedling Growth in Eruca sativa Mill，American Journal of Plant Sciences.

表 10-1　Cd、Cu、Ni、Pb和Zn五种金属对芸芥种子萌发的影响(Yasemin et al,2009)

金属名称	浓度(μg/mL)	种子萌发率(平均值%±标准误)
对照	0	84.99 ± 4.51ab
Cd	25	87.77 ± 4.51ab
	50	86.10 ± 4.51ab
	75	94.44 ± 4.51a
	100	87.21 ± 4.51ab
	125	72.77 ±4.51bc
	150	91.10 ± 4.51a
	200	87.21 ± 4.51ab
	250	73.32 ± 4.51bc
	500	58.88± 4.51cd
	750	60.54 ± 4.51c
	1000	44.44 ± 4.51d
Cu	5	88.33 ± 3.43a
	10	94.44 ± 3.43a
	20	89.44 ± 3.43a
	25	93.88 ± 3.43a
	50	73.33 ± 3.43b
	100	73.32±3.43b
	200	71.66 ±3.43b
	250	47.75±3.43c
	500	8.91±3.43d
	750	2.22±3.43d
	1000	9.44 ±3.43d
Ni	25	87.77±6.07a
	50	87.77±6.07a
	100	84.44±6.07a
	125	79.10±6.07a
	150	81.10±6.07a
	200	82.77±6.07a
	250	71.66±6.07a
	500	46.10±6.07b
	750	50.55±6.07b
	1000	20.55±6.07c

续表

金属名称	浓度(μg/mL)	种子萌发率(平均值%±标准误)
Pb	25	77.77±(4.64)abc
	50	85.52±4.64ab
	75	91.66±4.64a
	100	74.44±4.64bc
	125	85.55±4.64ab
	150	77.77±4.64abc
	200	86.66±4.64ab
	250	67.77±4.64c
	500	68.31±4.64c
	1000	66.66±4.64c
Zn	25	92.77±4.51a
	50	84.44±4.51ab
	100	85.55±4.51ab
	150	76.65±4.51bc
	250	92.22±4.51a
	500	72.21±4.51bc
	750	81.10±4.51abc
	1000	64.44±4.51cd
	1500	52.21±4.51e
	2000	57.21±4.51de

注：表中小写字母表示显著差异水平，以下同。

表 10-2　Cd、Cu、Ni、Pb和Zn五种金属对芸芥胚根和芽苗生长的影响(Yasemin et al，2009)

金属名称	浓度(μg/mL)	根长(平均值mm ±标准误)	下胚轴长度(平均值mm ±标准误)
对照	0	35.6±1.04a	13.80±0.6b
Cu	5	26.92±1.42b	17.2±0.69a
	10	18.22±1.42c	9.9±0.69c
	20	11.7±1.42d	9.8±0.69c
	25	5.47±1.42e	9.5±0.69c
Ni	25	15.17±0.77b	13.1±0.49a
	50	11.32±0.77c	10.92±0.49b
	100	8.02±0.77d	7.07±0.49c
	125	5.4±0.77e	7.1±0.49c

续表

金属名称	浓度(μg/mL)	根长(平均值mm ±标准误)	下胚轴长度(平均值mm ±标准误)
Zn	25	32.77±1.14a	16.87±0.7a
	50	27.55±1.14b	17.00±0.7a
	100	20.07±1.14c	12.45±0.7bc
	150	22.42±1.14c	13.77±0.7b
	250	15.37±1.14d	14.47±0.7b
	500	7.05±1.14e	10.95±0.7c
	750	5.17±1.14ef	5.12±0.7de
	1000	3.57±1.14ef	5.82±0.7d
	1500	2.65±1.14f	3.6±0.7e
Cd	25	23.72±1.04b	16.95±0.6a
	50	22.57±1.04b	13.95±0.6b
	75	14.45±1.04c	11.57±0.6c
	100	12.65±1.04c	11.05±0.6c
	125	1.75±1.04d	4.65±0.6d
	150	2.15±1.04d	3.95±0.6d
Pd	25	23.75±1.16c	15.1±0.74a
	50	29.15±1.16b	14.02±0.74ab
	75	15.42±1.16d	13.22±0.74ab
	100	14.70±1.16d	11.85±0.74c
	125	12.02±1.16d	10.25±0.74cd
	150	8.07±1.16e	8.75±0.74d
	200	8.12±1.16e	9.35±0.74d
	500	7.05±1.14e	10.95±0.7c
	750	5.17±1.14ef	5.12±0.7de
	1000	3.57±1.14ef	5.82±0.7d
	1500	2.65±1.14f	3.6±0.7e

一、铜对芸芥种子萌发、胚根和下胚轴长度的影响

芸芥种子对铜的敏感性高于其他金属。250 μg/mL及更高浓度（500、750和1000 μg/mL）对种子萌发有明显的抑制作用。当铜的浓度为5、10、20和25 μg/mL时，发芽率高于对照（84.99%），且差异显著（表10-1）。当浓度≥50 μg/mL时，胚根和下胚轴生长完全受到抑制，根尖和子叶腐烂。

铜虽然是一种必需的微量元素，但与其他金属相比，它对种子的萌发以及根和下胚轴的生长具有很强的毒性。铜浓度高于20 μg/mL时，胚根和下胚轴生长严重受到抑制。这表明铜是抑制芸芥胚根和胚轴生长的最有效金属。在番茄（Ouariti et al，1997）、小麦、黄瓜（Munzuroglu et al，2002）和拟南芥（Weiqiang et al，2005）上也得到了类似的结果。

二、镍对芸芥种子萌发、胚根和下胚轴长度的影响

镍浓度在0～250 μg/mL之间不能显著降低种子发芽率（表10-1）。在较高浓度（500、750、1000 μg/mL）时，发芽率显著降低（$P<0.05$）。当镍浓度为25 μg/mL时，胚根的长度大约减少了50%，而对下胚轴长度影响不大。高于125 μg/mL时，胚根和下胚轴生长严重受到抑制。

镍是抑制芸芥根和下胚轴生长的第二有效金属。此外，在1000 μg/mL镍浓度处理下，对种子萌发的抑制作用约为60%。在125 μg/mL以上，胚根和下胚轴生长严重受到抑制。与下胚轴相比，镍能更有效地抑制胚根生长。Peralta等（2001）发现镍对紫花苜蓿种子的萌发有抑制作用，对苜蓿种子的根和地上部生长也有抑制作用。在紫花苜蓿中，低浓度处理使根和地上部伸长增加，而高浓度处理则使根和地上部伸长减少（Peralta et al，2001；Peralta et al，2004）。

三、锌对芸芥种子萌发、胚根和下胚轴长度的影响

在较高浓度（1000 μg/mL）下，锌对芸芥种子萌发的作用加强，但明显高于同浓度铜、镍处理下芸芥种子的萌发率，即使在1500～2000 μg/mL锌处理下，种子发芽率仍高于50%；同一浓度（25 μg/mL）下，铜、镍和锌三种金属中，锌对胚根和下胚轴的伸长产生的抑制作用最小，胚根略小于对照，下胚轴反而比对照长，在25～1500 μg/mL范围内，随浓度增加，胚根和下胚轴长度基本呈下降趋势。

芸芥种子的胚根和下胚轴在1500 μg/mL的锌溶液中能生长。当锌浓度为2000 μg/mL时，种子发芽率较对照下降了27%左右，胚根和下胚轴在相同的浓度下却腐烂。其他研究人员也报告了类似的研究发现（Munzuroglu et al，2002；Rout et al，2003；Yasemin et al，2009）。但我们的结果表明，芸芥种子，甚至胚根和下胚轴，对所选用的最高浓度的锌都能产生一定的抗性，即芸芥是一种较耐锌的植物。Rout等（2003）的研究均证明，耐锌植物对铜的耐性不强。

第二节　四种植物非必需重金属对芸芥及其他植物种子发芽和幼苗生长的影响①

重金属如汞、镉、铬和铅自然存在于土壤和水中，或作为污染物存在于人类活动，可造成生物累积而影响整个生态系统，并对各种生物的健康产生有害后果（Munzuroglu et al，2002）。植物提取物的应用可以降低土壤中植物有效金属含量，从而减少农产品中的有毒金属含量。对几种典型的超积累植物，如Cd/Zn超积累植物天蓝遏蓝菜（Baker，et al，2000；Liu et al，2011）和景天属植物（Yang et al，2004；Li et al，2005）、砷（As）超积累植物蜈蚣草（Ma，　et al，2001；Mathews et al，2011），Cd超积累植物龙葵（Yang，　et al，2011）、拟南芥（Kupper，　et al，2000）、禾秆蹄盖蕨和许多蕨属类植物进行了深入的研究（Morishirta et al，1992）。

然而，这些超积累植物的经济价值很低，难以用于植物修复。芸芥是生长在肥力较低的土壤中的重要边际作物，由于其对不利环境条件的耐受性和适应性而优于其他相关物种（Gupta et al，1998；Sastry，2003；Sun et al，2004；Warwick　et al，2007；Shinwari et al，2013）。Yuan等（2015）研究了重金属Cu、Ni、Cu、Ni、Zn、Pb、Cd、Cr、Hg对芸芥种子萌发、早期幼苗生长及利用芸芥修复重金属污染土壤的潜力。

一、镉对芸芥及其他植物种子萌发率、胚根长、下胚轴长和芽苗鲜重的影响

Yasemin等（2009）的研究结果表明，在最高浓度处理（1000 μg/mL）下，种子的发芽率大约是对照的50%，而胚根和下胚轴没有生长（表10-1、表10-2）。75 μg/mL镉处理下，种子发芽率显著高于对照组（$P<0.05$）。125 μg/mL和150 μg/mL镉处理显著降低了胚根和下胚轴的长度，200～1000 μg/mL镉处理浓度完全抑制了胚根和下胚轴的生长。当镉浓度为25 μg/mL时，下胚轴长度显著高于对照（$P<0.05$），但胚根长显著下降。25～150 μg/mL Cd浓度处理下，都能观察到有芸芥种子萌发，但随着镉浓度的增加，种子发芽率下降。结果表明，镉是抑制种子、胚根和下胚轴伸长的第三种有效金属。前人的研究报道中，关于镉对植物的毒性效应也取得了类似的结果（Peralt et al，2001；Munzuroglu et al，2002；Peralta et al，2004；Wang et al，2005；Oncel et al，2000；Ivanov et al，2003）。

质量分数40×10^{-6}的镉显著抑制紫花苜蓿种子萌发，达44.0%（Aydinalp et al，2009）。10 mg/L镉处理下，小麦种子发芽率下降60%（Aydinalp et al，2009）。1000 μmol/L镉显著降低新疆野芥种子发芽率5.6%（Heidari et al，2011）。0.10～0.46 mmol/L镉浓度对海甘蓝种子萌发没有显著影响（Hu，2015）。0.10～0.46 mmol/L镉浓度对芸芥种子萌发无显著影响，表明芸芥种子萌发耐镉。150 μmol/L镉胁迫使新疆野芥根长显著降低92.62%，芽苗长降低56.31%，芽苗鲜重降低49.69%（Heidari et al，2011）。芥菜型油菜根长在0.20 mmol/L镉处理后下降37.5%，鲜苗重用0.05 mmol/L镉处理后下降70%，在0.075 mmol/L

①编译自Yasemin et al，2009，Toxicity of copper, cadmium, nickel, lead and zinc on seed germination and seedling growth in Eruca sativa，Fresenius Environmental Bulletin.

镉处理后下降90%以上（Zhu et al，1999）。5 μmol/L镉处理使拟南芥芽苗长降低45%，而5～50 μmol/L镉处理对根的生物量无显著影响；在100 μmol/L时，镉对拟南芥芽苗和根的生长分别抑制82%和74%（Zhao et al，2006）；根系生长抑制50%所需的镉浓度仅为38 μmol/L（Freeman et al，2007）。在海甘蓝中，0.1 mmol/L镉（11.2 mg/L）使海甘蓝根长减少47.67%，芽苗长减少33.67%，苗鲜重减少13%（Hu et al，2015）。在镉质量分数为$50×10^{-6}$和$100×10^{-6}$时，萝卜的株高分别降低了40.6%和31.1%，在镉质量分数为$50×10^{-6}$时，芸芥株高下降了14.7%（Saleh，2001）。在镉质量分数为$100×10^{-6}$和$200×10^{-6}$时，萝卜鲜重分别增加了17.2%和27.6%。质量分数为$200×10^{-6}$镉可显著提高芸芥幼苗鲜重53.8%。在镉质量分数为$50×10^{-6}$～$200×10^{-6}$时，萝卜干重增加（Saleh，2001）。在另一个关于芸芥的研究中，当镉浓度为50 mg/L时，芸芥的根长减少27.69%，芽苗长减少43.78%（Qurainy，2010）。0.10 mmol/L的镉使芸芥根长减少47.33%，而芽苗长和苗鲜重没有受到显著影响，这表明了芸芥的耐镉性。

二、铅对芸芥及其他植物种子萌发、胚根和下胚轴长度的影响

与其他金属（镉、铜、镍和锌）处理一样，铅对芸芥种子萌发、胚根和下胚轴长度的响应也不同。在高浓度（1000 μg/mL）处理下，种子萌发率较对照下降21.5%左右，当溶液浓度≥200 μg/mL时，根和下胚轴的伸长均受到明显抑制（表10-1、表10-2）。萌发抑制程度与种皮对铅的渗透性成比例地变化（Munzuroglu et al，2002；Wierzbicka et al，1998）。胚根比下胚轴对金属的反应更敏感。当铅浓度为25～50 μg/mL时，胚根的长度明显缩短，下胚轴却显著增加（$P<0.05$）。Xiong（1998）在超富集铅的大白菜中也发现了类似的结果，在该种植物中，即使在1000 μg/mL的铅浓度下也能观察到根和地上部的长度，而在250 μg/mL时，芸芥的根和下胚轴的伸长完全停止。

10 μmmol/L铅处理使玉米种子发芽率显著提高，而在5 mmol/L铅处理下，玉米种子发芽率显著下降12.48%（Bashmakov et al，2005）。在1200 μmol/L铅处理下（Heidari et al，2011），新疆野芥菜种子发芽率显著降低6.17%（$P<0.0\ 1$）。铅浓度为5.5 mmol/L时，海甘蓝种子发芽率并没有明显下降（Hu et al，2015）。铅浓度为0.8～5.5 mmol/L对芸芥种子的萌发没有显著影响，这表明芸芥种子的萌发对铅有很强的耐受性。研究表明，蓖麻豆可耐受0～96 mg/L铅浓度（de Souza et al，2012）。在300 μmol/L铅浓度处理下，新疆野芥菜根长度下降66.46%，芽苗长度下降38.62%，苗鲜重下降33.33%（Heidari et al，2011）。当铅浓度为0.8 mmol/L时，海甘蓝根生长下降48.67%，芽苗长度下降16.33%，苗鲜重下降16.33%（Hu et al，2015）。在铅质量分数为$50×10^{-6}$和$100×10^{-6}$时，萝卜鲜重分别增加了31.0%和10.3%。铅质量分数为$200×10^{-6}$时，芸芥鲜重比对照增加了61.5%。铅质量分数为$50×10^{-6}$～$200×10^{-6}$时，萝卜和芸芥两种植物的干重均有所增加（Saleh，2001）。当铅浓度为50 mg/L时，芸芥根长下降了20.0%，芽苗长度下降了23.78%（Al-Qurainy，2010）。0.8 mmol/L铅仅使芸芥根长减少33.67%，3.2 mmol/L铅仅使芽苗长度减少22.67%，5 mmol/L铅仅使芸芥苗鲜重减少38.67%，而4 mmol/L铅对鲜重没有显著影响，这些结果表明，芸芥对铅有很强的耐性。

三、铬对芸芥及其他植物发芽率、胚根长、芽苗长和芽苗鲜重的影响

质量分数为40×10⁻⁶铬显著抑制紫花苜蓿种子发芽率54.0% (Aydinalp et al，2009)。在500×10⁻⁶铬处理下，小麦种子发芽率下降30%左右（Gang et al，2013)。在另一个关于小麦的研究中，10 mg/L 铬处理降低种子发芽率80%（Shaikn et al，2013)。在海甘蓝中，种子发芽率在铬浓度0.05～0.80 mmol/L处理下没有显著降低（Hu et al，2015)。铬浓度为0.05～0.80 mmol/L时，芸芥种子的萌发率没有显著降低，这表明芸芥萌发对铬有很强的耐受性。在紫花苜蓿中，铬在10×10⁻⁶质量分数时，根的生长增加大约36.0%（Aydinalp et al，2009)。在400×10⁻⁶和500×10⁻⁶铬质量分数下，大豆幼苗长度分别减少83%和85%左右（Gang，2013)。用100 μmol/L K_2CrO_4处理时，海甘蓝的鲜重略有下降，而在150 μmol/L K_2CrO_4处理时，生物量虽显著减少，并没有出现严重的细胞损伤症状，但在较高浓度（200和250 μmol/L）下，植物叶片上出现黄化和可见坏死现象（Hu et al，2015)。在0.05 mmol/L铬（Hu et al，2015）处理下，海甘蓝的根长下降了41.33%，芽苗长度下降了15.66%，幼苗鲜重下降了27.67%。0.10 mmol/L铬处理显著降低芸芥根长42.33%，芽苗长度26.33%，苗鲜重35.33%，这表明芸芥对铬胁迫表现适度耐受性。

四、汞对芸芥及其他植物发芽率、胚根长、芽苗长和芽苗鲜重的影响

50 mg/L汞处理使高羊茅种子萌发率下降4.00%（Li et al，2008)。在250 μmol/L $HgCl_2$浓度处理下，黄瓜根和芽苗的生长几乎完全受到抑制（Cargnelutti et al，2008)。在芥菜型油菜中，2 μmol/L汞处理24 h可抑制根的生长达80%（Meng et al，2011)。在芥菜型油菜中，16.7 mg/L汞处理2周后，根和茎干重降低60%以上。10 mg/L汞处理甘蓝型油菜，生物量下降约60%（Shen et al，2011)。0.3 mmol/L（60.3 mg/L）汞处理，海甘蓝种子的发芽率显著降低34.66%，根长减少81.33%，芽苗长减少46.34%，鲜苗重量为16.94%（Hu et al，2015)。在Yuan等（2015）的研究中，0.10～0.50 mmol/L不同浓度的汞处理，没有显著降低芸芥种子的萌发，0.1 mmol/L汞处理，显著降低根长68.33%，芽苗长显著降低28.67%，苗鲜重显著降低50.33%，这表明芸芥对汞只表现适度耐受性。

五、小结

综上，重金属对芸芥的毒性有很大的不同，其毒性范围与金属浓度有关。无论是萌发期还是下胚轴或胚根生长期，芸芥种子对铜的敏感性最高，对锌的耐性最强。对种子萌发、根和下胚轴生长三个性状进行综合考虑，五种重金属的抑制作用为铜>镍>铬>铅>锌。

主要参考文献

[1]Agnihotri A, Vibba G, Malathi S, et al. Production of Eruca-Brassica hybrids by embryo rescued[J]. Plant Breeding, 1998, 104:281-289.

[2]Ahmed H E S, Sayed E. Influence of NaCl and Na_2SO_4 treatments on growth development of broad bean (*Vicia faba* L.) [J]. Plant J. Life Sci., 2011, 5(7):65.

[3]Akram M, Hussain M, Akhtar S, et al. Impact of NaCl salinity on yield components of some wheat accessions/varieties[J]. Int.J.Agricu Biol., 2002(1):156-158.

[4]Alqasoumi S. Carbon tetrachloride-induced hepatotoxicity: protective effect of Rocket (*Eruca sativa* L.) in rats[J]. Am.J.Chin.Med., 2010, 38(1):75-88.

[5]Al-Qurainy F. Application of Inter Simple Sequence Repeat (ISSR Marker) to Detect Genotoxic Effect of Heavy Metals on *Eruca sativa* (L.)[J]. African Journal of Biotechnology, 2010(9):467-474.

[6]Ashraf M, Mukhtar N, Rehman S. Salt-induced changes in photosynthetic activity and growth in a potential medicinal plant Bishop's weed (*Ammi majus* L.)[J]. Photosynthetica, 2004, 42(2):543-550.

[7]Ashraf M, Naqvi M I. Effect of varying Na/Ca ratios in saline sand culture on some physiological parameters of four Brassica species[J]. Acta Physio Plant, 1992, 14:342-349.

[8]Atareke M, Takasaki T M, Toriyama K, et al. High degree of homology exists between the protein encoded by SLG and the S receptor domain encoded by SRK in self-incompatible Brassica campestris[J]. Plant and cell Physiology, 1994, 35:1221-1229.

[9]Atwood S S. Genetics of self-compatibility in Trifolium repens[J]. J.Am.Soc.Agron., 1942, 34:353-364.

[10]Ayaz F A, Kadoglu A. Effects of metals (Zn, Cd, Cu, Hg) on the soluble protein bands of germinating Lens esculenta L.seeds[J]. Tr.J.Bot., 1997, 21:85-88.

[11]Aydinalp C, Marinova S. The Effects of Heavy Metals on Seed Germination and Plant

Growth on Alfalfa Plant (*Medicago sativa*)[J]. Bulgarian Journal of Agricultural Science, 2009, 15:347–350.

[12]Barbieri G, Bottino A, Orsini F, et al.Sulfur fertilization and light exposure during storage are critical determinants of the nutritional value of ready-to-eat friariello campano (*Brassica rapa* L.subsp.sylvestris)[J]. J.Sci Food Agric., 1989, 13:2261–2266.

[13]Bashmakov D I, Lukatkin A S, Revin V V, et al. Growth of Maize seedlings affected by different concentrations of heavy metals [J]. Ekologija, 2005, 3:22–27.

[14]Boves D C, Nasrallah J B. Physical lindage of the SLG and SRK gene at the self-incompatibility locus of Brassica oleracea [J]. Mol. Gen. Genet., 1993, 236:267–269.

[15]César Gómez-campo. Biology of Brassica Coenospecies [M]. The Netherlands: Elsevier Science B. V., 1999:3–32.

[16]Chalermpol P, Yukiko I S, Masaki F, et al. Expression of S-locus inhibitor gene (Sli) in various diploid potatoes [J]. Euphytica, 2006, 148:227–234.

[17]Cock J M, Cabrillac D, Celbrilleec P, et al. Investigating the molecular mechanism of the self-incompatibility response in Brassica[J]. Annals of Botany, 2000, 85:147–153.

[18]Cornich E C, Pettitt J M, Boning I, et al. Developmentally controlled expression of a gene associated with self-incompatibility in Nicotiana alata [J]. Nature, 1987, 326.

[19]Cram W J. Negative feedback regulation of transport in cells [M]. LiRtge U, Pitman M G. Encyclopedia of Plant Physiology.Berlin Heidelberg New York: Springer Verlag, 1976: 284–316.

[20]Cargnelutti D, Tabaldi L A, Spanevello R M.Mercury toxicity induces oxidative stress in growing cucumber seedlings [J]. Chemosphere, 2006, 3:37.

[21]Daniel J B, Lisa J R, John S, et al. Yield variation among clones of Lowbush Blueberry as a function of genetic similarity and self-compatibility[J]. Journal of the American Society for Horticultural Science, 2010, 3:259–270.

[22]Dewan M L, Fomouri J. The soils of Iran[J]. FAO Rome, 1954, 82:167–175.

[23]Dicenta F, García J E. Inheritance of self-compatibility in almond[J]. Heredity, 1993, 70:313–317.

[24]Dixit R, Nasealleh M E, Nasrallas J B. Post-transcriptional maturation of the sreceptor kinase of Brassica correlates with co-expression of the S-locus glycoprotein the stigmas of two Brassica strainsandin transgenic tobacco plants[J]. Plants Physiongy, 2000, 124:294–311.

[25]Dragan N, Dragan M. Examining self-compatibility in plum by fluorescence microscopy [J]. Genetic, 2010, 42:287-396.

[26]Dumas C, Knox R B. Callose and determination and incompatiability[J]. Theor Appl of pistil Genet, 1983, 67:1-10.

[27]De Souza Costa E T, Guimarães R G, De Melo E C. Assessing the tolerance of castor Bean to Cd and Pb for phytoremediation purposes[J]. Biological Trace Element Research, 2012, 145:93-100.

[28]Demchenko N P, Kalimova I B, Demchenko K N. Effect of nickel on growth, proliferation and differentiation of root cells in Triticum aestivum seedlings[J]. Russian Journal of Plant Physiology, 2005, 52:220-228.

[29]DelRío-Celestino M, Font R, Moreno-Rojas R A. Uptake of lead and zinc by wild plants growing on contaminated soils[J]. Industrial Crops and Products 2006, 24:230-237.

[30]Eenink A H. Matromorphy in *Brassica oleracea* L. 5. studies on quantitative characters of matromorphic plants and their progeny[J]. Euphytica, 1974, 23:725-726.

[31]Eenink A H.Matromorphy in *Brassica oleracea* L.3.the influence of temperature, delayed prickle pollination and growth regulaters on the number of matromorphic seed formed[J]. Euphytica, 1974, 23:711-718.

[32]Eenink A H.Matromorphy in *Brassica oleraces* L.2.differences in parthnogenesis ability and parthnogenesis iducing ability[J]. Euphytica, 1975, 23:435-444.

[33]El-Wahab A. The efficiency of using saline and fresh water irrigation as alternating methods of irrigation on the productivity of *Foeniculum vulgare* Mill Subsp.Vulgare Var.Vulgare under North Sinai conditions[J]. Res. J. Agric. Biol. Sci., 2006, 2(6):571-577.

[34]Eryilmaz F. The relationships between salt stress and anthocyanin content in higher plants[J]. Biotechnol Biotechnol Equip, 2006, 20(1):47-52.

[35]Faheed I. Effect of lead stress on the growth and metabolism of *Eruca sativa* M.seedling [J]. Acta Agronomica Hungarica, 2005, 53:319-327.

[36]Freeman J L, Salt D E.The metal tolerance profile of thlaspi goesingense is Mimicked in Arabidopsis thaliana Heterologously expressing serine acetyl-transferase[J]. BMC Plant Biology, 2007, 7:63.

[37]Gandour G. Effect of salinity on development and production of chickpea genotypes [D].Aleppo: Aleppo University, 2002.

[38] Garcia-Sanchez F, Jifon J L, Carvajal M.Gas exchange, chlorophyll and nutrient contents in relation to Na^+ and Cl^- accumulation in 'Sunburst' mandarin grafted on different rootstocks[J]. Plant Sci., 2002, 162(5): 705-712.

[39] Goudarzi M, Pakniyat H.Evaluation of wheat cultivars under salinity stress based on some agronomic and physiological traits[J]. J. Agric. Soc. Sci., 2008, 4(3): 332.

[40] Greenway H, Munns R. Mechanisms of salt tolerance in nonhalophytes[J]. Annu Rev Plant Physiol, 1980, 31(1): 149-190.

[41] Gür N, Topdemir A. Effects of heavy metals (Cd++, Cu++, Pb++, Hg++) on pollen germination and tube growth of Qince (*Cydonia oblonga* M.) and Plum (*Prunus domestica* L.)[J]. Fresen.Environ.Bull, 2005, 14: 36-39.

[42] Gisbert C, Clemente R, Navarro-Aviño J. Tolerance and accumulation of heavy metals by Brassicaceae species grown in contaminated soils from Mediterranien regions of Spain[J]. Environmental and Experimental Botany, 2006, 56: 19-27.

[43] Gang A, Vyas H, Vyas A. A study of heavy metal toxicity on germination and seedling growth of Soybean[J]. Science Secure Journal of Biotechnology, 2013, 2: 5-9.

[44] Gupta A K, Agarwal H R, Dahama A K. Taramira: A Potential Oilseed Crop for the Marginal Lands of Rajasthan, India[M]. In: Bassam N, Behl R K, Prochnow B E.Sustainable Agriculture for Food, Energy and Industry, James and James. London: Science Publishers, 1998: 687-691.

[45] Guan C Y, Li F Q, Li X. Resistance of Rocket Salad (*Eruca sativa* Mill.) to Stem Rot (*Sclerotinia sclerotiorum*)[J]. Scientia Agricultura Sinica, 2004, 37: 1138-1143.

[46] Helal M, Koch K, Mengel K. Effect of salinity and posassium on the uptake of nitrogen and on nitrogen metabolism in young barley plants[J]. Physiol. Plant, 1975, 35: 310-313.

[47] Hilda A, Babak D H, Azra A A. Morpho - physiological responses of Rocket (*Eruca sativa* L.) varieties to sodium sulfate (Na_2SO_4) stress: an experimental approach[J]. Acta Physiol Plant, 2016, 38: 246.

[48] Hiranata K, Nishio T. S-allele specificity of stigma proteins in *Brassica oleracea* and *Brassica campestris*[J]. Heredity, 1978, 41: 93-100.

[49] Heidari M, Sarani S. Effects of Lead and Cadmium on Seed Germination, Seedling Growth and Antioxidant Enzymes Activities of Mustard (*Sinapis arvensis* L.)[J]. ARPN Journal of Agricultural and Biological Science, 2011, 6: 44- 47.

[50] Hu Q. Andersen S B. Dixelius C, et al. 2002.Production of fertile intergeneric somatic hybrids between Brassica napus and sinapis arvensis for the enrichment of rapeseed gene pool [J]. Plant Cell Report, 21: 147–152.

[51] Hu J, Deng Z, Wang B. Influence of Heavy Metals on Seed Germination and Early Seedling Growth in Crambe abyssinica, a Potential Industrial Oil Crop for Phytoremediation [J]. American Journal of Plant Sciences, 2015, 6: 150–156.

[52] Huang B, Liao S, Cheng C. Variation, Correlation, Regression and Path Analyses in *Eruca sativa* Mill.[J]. African Journal of Agricultural Research, 2014, 9: 3744–3750.

[53] Iqbal R M. Leaf area and ion contents of wheat grown under NaCl and Na_2SO_4 salinity [J]. Pak. J. Biol. Sci., 2003, 6: 1512–1514.

[54] Ivanov V B, Bystrova E I, Seregin I V. Com parative impacts of heavy metals on root growth as related to their specifity and selectivity [J]. Russian Journal of Plant Physiology, 2003, 50: 398–406.

[55] Jafari M. Investigation tolerate of some of Iran range land grasses plant to salt stress [M]. Iran: Institute of forest and range researches of Iran publication house, 1993: 67.

[56] Jeremiah W B, Lillis U. Insights Gained From 50 Years of Studying the Evolution of Self-Compatibility in Leavenworthia (Brassicaceae) [J]. Evolutionary Biology, 2011, 1: 15–27.

[57] Kakeda K, Tsukada H, Kowyama Y. A self-compatible mutant S allele conferring a dominant negative effect on the functional S allele in Ipomoea trifida [J]. Sex Plant Reprod, 2000, 13: 119–125.

[58] Kerhoas C, Knox R B, Dumas C.Specificity of callose the response in stigmas of Brassica [J]. Ann Bot, 1983, 52(4): 597–602.

[59] Kodad O, Socias I, Company R. Fruit set evaluation for self-compatibility selection in almond [J]. Scientia Horticulturae, 2008, 118: 260 –265.

[60] Kohji M, Hiroshi S, Megumi I, et al. A membrane-anchored protein kinase involved in Brassica self-incompatibility signaling [J]. Science, 2004, 303: 1516–1518.

[61] Khattab H. Metabolic and oxidative responses asso ciated with exposure of *Eruca sativa* (Rocket) plants to different levels of selenium [J]. International Journal of Agriculture & Biology, 2004, 6: 1101–1106.

[62] Küpper H, Lombi E, Zhao F J. Cellular Compartmentation of Cadmium and Zinc in Relation to Other Elements in the Hyperaccumulator Arabidopsis halleri [J]. Planta, 2000, 212: 75–84.

[63] Keilig K, Ludwig-Müller J. Effect of Flavonoids on Heavy Metal Tolerance in Arabidopsis thaliana Seedlings[J]. Botanical Studies, 2009, 50: 311-318.

[64] Lamy E, Schröder J, Paulus S, et al. Antigenotoxic properties of *Eruca sativa* (Rocket plant), erucin and erysolin in human hepatoma (HepG2) cells towards benzo(a) pyrene and their mode of action[J]. Food Chem Toxicol, 2008, 46(7): 2415-2421.

[65] Langdale G W, Thomas J R, Littleton T G. Nitrogen metabolism of star grass as affected by nitrogen and soil salinity[J]. Agron. J., 1973, 65: 468-470.

[66] Laureano C, Ramon A, Jesus M, et al. Biodiesel from jojoba oil-wax: transesterification with methanol and properties as a fuel[J]. Biomass and Bioenergy, 2006, 30: 76-81.

[67] Leino M, Thyselius S, Landgren M, et al. Arabidopsis thaliana chromosome restores fertility in a cytoplasmic mate-sterile Brassica napus line with A.thaliana mitochondrial DNA [J]. Theor Appel Genet, 2004, 109 (2): 272-279.

[68] Lynn A, Collins A, Fuller Z, et al. Cruciferous vegetables and colo-rectal cancer[J]. Proc Nutr Soc, 2006, 65(1): 135-144.

[69] Liu G Y, Zhang Y X, Chai T Y. Phytochelatin Synthase of Thlaspi caerulescens Enhanced Tolerance and Accumulation of Heavy Metals When Expressed in Yeast and Tobacco[J]. Plant Cell Reports, 2011, 30, 1067-1076.

[70] Li T Q, Yang X E, Jin X F, et al. Root Responses and Metal Accumulation in Two Contrasting Ecotypes of Sedum alfredii Hance under Lead and Zinc Toxic Stress[J]. Journal of Environment Science and Health, 2005, 40: 1081-1096.

[71] Li T, Yang X, Lu L, et al. Effects of Zinc and Cadmium Interactions on Root Morphology and Metal Translocation in a Hyperaccumulating Species under Hydroponic Conditions [J]. Journal of Hazardous Materials, 2009, 169: 734-741.

[72] Li D, Zhang X, Li G, et al. Effects of Heavy Metal Ions on Germination and Physiological Activity of Festuca arundinacea Seed[J]. Pratacultural Science, 2008, 25: 98-102.

[73] Li W, Khan M A, Yamaguchi S, et al. Effects of Heavy Metals on Seed Germination and Early Seedling Growth of Arabidopsis thaliana [J]. Plant Growth Regulation, 2005, 46: 45-50.

[74] Majeed K, Al-Hamzawi A. Effect of sodium chloride and sodium sulfate on growth, and ions content in Faba-Bean (*Vicia Faba*)[J]. J. Kerbala Univ., 2007, 5(4): 1465-1472.

[75] Manivannan P, Jaleel C A, Sankar B. Mineral uptake and biochemical changes in Helianthus

annuus under treatment with different sodium salts[J]. Colloids Surf B,2008,62(1):58-63.

[76]Watanabe M,Hatakeyama K,Takada Y,et al. Molecular aspect of self-incompatibility in Brassica species[J]. Plant cell physiol,2001,42(6):560-565.

[77]Miyama M,Tada Y. Transcriptional and physiological study of the response of *Burma mangrove*(*Bruguiera gymnorhiza*)to salt and osmotic stress[J]. Plant Mol. Biol.,2008,68(1-2):119-129.

[78]Mizushima U.Phylogenetic Studies on Some Wild Brassica Species[J]. Tohoku journal of agricultural research,1968,19(2):83-99.

[79]Mahmood T,Islam K R,Muhammad S. Toxic Effects of Heavy Metals on Early Growth and Tolerance of Cereal Crops[J]. Pakistan Journal of Botany,2007,39:451-462.

[80]Munns R. Comparative physiology of salt and water stress [J]. Plant, Cell Environ, 2002,25(2):239-250.

[81]Munzuroglu O,Geckil H. Effect of metals on seed germination,root elongation,and coleoptile and hypo cotyl growth in Triticum aestivum and Cucumis sativus[J]. Arch. Environ. Contan. Toxicol,2002,43:203-213.

[82]Munzuroglu M,Gür N.The Effects of metals on the pollen germination and pollen tube growth of apples (*Malus sylvestris* Miller cv.Golden) [J]. Turkish Journal of Biology,2000,24:677-684.

[83]Munzuroglu O,Geckil H. Effects of Metals on Seed Germination,Root Elongation,and Coleoptile and Hypocotyls Growth in Triticum aestivum and Cucumis sativus[J]. Archives of Environment Contamination and Toxicology,2002,43: 203-213.

[84]Meng K,Chen J,Yang Z M. Enhancement of Tolerance of Indian Mustard (*Brassica juncea*) to Mercury by Carbon Monoxide[J]. Journal of Hazardous Materials,2011,186:1823-1829.

[85]Ma L Q,Komar K M,Tu C,et al. A Fern That Hyperaccumulates Arsenic:A Hardy, Versatile,Fast-Growing Plant Helps to Remove Arsenic from Contaminated Soils[J]. Nature, 2001,409:579.

[86]Mathews S,Rathinasabapathi B,Ma L Q. Uptake and Translocation of Arsenite by Pteris vittala L.:Effects of Glycerol,Antimonite and Silver[J]. Environmental Pollution,2011,159:3490-3495.

[87]Morishirta T,Boratynski K. Accumulation of Cd and Other Metals in Organs of Plants

Growing around Metal Smelters in Japan[J]. Soil Science and Plant Nutrition, 1992, 38: 781-785.

[88]Nagaharu U, Tutumi N, Usaburo M. A report on meiosis in two hybrids, *Brassica alba* × *B.oleracea* L.and *Eruca sativa* Lam×*B.oleracea*[J]. Cytologic, Fujii Jub, 1937, 12:437-441.

[89]Nasrallah J B, Rundle S J, Nasrallah M E. Genetic evidence for the requirement of the Brassica S-locus receptor kinase gene in the self-incompatibility response[J]. Plang J., 1994, 5: 373-384.

[90]Nasrallah M E. Self-incompatibility proteins in plants: detection, genetics, and possible mode of action[J]. Heredity, 1970, 25:23-27.

[91]Nasr N. Germination and Seedling Growth of Maize (*Zea mays* L.) Seeds in Toxicity of Aluminum and Nickel[J]. Merit Research Journal of Environmental Science and Toxicology, 2013, 1:110-113.

[92]Nishi S, Kuriyama T, Hiraoka T. Studies on the breeding of crucifer vagetables by interspecific and intergeneric hybridization[J]. Bull Hort Res Sta, Japan, ser, 1964, 3:245-250.

[93]Nishio T, Hinata K. Comparative studies on S-glycoproteins purified from different S-genotypes in self- genotypes in self- incompatible Brassica species, purification and chemical properties[J]. Genetics, 1982, 100:641-647.

[94]Ockenden. Distribution of self-incompatibility alleles and breeding structure of open pollinated cultivsrs of Brussels sprouts[J]. Heredity, 1974, 33(2):159-171.

[95]Ouariti O, Boussama N, Zarrouk M, et al. Cadmiumandcopper-induced changes in to mato membrane lipids[J]. Phytochemistry , 1997, 45:1343-1350.

[96]Oncel I, Keles Y, Ustun A S. Interactive effects of temperature and metal stress on the growth and some bio chemical compounds in wheat seedlings[J]. Environmental Pollution, 2000, 107:315-320.

[97]Ozdener Y, Aydin B K. The Effect of Zinc on the Growth and Physiological and Biochemical Parameters in Seedlings of *Eruca sativa* (L.) (Rocket) [J]. Acta Physiologiae Plantarum, 2010, 32:469-476.

[98]Pakniat H, Kazemipour A, Mohammadi G A. Variation in salt tolerance of cultivated (*Hordeum vulgare* L.) and wild (*H.spontaneum* C.Koch) barley genotypes from Iran[J]. Iran Agric Res , 2003, 22:45-62.

[99]Parida A K, Das A B. Salt tolerance and salinity effects on plants: a review[J]. Ecotoxi-

col Environ Saf,2005,60(3):324-349.

[100]Prochazkova D,Sairam R K,Srivastava G C. Oxidative stress and antioxidant activity as the basis of senescence in maize leaves[J]. Plant Sci.,2001,161(4):765-771.

[101]Peralta J R, Gardea-Torresdey J L, Tiemann K J, et al. Uptake and effects of five heavy metals on seed germination and plant growth in Alfalfa (*Medicago sativa* L.) [J]. Bull. Environ.Contam. Toxicol,2001,66:727-734.

[102]Peralta-Videa J R, Rosa G L, Gonzalez J H, et al. Effects of the growth stage on the heavy metal tolerance of alfalfa plants[J]. Advanced in Envi ronmental Research,2004,8:679-685.

[103]Rains D W. Salt tolerance new development[M]//Manassah J T, Briskey, E J. Advances in Food Producing Systems for Arid and Semi-arid Lands. NewYork: Academic Press,1981: 431-456.

[104]Richrads. The genetics of self-incompatibility in Brassica campestris[J]. Genetica, 1973,44:428-438.

[105]Roberts. Pollen stigma interactionsin Brassica oleracea[J]. Theor.Appl.Genet,1980, 58:241-246.

[106]Rout G R, Das P. Effect of metal toxicity on plant growth and metabolism: I. Zinc[J]. Agronomie,2003,23:3-11.

[107]Sakr M T, El-Emery M E, Fouda R A. Role of some antioxidants in alleviating soil salinity stress[J]. J. Agric. Sci. Mansoura. Univ.,2007,32:9751-9763.

[108]Sampson D R.Intergeric pollen-stigma incompatibility in the cruciferae[J].Can. J. Genet. Cytol.,1962,4:38-49.

[109]Sampson. Frequency and distribution of self-incompatibility alleles in raphanus raphanistrum[J]. Genetica,1967,56:241-251.

[110]Santos C V, Falca I P, Pinto G C, et al. Nutrient responses and glutamate and proline metabolism in sunflower plants and calli under Na2SO4 stress[J]. J. Plant. Nutr. Soil. Sci.,2002, 165(3):366-372.

[111]Sastry E V D. Tarmira (*Eruca sativa*) and Its Improvement[J]. Agriculture Review, 2003,24:235-249.

[112]Saleh A A. Effect of Cd and Pb on Growth, Certain Antioxidant Enzymes Activity, Protein Profile and Accumulation of Cd, Pb and Fe in Raphanus sativus and Eruca sativa Seedlings

[J]. Egyptian Journal of Biology, 2001, 3: 131- 139.

[113]Schoprer C R, Nasallah M E, Nasallah J B. The male determinant of self-incompatibility in Brassica[J]. Science, 1999, 286: 1617-1700.

[114]Schaaf G, Honsbein A, Meda A R, et al AtIREG2 Encodes a Tonoplast Transport Protein Involved in Iron-Dependent Nickel Detoxification in Arabidopsis thaliana Roots[J]. Journal of Biological Chemistry, 2006, 281: 25532-25540.

[115]Schroder-pontoppidan M, Skarzhinskaya M, Dixelius C, et al. Very long chain and hydroxylated fatty acida in offsping of somatic hybrids between Brassica napus Lesyuerella fendleri[J]. Theor Appel Genet, 1999, 99: 108-114.

[116]Seavey S R, Bawa K S. Late-acting self-incompatibility in angiosperms[J]. Bot Rev., 1986, 52: 195-219.

[117]Shi D, Sheng Y. Effect of various salt - alkaline mixed stress conditions on sunflower seedlings and analysis of their stress factors[J]. Environ Exp. Bot., 2005, 54(1): 8-21.

[118]Šiler B, Mišić D, Filipović B, et al. Effects of salinity on in vitro growth and photosynthesis of common centaury (*Centaurium erythraea* Rafn.) [J]. Arch. Biol. Sci., 2007, 59(2): 129-134.

[119] Skarzhinskaya M, Landgren M. Glimelius K. Production of intergeneric somatic hyhrids between *Brassica napus* L.and *Lesquerella fendleri*(Gray) Wat[J]. Theor Appel Genet, 1996, 93(8): 1242-1250.

[120]Shiyab S, Chen J, Han F X, et al. Phytotoxicity of Mercury in Indian Mustard (*Brassica juncea* L.) [J]. Ecotoxicology and Environment Safety, 2009, 72: 619-625.

[121]Shen Q, Jiang M, Li H, et al. Expression of a *Brassica napus* Heme Oxygenase Confers Plant Tolerance to Mercury Toxicity[J]. Plant Cell Environment, 2011, 34: 752-763.

[122]Slade A J, Fuerstenberg S I, Loeffler D. A reverse genetic, nontransgenic approach to wheat crop improvement by TILLING[J]. Nat Biotechnol, 2005, 23: 75-81.

[123]Su J, Wu S, Xu Z, et al. Comparison of Salt Tolerance in Brassicas and Some Related Species[J]. American Journal of Plant Sciences, 2013, 4: 1911- 1917.

[124]Stein J G.Molecular cloning of a putative recptor protein kinase encoded at the self-incompatibility locus of *Brassica oleracea*[J]. Proc. Natl. Acad. Sci. USA, 1991, 88: 8816-8820.

[125]Stepien P, Klbus G. Water relations and photosynthesis in *Cucumis sativus* L.leaves under salt stress[J]. Biol. Plant, 2006, 50(4): 610-616.

[126]Shaikh I R, Shaikh P R, Shaikh R A, et al. Phytotoxic Effects of Heavy Metals (Cr, Cd, Mn and Zn) on Wheat (*Triticum aestivum* L.) Seed Germination and Seedlings Growth in Black Cotton Soil of Nanded, India[J]. Research Journal of Chemical Sciences, 2013, 3: 14-23.

[127]Storey R, Ahmad N, Wyn Jones R G. Taxonomic and ecological aspects of the distribution of glycinebetaine and related compounds in plants[J]. Oecologia, 1977, 27: 319-332.

[128]Sun W C, Pan Q Y, Liu Z G, et al. Overcoming self-incompatibility in Eruca sativa by chemical treatment of stigmas[J]. Plant Genetic Resources, 2005, 1: 13 -18.

[129]Sun W C, Pan Q Y, Liu Z G, et al. Genetic Resources of Oilseed Brassica and Related Species in Gansu Province, China[J]. Plant Genet Resources, 2004, 2: 167-173.

[130]Sun W C, Guan C Y, MengY X, et al. Intergeneric Crosses between *Eruca sativa* Mill. and *Brassica* Species[J]. Acta Agronomica Sinica, 2005, 31: 36-42.

[131]Shinwari S, Mumtaz A S, Rabbani M A, et al. Genetic Divergence in Taramira (*Eruca sativa* L.) Germplasm Based on Quantitative and Qualitative Characters[J]. Pakistan Journal of Botany, 2013, 45: 375- 381.

[132]Slater S M H, Keller W A, Scoles G. Agrobacterium-Mediated Transformation of Eruca sativa[J]. Plant Cell, Tissue and Organ Culture, 2011, 106: 253-260.

[133]Sharma A, Gontia-Mishra I, Srivastava A K. Toxicity of Heavy Metals on Germination and Seedling Growth of Salicornia brachiata[J]. Journal of Phytology, 2011, 3: 33-36.

[134]Swartz G S, Chrystel L. Sclerotlnis stem rot tolerance in crucifers[C]. Abstract Book in 10th International Rapeseed Congress, 1999, 9: 153.

[135]Seregin I V, Kozhevnikova A D. Distribution of cadmium, lead, nickel, and strontium in imbibing maize caryopses[J]. Russian Journal of Plant Physiology, 2005, 52: 565-569.

[136]Takasaki T, Hatakeyama K, Suzuki G. A receptor kinase determines self-incompatibility in *Brassica stigma*[J]. Nature, 2000, 403: 913-916.

[137]Tantikanjana T, Nasrallag M E, Stein J C. An allernative transcript of the S-locus glycoprotein gene in a clall pollen recessive self-incompatibility haplotype of Brassica oleracea edcode a membrance-aregored[J]. Plant Cell, 1993, 5: 657-666.

[138]Tao R, Habu T, Yamane H, et al. Molecular markers for self-compatibility in Japanese apricot(*Prunus mume*)[J]. Hort. Science, 2000, 35: 1121-1123.

[139]Taylor G J, Foy C D. Differential Uptake and Toxicity of Ionic and Chelated Copper in *Triticum aestivum*[J]. Canadian Journal of Botany, 1985, 63: 1271-1275.

[140]Thorogood D, Hayward M D. Self-compatibility in Lolium temulentum L: its genetic control and transfer into *L. perenne* L. and *L. multiflorum* Lam[J]. Heredity, 1992, 68: 71-78.

[141]Till B J, Reynolds S H, Weil C. Discovery of induced point mutations in maize genes by TILLING[J]. BMC Plant Biol, 2004, 4: 12.

[142]Toshihiko Y. Introduction of a self-compatible gene of *Lolium temulentum* L. to perennial ryegrass (*Lolium perenne* L.) for the purpose of the production of inbred lines of perennial ryegrass [J]. Euphytic, 2001, 122: 213-217.

[143]Warwick S I, Gukel R K, Gomez-Campo. Genetic Variation in *Eruca vesicaria* (L.) Cav[J]. Plant Genetic Resources, 2007, 5: 142-153.

[144]Winkler S, Faragher J, Franz P, et al. Glucoraphanin and flavonoid levels remain stable during simulated transport and marketing of broccoli (*Brassica oleracea* var.italica) heads [J]. Postharvest Biol Technol, 2007, 43(1): 89-94.

[145]Wyn R G. Salt tolerance [M]// Johnson C B. Physiological Processes Limiting Plant Productivity. London/Boston: Butterworths, 1981: 271-292.

[146]Li W Q, Khan M A, Yamaguchi S. Effects of heavy metals on seed germination and early seedling growth of Arabidopsis thaliana[J]. Plant Growth Regulation, 2005, 46: 45-50.

[147]Wierzbicka M, Obidzińka J. The effect of lead on seed imbibition and germination in different plant species[J]. Plant science, 1998, 137: 155-171.

[148]Wheeler D M, Power I L, Edmeades D C. Effect of Various Metal Ions on Growth of Two Wheat Lines Known to Differ in Aluminium Tolerance[J]. Plant and Soil, 1993, 155-156.

[149]Wang X F, Zhou Q X. Ecotoxicological effects of cadmium on three ornamental plants [J]. Chemosphere, 2005, 60: 16-21.

[150]Xiong Z T. Lead uptake and effect on seed germination and plant growth in a Pb hyperaccumulator Brassica pe kinensis Rupr.Bull.Environ[J]. Contam.Toxicol. 1998, 60: 285-291.

[151]Yamada T, Fukuoka H, Wakamatsu T. Recurrent selection programs for white clover (*Trifolium repens* L.) using selfcompatible plants.I.Selection of self-compatible plants and inheritance of a self-compatibility factor[J]. Euphytica, 1989, 44: 167-172.

[152]Yaniv Z, Schafferman D, Amar Z. Trandition use and Biodiversity of Roket (*Eruca sativa*, Brassicaceae) in Israee[J]. Economic Botany, 1998, 52(4): 394- 400.

[153]Hila Y, Yoram S, Marina Z F, et al. Isothiocyanates inhibit psoriasis-related proinflammatory factors in human skin[J]. Inflamm Res., 2012, 61(7): 735-742.

[154]Yang X E, Long X X, Ye H B. Cadmium Tolerance and Hyperaccumulation in a New Zn-Hyperaccumulating Plant Species (Sedum alfrediia) Hance[J]. Plant and Soil, 2004, 259: 181-189.

[155]Yang C J, Zhou Q X, Wei S H. Chemical Assisted Phytoremediation of Cd-PAHs Contaminated Soils Using *Solanum nigrum* L.[J]. International Journal of Phytoremiation, 2011, 13: 818-833.

[156]Yaniv Z, Schafferman D, Amar Z. Tradition, Uses and Biodiversity of Rocket (*Eruca sativa*) in Israel [J]. Economic Botany, 1998, 52: 394-400.

[157]Zasada I A, Ferris H. Nematode suppression with brassicaceous amendments: application based upon glucosinolate profiles[J]. Soil Biol Biochem, 2004, 36(7): 1017-1024.

[158]Zeng L, Lesch S M, Grieve C M. Rice growth and yield respond to changes in water depth and salinity stress[J]. Agric Water Manag, 2003, 59(1): 67-75.

[159]Zhang X, Chen J P. A high throughput DNA extraction method with high yield and quality[J]. Plant Methods, 2012, 8: 26.

[160]Zhao F J, Jiang R F, Dunham S J. Cadmium Uptake, Translocation and Tolerance in the Hyperaccumulator Arabidopsis halleri[J]. New Phytologist, 2006, 172: 646-654.

[161]Zhu Y L, Pilon-Smits E A H, Jouanin L. Overexpression of Glutathione Synthetase in Indian Mustard Enhances Cadmium Accumulation and Tolerance [J]. Plant Physiology, 1999, 119: 73-79.

[162]Zulfiqar A, Paulose B, Chhikara S. Identifying Genes and Gene Networks Involved in Chromium Metabolism and Detoxification in Crambe abyssinica [J]. Environmental Pollution, 2011, 159: 3123-3128.

[163]安贤惠,陈宝元,傅廷栋.利用RAPD标记研究中国芥菜型油菜遗传多样性[J].华中农业大学学报,1999,6:524-528.

[164]曹凤华,王晓红,陈阳,等.芸芥生物柴油的研制及排放特性试验研究[J].长春工业大学学报:自然科学版,2007,28:156-160.

[165]曾令和,司长久.萝卜与芥菜属间杂交的研究[J].园艺学报,1986,13(3):193-196.

[166]柴雁飞.盐碱混合胁迫对油菜种子萌发的胁迫效应[J].甘肃联合大学学报:自然科学版,2012,26:2-5.

[167]柴媛媛,史团省,谷卫彬.种子萌发期甜高粱对盐胁迫的响应及其耐盐性综合评

价分析[J]. 种子,2008,27(2):43-46.

[168]陈新军,胡茂龙,戚存扣,等. 不同甘蓝型油菜品种种子萌发耐盐力研究[J]. 江苏农业科学,2007,4:26-29.

[169]陈玉卿. 芸薹属自交亲和与属间杂交亲和性的研究[J]. 中国油料,1986,3:1- 6.

[170]戴林建,李栒,官春云,等. 油菜和芸芥杂交时花粉与柱头识别反应的研究[J]. 湖南农业大学学报:自然科学版,2003,29(3):175-178.

[171]戴林建. 芸芥与芸薹属属间杂交亲和性研究[D]. 长沙:湖南农业大学,2003.

[172]旦巴,何燕,卓嘎.SDS法和CTAB法提取西藏黄籽油菜干种子DNA用于SSR分析[J]. 西藏科技,2011,8:9-11.

[173]范惠玲,刘秦,白生文,等. 不同生态型芸芥有机物质对盐胁迫的响应[J]. 中国农学通报,2017,33(3):52-56.

[174]方彦,孙万仓,武军艳. 芸芥自交亲和相关基因的差异显示及表达分析[J]. 中国油料作物学报,2014,36(5):580-585.

[175]方智远,孙培田,刘玉梅. 甘蓝杂种优势利用和自交不亲和选育的几个问题[J]. 中国农业科学,1983,16(3):51-62.

[176]葛蕴珊,陆小明,吴思进,等. 车用增压柴油机燃用不同掺混比生物柴油的试验研究[J]. 汽车工程,2005,27(3):278-280.

[177]巩振辉,何玉科,王飞,等. 甘蓝×白菜种间花粉-柱头相互作用的研究[J]. 西北农业大学学报,1992,20(3):1-6.

[178]巩振辉,何玉科,王鸣,等. 白菜与白芥属间花粉-柱头互相作用研究[J]. 西北农业学报,1994,3(1):35-38.

[179]官春云,李栒,李文彬. 芸薹属植物的生物工程[M]. 长沙:湖南科学技术出版社,1999:217-238.

[180]何丽,孙万仓,刘自刚,等. 白菜型冬油菜与芥菜型油菜远缘杂交亲和性分析[J]. 西北农业学报,2013,22(3):64-69.

[181]何余堂,马朝芝. PCR步行法克隆油菜自交不亲和基因[J]. 中国油料作物学报,2004,26(4):1-5.

[182]胡金良,徐汗卿. 同源四倍体矮脚黄白菜与甘蓝型油菜杂交的胚胎学研究[J]. 南京农业大学学报,1997,20(4):19 -23.

[183]黄镇,杨瑞阁,徐爱遐,等. 盐胁迫对3大类型油菜种子萌发及幼苗生长的影响[J]. 西北农林科技大学学报:自然科学版,2010,38(7):49-53.

[184]姜学信. 石油产品分析[M]. 北京:化学工业出版社,1999:56.

[185]匡猛,杨伟华,许红霞,等.单粒棉花种子DNA快速提取方法[J].分子植物育种,2010,8:827-831.

[186]兰永珍.中国芸薹族植物染色体数目的观察[J].植物分类学报,1986,24(4):268-272.

[187]林超,孙萍,程斐,等.芸薹属植物的远缘杂交[J].山东农业科学,2007,4:27-30.

[188]刘峰,赵佩,徐子初,等.一种适用于SSR-PCR的棉花干种子DNA快速简便提取方法[J].分子植物育种,2010,8:981-986.

[189]刘后利.油菜的遗传和育种[M].上海:上海科学技术出版社,1985:203-230.

[190]刘后利.油菜遗传育种学[M].北京:中国农业大学出版社,2000:173-177.

[191]刘敏轩,张宗文,吴斌.黍稷种质资源芽、苗期耐中性混合盐胁迫评价与耐盐生理机制研究[J].中国农业科学,2012,45(18):3733-3743.

[192]刘亚丽.芸芥三个亚种的遗传多样性分析[D].兰州:甘肃农业大学,2008.

[193]刘忠松.油菜远缘杂交遗传育种研究Ⅲ.芥莱型油菜与甘蓝型油菜杂交亲和性和杂种一代[J].中国油料,1994,16(3):1-5.

[194]龙卫华,浦惠明,陈松,等.油菜三个栽培种发芽期耐盐性评价[J].植物遗传资源学报,2014,15(1):32-37.

[195]罗鹏,张兆清.十字花科油料作物[J].中国油料,1988,3:61-64.

[196]孟金陵,奕国香.甘蓝型油菜与芥菜型油菜正反杂交的胚胎学研究[J].中国农业科学,1998,21(2):46-50.

[197]孟金陵.植物生殖遗传学[M].北京:科学出版社,1995:217-218.

[198]孟金陵.甘蓝型油菜与甘蓝杂交不亲和性研究[J].华中农业大学学报,1987,6(3):203-208.

[199]孟金陵.甘蓝型油菜与近缘种属间杂交时花粉-柱头相互作用的研究[J].作物学报,1990,16(1):19-25.

[200]孟金陵,吴江生,韩继祥.母本基因型对油菜种间可交配性的影响[J].作物研究,1992,6(2):28-32.

[201]农二师塔里木农科所.南疆塔里木地区的夏播绿肥——芸芥[J].新疆农业科学,1966,6:221.

[202]裴毅,杨雪君,陈晓芬,等.氯化钠和碳酸氢钠胁迫对白芥种子萌发的影响[J].时珍国医药,2015,26(7):1750-1752.

[203]赛黎.Na_2CO_3对野生油菜种子萌发的影响[J].种子,2017,36(9):1-5.

[214]宋小玲,强胜.三种类型油菜和野芥菜杂交亲和性及F_1的适合度——潜在基因

转移的研究[J]. 应用与环境生物学报,2003,9(4):357-361.

[205]孙万仓,范惠玲,孟亚雄,等. 利用 RAPD 分子标记技术研究芸芥的遗传多样性[J]. 中国农业科学,2006,39:1049-1057.

[206]孙万仓,官春云,刘自刚,等. 芸芥与芸薹属3个油用种的远缘杂交[J]. 作物学报,2005,31(1):36-42.

[207]孙万仓,官春云,孟亚雄. 芸芥与芸薹属3个油用种的远缘杂交[J]. 作物学报,2001,31(1):36-42.

[208]孙万仓,刘自刚,孟亚雄,等.化学药剂处理克服芸芥自交不亲和性效果研究[J]. 中国油料作物学报,2004,26(1):8-11.

[209]孙万仓. 中国芸芥的分布、类型划分及油菜、芸芥杂交亲和性研究[D]. 长沙:湖南农业大学,2000.

[210]王保成,孙万仓,范惠玲,等. 芸芥自交亲和系与自交不亲和系SOD,POD和CAT酶活性[J]. 中国油料作物学报,2006,28(2):162- 165.

[211]王幼平,罗鹏,何兴金. 诸葛菜与芸薹属属间杂交时花粉-雌蕊相互作用的研究[J]. 广西植物,1997,17(4):371- 374.

[212]王幼平,罗鹏. 海甘蓝与芸薹属间杂交的受精和胚胎发育[J]. 作物学报,1997,23(5):538-544.

[213]王忠,袁银南,历宝录,等.生物柴油的排放特性试验研究[J]. 农业工程学报,2005,21 (7):77-80.

[214]魏琴,潘裕峰,周黎军,等. 芸薹族6种油料作物与油菜萝卜胞质不育系杂交的亲和性研究[J]. 西南农业学报,2007,14(1):38-42.

[215]魏琴,周黎军. 十字花科10属种与油菜萝卜胞质不育系杂交的花粉萌发情况观察[J]. 植物学通报,2000,17(3):260 -265.

[216]乌云塔娜,黄曙光,谭晓风. 植物自交不亲和基因研究进展[J]. 生命科学,2004,8(2):59-64.

[217]吴俊,李旭峰. 油菜诸葛菜属植物杂交亲和性研究[J]. 西南农业大学学报,1999,20(5):412-416.

[218]肖成汉,吴江生,何凤仙. 提高甘蓝型油菜与甘蓝属间杂交结籽率方法的初步研究[J]. 湖北农业科学,1993,3:10-12.

[219]许耀照,曾秀存,方彦,等.盐碱胁迫对油菜种子萌发和根尖细胞有丝分裂的影响[J]. 干旱地区农业研究,2014,32(4):14-17.

[220]杨玉萍. 我国芸芥的分布区域和品质特性及研究价值[J]. 甘肃农业科技,2001,

7:15-16.

[221]张涛,孙万仓.芝麻菜属与芸薹属属间远缘杂交研究进展[J].中国油料作物学报,2003,25(2):108-109.

[222]赵校伟,朱荣福,韩秀坤.发动机燃用生物柴油对NO排放影响的试验研究[J].车用发动机,2006,6:35-38.

[223]赵永斌,朱利泉,王小佳.植物孢子体自交不亲和信号转导功能分子研究进展[J].生物技术通讯,2004,15(2):176-178.

[224]赵云,潘涛.王茂林,等.油菜与诸葛菜属间远缘杂交的初步研究[J].中国油料,1993,1:7-9.

[225]周延清.DNA分子标记技术在植物研究中的应用[M].北京:化学工业出版社,2005:27-31.

[226]朱利泉,王晓佳.自交不亲和植物S-位点特异糖蛋白[J].生命与化学,1998,18(3):13-15.

[227]朱莉,李汝刚,伍晓明,等.我国部分白菜型油菜RAPD的研究[J].生物多样性,1998,6(2):99-104.

[228]朱媛,林良斌.甘蓝型油菜和芸芥属间杂交的亲和性研究[J].中国农学通报,2005,21(12):173-174.